U0181098

国家出版基金资助项目
"十三五"国家重点出版物出版规划项目
先进制造理论研究与工程技术系列

机器人先进技术研究与应用系列

移动机器人导航与智能控制技术

Mobile Robot Navigation and Intelligent Control Technology

徐晓东　赵立明　李艳生　宋远峰　著

哈尔滨工业大学出版社
HARBIN INSTITUTE OF TECHNOLOGY PRESS

内 容 简 介

本书以作者团队在移动机器人导航及智能控制方面取得的研究成果为基础,结合当前国际移动机器人方面研究的最新进展,系统地阐述了移动机器人的基本原理与关键技术,并给出多种不同移动机器人系统的应用实例。本书共由 8 章构成,分别为绪论、移动机器人系统基本构成、移动机器人机构与运动学模型、智能机器人感知技术、移动机器人控制基础、移动机器人导航与智能控制、移动机器人视觉导航和移动机器人学习技术。

本书适用于机器人、信息无障碍技术等领域的科研工作者和工程技术人员。

图书在版编目(CIP)数据

移动机器人导航与智能控制技术/徐晓东等著. —
哈尔滨:哈尔滨工业大学出版社,2023.1
(机器人先进技术研究与应用系列)
ISBN 978 - 7 - 5603 - 9307 - 0

Ⅰ.①移…　Ⅱ.①徐…　Ⅲ.①移动式机器人-研究
Ⅳ.①TP242

中国版本图书馆 CIP 数据核字(2021)第 014084 号

策划编辑　王桂芝　闻　竹
责任编辑　陈雪巍　王　爽
出版发行　哈尔滨工业大学出版社
社　　址　哈尔滨市南岗区复华四道街 10 号　邮编 150006
传　　真　0451-86414749
网　　址　http://hitpress.hit.edu.cn
印　　刷　辽宁新华印务有限公司
开　　本　720 mm×1 000 mm　1/16　印张 19　字数 372 千字
版　　次　2023 年 1 月第 1 版　2023 年 1 月第 1 次印刷
书　　号　ISBN 978 - 7 - 5603 - 9307 - 0
定　　价　110.00 元

国家出版基金资助项目

机器人先进技术研究与应用系列

编 审 委 员 会

序

　　机器人技术是涉及机械电子、驱动、传感、控制、通信和计算机等学科的综合性高新技术,是机、电、软一体化研发制造的典型代表。随着科学技术的发展,机器人的智能水平越来越高,由此推动了机器人产业的快速发展。目前,机器人已经广泛应用于汽车及汽车零部件制造业、机械加工行业、电子电气行业、医疗卫生行业、橡胶及塑料行业、食品行业、物流和制造业等诸多领域,同时也越来越多地应用于航天、军事、公共服务、极端及特种环境下。机器人的研发、制造、应用是衡量一个国家科技创新和高端制造业水平的重要标志,是推进传统产业改造升级和结构调整的重要支撑。

　　《中国制造 2025》已把机器人列为十大重点领域之一,强调要积极研发新产品,促进机器人标准化、模块化发展,扩大市场应用;要突破机器人本体、减速器、伺服电机、控制器、传感器与驱动器等关键零部件及系统集成设计制造等技术瓶颈。2014 年 6 月 9 日,习近平总书记在两院院士大会上对机器人发展前景进行了预测和肯定,他指出:我国将成为全球最大的机器人市场,我们不仅要把我国机器人水平提高上去,而且要尽可能多地占领市场。习总书记的讲话极大地激励了广大工程技术人员研发机器人的热情,预示着我国将掀起机器人技术创新发展的新一轮浪潮。

　　随着我国人口红利的消失,以及用工成本的提高,企业对自动化升级的需求越来越迫切,"机器换人"的计划正在大曲枳推广,目前我国已经成为世界年采购机器人数量最多的国家,更是成为全球最大的机器人市场。哈尔滨工业大学出版社出版的"机器人先进技术研究与应用系列"图书,总结、分析了国内外机器人技术的最新研究成果和发展趋势,可以很好地满足机器人技术开发科研人员的需求。

  "机器人先进技术研究与应用系列"图书主要基于哈尔滨工业大学等高校在机器人技术领域的研究成果撰写而成。系列图书的许多作者为国内机器人研究领域的知名专家和学者,本着"立足基础,注重实践应用;科学统筹,突出创新特色"的原则,不仅注重机器人相关基础理论的系统阐述,而且更加突出机器人前沿技术的研究和总结。本系列图书重点涉及空间机器人技术、工业机器人技术、智能服务机器人技术、医疗机器人技术、特种机器人技术、机器人自动化装备、智能机器人人机交互技术、微纳机器人技术等方向,既可作为机器人技术研发人员的技术参考书,也可作为机器人相关专业学生的教材和教学参考书。

  相信本系列图书的出版,必将对我国机器人技术领域研发人才的培养和机器人技术的快速发展起到积极的推动作用。

蔡鹤皋

2020 年 9 月

前　言

随着人工智能和机器人技术的深度融合,移动机器人正越来越多地应用于工业、物流、电力、零售、医院、商业楼宇等多种场景中的搬运、巡检、消毒、清扫、配送、操作等作业中,从轮式机器人到履带机器人,从双足机器人到轮足机器人,从地面机器人到空中、水下机器人,移动机器人的应用不仅场景日益扩大,部署规模不断增加,而且操作任务也逐渐丰富、智能程度也越来越高。

本书以作者团队在移动机器人导航及智能控制方面取得的研究成果为基础,结合当前国际移动机器人方面研究的最新进展,系统地阐述了移动机器人的基本原理与关键技术,并给出多种不同移动机器人系统的应用实例。本书既注重反映本领域的研究前沿,又注重理论与应用的结合,可为准备了解和开展移动机器人研究的学生和工程师提供基础知识和方法上的指导。

全书共由 8 章构成:第 1 章主要介绍移动机器人发展历史与现状、移动机器人分类及应用、智能控制在移动机器人领域的研究进展;第 2 章主要介绍移动机器人的体系结构、移动机器人的实时控制系统及移动机器人控制系统(ROS)的基本原理;第 3 章结合双轮差速、轮足移动机器人介绍移动机器人的机构和运动控制模型,阐述移动机器人移动机构功能的实现;第 4 章介绍移动机器人中常用的内部传感器、外部传感器及多传感器信息融合技术的基本原理;第 5 章从最初的顺序控制到 PID 控制,从变结构控制、自适应控制、智能控制逐步阐述移动机器人的控制基础;第 6 章介绍环境地图构建及导航控制技术,结合清洁机器人介绍从局部到全局的导航及 SLAM 技术;第 7 章介绍移动机器人的视觉导航技术,从二维码、二维激光、三维视觉到手眼协调逐层展开;第 8 章介绍机器人强化学习技术、机器人深度学习技术与类脑计算的基本原理及移动机器人的发展前景等内容。

本书由徐晓东、赵立明、李艳生和宋远峰共同撰写，具体分工如下：第 1、3、7章由徐晓东执笔，第 2、6 章由赵立明执笔，第 4、5 章由李艳生执笔，第 8 章由宋远峰执笔。全书由徐晓东统稿。研究生王月明、李北君、谭令、汤荣杰等参与了相关章节的资料收集和整理工作，在此一并表示感谢。

在本书撰写过程中，作者参考并引用了一些移动机器人方面的资料和文章，限于篇幅，不能在书中一一列举，在此对相关作者致以衷心的感谢。

由于作者水平有限，书中难免存在疏漏和不足之处，恳请广大读者批评指正。

作　者

2022 年 12 月

目　录

第 1 章

绪　论

本章主要介绍移动机器人发展历史与现状、移动机器人分类及应用、智能控制在移动机器人领域的研究进展,从不同角度给出移动机器人的定义,从不同领域的不同应用场景对移动机器人的研究应用展开阐述,并从移动机器人的自主—环境适应性—人机交互能力维度分析了智能控制在移动机器人领域的研究进展。

1.1　移动机器人发展历史与现状

随着社会的快速发展,机器人被越来越多地应用于当今的生产和生活当中。目前,移动机器人的应用范围已经涉及清洁、安保、物流、医疗、导游、教育、娱乐、日常生活等多个领域。应用移动机器人不仅可以降低劳动力成本上升所造成的影响,而且可以按照人们意愿工作,大大减轻人们的劳动强度,提高人们的生活质量。随着现代社会人口老龄化进程的加快以及人们生活质量的提高,移动机器人将为人们提供越来越多的服务,也必将促进移动机器人技术更快的发展。目前,以扫地机器人为代表的移动机器人已经走进千家万户,相信在不久的将来,各种各样的移动机器人必将成为人类的得力助手。

1.1.1　移动机器人的定义

移动机器人是机器人技术的一个重要研究领域,也是机器人学的一个重要分支,其研究始于 20 世纪 60 年代。移动机器人是一个集环境感知,动态决策与规划,行为控制与执行等多功能于一体的综合系统。它集中了传感器技术、机械工程、电子工程、计算机工程、自动化控制工程及人工智能等多学科的研究成果。移动机器人的设计初衷在于代替人在危险、恶劣(如有辐射、有毒等)环境和人所不及的环境(如宇宙空间、水下等)下作业,比一般工业机器人具有更大的机动性、灵活性。可以说,机器人技术的发展是一个国家高科技水平和工业自动化程度的重要标志和体现。从 20 世纪 90 年代开始,机器人开始逐步进入个人日常生活及生产中的各个领域,且在零售、物流、医疗、教育、安防、空天等众多行业和场景中,实现引导接待、物流配送、防疫消杀、陪伴教学、安防巡检、月球及火星探测,甚至于星际探测等多样化、复合型功能。

如果说,移动机器人体现了机器人的性能特性,那么服务机器人则体现了机器人的目的属性。国际机器人联合会(International Federation of Robotics, IFR)给出了服务机器人的初步定义;2012 年修订的机器人标准 *Robots and Robotic Devices—Vocabulary* (ISO 8373：2012)中给出了一个新的服务机器人定义,即服务机器人是一种能够完成有益于人类或装备工作的机器人,但不包括工业自动化应用,该定义被 IFR 采纳。以服务于人类为目的的移动机器人为代表的机器人技术目前已经成为重要的技术辐射平台,不仅面向高密度能源的需求,而且对新材料的研发、新型传感器及新结构的设计、新的智能控制方法的改进具有十分重要的意义,还对改善人们生活水平具有明显的推动作用。

1.1.2 移动机器人的发展状况

早在 20 世纪 60 年代,国外就已经开始了关于移动机器人的研究。由于室外移动机器人不但在军事上存在特殊的应用价值,而且在公路交通运输中有着广泛的应用前景,因此引起世界各国的普遍重视。在这方面,美、德、法、日等国走在世界的前列。从 20 世纪 80 年代开始,美国国防高级研究计划局(DARPA)专门立项,制订了地面无人作战平台的战略计划。从此,在全世界掀开了全面研究室外移动机器人的序幕,如美国 DARPA 的自主地面车辆(ALV)计划(1983—1990),能源部制订的为期 10 年的移动机器人和智能系统计划(RIPS)(1986—1995),以及后来的空间移动机器人计划;日本通产省组织的极限环境下作业的移动机器人计划;欧洲"尤里卡计划"中的移动机器人计划等。美国国家航空航天局(National Aeronautics and Space Administration,NASA)研制的火星探测移动机器人"旅居者号"(Sojourner)于 1997 年登上火星,探索火星约 3 个月。为了在火星上进行长距离探险,2004 年,装备机械臂的六轮移动机器人"勇气号"和"机遇号"(Opportunity)火星车几乎同时降落,开始进行火星岩石的地质分析和地表描绘测量。2018 年 1 月 30 日,"机遇号"火星车里程达到了45.09 km,打破了 NASA 在地球外的无人探测车移动记录。目前,新一代由镍钛形状记忆合金制成的非充气式网状轮胎的火星车"火星 2020"(Mars 2020),也开始了在美国加州的喷气推进实验室中的组装工作。

除此之外,随着技术的迅猛发展,移动机器人向实用化、系列化、智能化进军,很多著名公司不惜投入重金,纷纷开始研究移动机器人,世界上涌现许多智能移动机器人。如伊莱克斯和 iRobot 公司推出的清洁机器人,美国波士顿动力公司研制的动力平衡四足机器人 Big Dog、人形机器人 Atlas、轮式机器人 Handle,日本本田公司的人形机器人 ASIMO,日本索尼公司的人形机器人 SDR-3X和娱乐型机器人 AIBO,法国 Aldebaran 机器人公司研发的人形机器人 NAO、Pepper、ROMEO 等代表着移动机器人各个方面的先进研究成果,如图 1.1所示。

(a) NAO   (b) Pepper   (c) Atlas   (d) Handle

图 1.1 部分移动机器人

国内对移动机器人的研究起步比较晚，但这几年正在迅速发展。如我国中国科学院自动化研究所于 2003 年研制的移动机器人，集多种传感器、视觉、语音识别与会话功能于一体，基本结构包括传感器、控制器和运动机构，传感器由位于移动机器人底层的 16 个红外传感器、位于移动机器人中间两层的 16 个超声传感器和 16 个红外传感器、位于移动机器人顶层的摄像机构成。它能够感知自己的状态和所处的外部环境信息，实时做出运动控制决策——躲避障碍物、寻找最优路径，实现自主移动、定点运动、轨迹跟踪、漫游等功能。浙江大学于 1999 年初在其机械电子控制工程研究所开始智能吸尘机器人的研究，两年后成功设计国内第一个具有初步智能的自主吸尘移动机器人，其后与苏州泰怡凯(TEK)公司合作研发，2003 年此吸尘移动机器人的系统在自主能力和工作效率上均得到显著提高。这种智能吸尘移动机器人工作时，先进行环境学习，利用超声波传感器测距，与墙保持一定距离行走，在清洁房间角落的同时获得房间面积的信息，从而决定清扫时间，之后利用随机和局部遍历规划相结合的策略规划清扫路径。系统还引入机器视觉和全局定位能力，力图在多房间环境下提高自定位能力、智能决策能力以及全局路径规划能力，最终提高清扫效率。上海交通大学机器人研究所研制的移动机器人，其最大行驶速度为 25 m/min，能上下坡度为 40° 的楼梯及斜坡，能跨越 300 mm 高的垂直障碍和 400 mm 宽的壕沟，监控距离超过 100 m。上海交通大学的 Frontier-ITM 为高性能自主移动机器人，多次获得国内外移动机器人比赛的冠军，并且作为中国大学的参赛队首次参加了RoboCup 中型组比赛。哈尔滨工业大学研制的轮式智能服务移动机器人能无缆行走、自动避障、识别语音，可用于服务场合的导游、导购等。另外，哈尔滨工业大学也成功研制了用于瓷砖及玻璃壁面清洗作业的壁面清洗爬壁移动机器人。

经长期努力，我国在外星探索机器人方面也取得了丰硕的成果。2013 年 12 月，采用 6 轮主副摇臂悬架的移动构形"玉兔号"月球车顺利驶抵月球表面。该移动机器人由车轮、摇臂和差动机构等组成，可 6 轮独立驱动、4 轮独立转向，具备 20°爬坡、200 cm 越障能力。自主导航和地面遥控的组合模式使其具有自主测距、测速、前进、后退、转弯、避障、越障、爬坡、横向侧摆、原地转向、行进间转向、感知环境、规划路径能力,得以完成月球表面三维光学成像、红外光谱分析、月壤厚度和结构科学探测等工作。"玉兔二号"是中国空间技术研究院设计制造的第二辆月球车(月表巡视器),搭载于"嫦娥四号"月球探测器。其于 2019 年 1 月 3 日 22 时 22 分完成与"嫦娥四号"着陆器的分离,驶抵月球表面,首次实现月球背面着陆,成为我国航天事业发展的又一座里程碑。"祝融号"是我国的第一辆火星车,如图 1.2 所示,于 2020 年 7 月 23 日装载于"天问一号"在文昌航天发射场由"长征五号"遥四运载火箭发射升空。2021 年 5 月 22 日,"祝融号"安全驶离着陆平台,到达火星表面开始巡视探测。"祝融号"机身被设计成可升降的主动悬架结构,能够自由转向,6 个轮子均独立驱动,具备了更强的移动探测能力。"祝融号"上携带的火星表面成分探测仪、多光谱相机、次表层探测雷达、表面磁场探测仪、气象测量仪和导航地形相机 6 个科学载荷将获取行驶区域内形貌与地质构造特征、土壤特征与水冰分布、表面物质组成、表面气候与环境特征等丰富信息。

图 1.2 "祝融号"及"天问一号"

1.2 移动机器人分类及应用

在各种移动机器人中,轮式移动机器人是十分常见也是十分重要的移动机器人之一,具有较高的使用价值和广泛的应用前景,目前正在向工程实用化方向迅速发展,也是目前智能机器人技术发展的主要方向之一。它具有承载能力大、移动速度快、运动稳定及能源利用率高等特点。

1.2.1 移动机器人的分类

移动机器人的应用广泛,覆盖了地面、空中和水下,乃至外太空。下面简要介绍地面移动机器人中的轮式移动机器人、履带式移动机器人、足式移动机器人和仿人机器人。

1. 轮式移动机器人

轮式移动机器人的移动机构根据车轮数量,分为 1 轮、2 轮、3 轮、4 轮及多轮机构。1 轮及 2 轮移动机构在实现上的障碍主要是稳定性问题,根据转向和驱动是否共存于同一机构上可以分为两种情形。图 1.3(a)所示移动机构主要用于无人自行车、无人摩托车,图 1.3(b)所示移动机构则应用于单车头轮椅车上,图 1.3(c)所示移动机构应用于教学领域的自平衡小车,实际应用的轮式移动机构多采用 3 轮和 4 轮。对于同为双轮差速驱动的图 1.3(d)、图 1.3(e)来说,前者地面适应性更好,而后者控制更为简单,可实现原地转向。4 轮移动机构应用最为广泛,其中图 1.3(f)、图 1.4 所示阿克曼转向机构是在汽车上应用最广的一种机构,后续章节会对其运动学规律进行详细分析。对于直接采用固定 4 轮驱动的图 1.3(g)所示机构来说,转向时会对地面产生较大的摩擦力,硬化路面对轮胎摩擦较大,故适合于松软路面。因此,后来的研究学者发展了全向移动机构,图 1.3(h)、图1.3(i)所示移动机构分别采用了两种不同的全向轮,一种是三全向轮,另一种为麦克纳姆轮,两种方式均可实现移动机器人的全向移动,也包括与其他移动方式不同的横移。

轮式移动机器人主要包括自动导引车(Automated Guided Vehicle,AGV)、智能轮椅、导游机器人、侦查机器人及大型智能车辆等,其感知、定位、避障、运动规划、自主控制、服务作业等技术和方法均得到广泛研究。轮式移动机器人可以利用航迹推算、计算机视觉、路标识别、无线定位、即时定位与地图构建(Simultaneous Localization and Mapping,SLAM)等技术进行定位;基于地图完成机器人运动路径的规划和运动控制;结合语音识别、图像识别,实现友好的人机交互,提供引导、解说、物品递送等服务。为家庭、老人、残障人服务的单臂或多臂移动机器人的研究也得到越来越多的重视。Willow Garage 公司的 PR2 机器人,具有全向移动功能、双机械臂和夹持器、立体视觉和激光测距系统,夹持器上装有视觉传感器和力觉传感器阵列,通过视觉和力觉的感知、运动规划与控制,已实现打开冰箱、拿取不同物品等作业。日本理化学研究所(Institute of Physical and Chemical Research)开发的双臂服务机器人 RIBA,质量为 180 kg,机械臂上由触觉传感器覆盖,可通过触觉感知护理人员的引导信息,协助其抱起并移动体重为 61 kg 的患者。美国匹兹堡大学也研制了带有机械臂的智能轮椅

PerMMA。

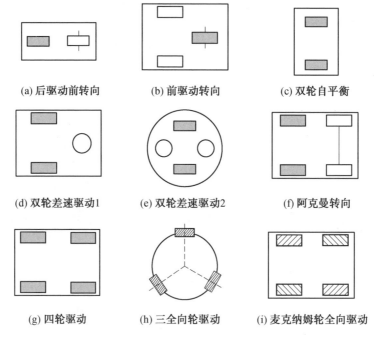

(a) 后驱动前转向　(b) 前驱动转向　(c) 双轮自平衡

(d) 双轮差速驱动1　(e) 双轮差速驱动2　(f) 阿克曼转向

(g) 四轮驱动　(h) 三全向轮驱动　(i) 麦克纳姆轮全向驱动

图 1.3　常见轮式移动机器人移动机构示意图

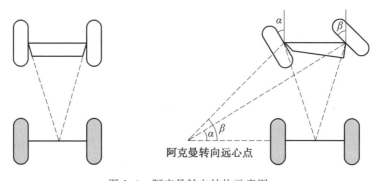

阿克曼转向远心点

图 1.4　阿克曼转向结构示意图

2. 履带式移动机器人

　　履带式移动机器人具有着地面积大、接地比压小、附着能力强、承载力大、越野性能好等优点,因而被广泛应用于矿井、化工等复杂地形巡检,山区、农田大负载搬运,警用、军用复杂地形排爆等领域。不但在平坦路面上具有较为出色的移动速度,在非结构路面上也拥有很强的越障能力,履带式移动机器人的研究发展大致可以分为三个阶段。

　　第一阶段,利用履带取代车轮,初步探索履带在崎岖地面的应用。如美国

Foster-Miller 公司研制的 Talon 机器人是一款用于反恐斗争的履带式移动机器人,如图 1.5 所示。该机器人通过远程操作的方式可应用于军事侦察和军事战斗,同时在其移动机构底盘上装有具有夹持功能的机械手臂,可以代替人类完成危险的清除简易爆炸装置和排雷任务。为了提高该机器人的转向性能,研发人员在进行移动机构设计时在两履带轮之间设计了一个小型的承重轮,该承重轮既可分担机器人的负载量,又可调整机器人的重心,从而减少转向时履带与地面之间的转向阻力,提高转向性能。

图 1.5　Talon 机器人

　　第二阶段,对履带的单一特征进行改进,探索鳍状肢、履带变形在越障过程中的应用。如图 1.6 所示,美国 iRobot 公司研制的 Packbot 系列移动机器人搭配了鳍状肢机构,其与主履带的配合提高了机器人的灵活性,使其更容易通过台阶地形,但其控制系统相对复杂;我国中信重工公司开发了双鳍肢履带可变形的机器人,如图 1.7 所示,该款机器人在行进过程中可以改变履带形状,大大增强了机器人的环境适应能力与越障性能,可变形履带机器人与固定式履带机器人相比,具备更加强大的地形适应性。

图 1.6　Packbot 机器人　　　　　　图 1.7　双鳍肢履带可变形的机器人

第三阶段,组合改进履带多个特征,探索多段履带与变形履带组合、鳍状肢与车轮组合对越障的影响。如图 1.8 所示,中国科学院沈阳自动化研究所研制的排爆机器人"灵蜥－B",采用三段履带设计,大大增强了机器人的地面适应能力,可通过变形调节机器人重心高度,便于翻越复杂的地形障碍;图 1.9 所示的排爆机器人"天蝎"具有履带和自平衡两种运动模式,兼具环境适应性与运动灵活性的优点。

图 1.8　排爆机器人"灵蜥－B"

图 1.9　排爆机器人"天蝎"

3. 足式移动机器人

足式移动机构对崎岖路面具有很好的适应能力,足式运动方式的立足点是离散的点,可以在可能到达的地面上选择最优的支撑点,而轮式和履带式移动机构必须面临最坏的地形上的几乎所有点。足式运动方式还具有主动隔振能力,在地面高低不平时,机身的运动仍可保持相对平稳,足式行走机构在不平地面和松软地面上的运动速度较快,能耗较少。

足式移动机器人是模仿哺乳动物、昆虫、两栖动物等的腿足结构和运动方式而设计的机器人系统,其相关研究包括系统设计、步态规划、稳定性等方面。美国卡内基梅隆大学在 1986 年研制出具有简单腿结构的液压驱动四足机器人。由于当时轮足机器人的液压系统在尺寸、质量、性能、控制和便携动力源等方面存在较大缺陷,因此此后的大部分研究工作中,四足机器人、仿昆虫多足机器人等多采用电机驱动方式。但早期电机直接驱动的机器人存在负重比较低、动态响应性能差、抗冲击能力弱等问题。图 1.10 所示为波士顿动力公司研制的四足机器人。2004 年,波士顿动力公司研制了新型液压驱动四足仿生机器人 Big Dog,该机器人可负载 150 kg,行走 20 km,具有负载能力高、环境适应性好、行走速度快、续航能力强等优点。此后,该公司研制了液压四足机器人 Alpha Dog,机器人的抵抗侧向冲击、负载能力、环境适应性和运动范围等性能得到进一步提

第1章　绪　论

高。Spot Classic 是波士顿动力公司在 2015 年推出的一款四足机器人，其高度约为 0.94 m，质量约为 75 kg，可背负 45 kg 的有效负载自由行动或奔跑。从波士顿动力公司官方发布的视频来看，Spot Classic 的爬坡速度较 Big Dog 更快，步伐更灵敏。Spot Classic 具有 12 个自由度，采用电池能源提供动力，传感器包括立体摄像头、深度摄像头、惯量测量单元（Inertial Measurement Unit，IMU）及肢体中的位置/力传感器，以液压系统作为驱动输出动力，进而控制每段肢体的动作，实现躯体的灵活运动。采用电池能源这一举措，有效控制了机器人的运行噪声，但与此同时，机器人的运行时间也受到了影响。在充满电的情况下，Spot Classic 可以连续运行 45 min 左右，这与上一代全液压驱动的四足机器人最长连续运行 24 h 的时间形成了鲜明对比。Spot Mini 高度约为 0.84 m，质量约为 30 kg，可背负 14 kg 的有效负载自由行动或奔跑。与 Spot Classic 相同，Spot Mini 采用电池能源提供动力，传感器包括立体摄像头、深度摄像头、IMU 及肢体中的位置/力传感器，可实现躯体的灵活控制。但与 Spot Classic 相比，Spot Mini 的单次运行时间有了较大提升，在满电状态下可运行约 90 min。Spot Mini 继承了 Spot Classic 的所有移动特性，具有 17 个自由度，其中有 5 个自由度位于其顶部的机械臂上，其余 12 个自由度平均分布于四肢。Spot Mini 机械臂的作用不仅在于操纵物体，还可以在 Spot Mini 跌倒时辅助其重新站立。

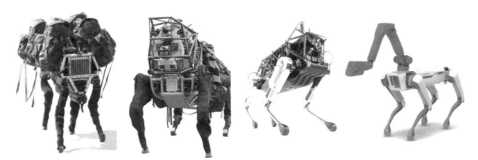

(a) Big Dog (2004年)　　(b) Alpha Dog (2011年)　(c) Spot Classic (2015年)　　(d) Spot Mini (2017年)

图 1.10　波士顿动力公司研制的四足机器人

国内研制的足式移动机器人，多以电机为主要驱动装置，在四足、六足、八足等机器人机构设计、运动规划、控制方面投入了大量研发力量，如清华大学、华中科技大学、中国科学院沈阳自动化研究所、哈尔滨工业大学等。山东大学研制了液压驱动四足机器人实验样机，实现了 Trot 步态行走，最高速度达 1.8 m/s。北京理工大学、哈尔滨工业大学、国防科技大学、上海交通大学、北京邮电大学和南京航空航天大学等单位也在液压驱动四足仿生机器人研发方面开展了大量工作。2010 年，在国家"863"高技术研究发展计划的支持下，上海交通大学的高峰教授团队成功研制了"智慧小象"四足机器人。该机器人采用高功率密度驱动单元实现了机器人的高速、高精度控制,具备较好的抗惯性力扰动的能力,能实现姿态的自稳定调节。2017 年,浙江大学机器人研究团队研发的"赤兔"四足机器人惊艳亮相,其外观类似一条大狗,尽管体重达到 80 kg,但是能不费力地实现踏步、跑步、上坡及爬楼梯等复杂动作,被誉为我国第一个能实现跑跳的四足机器人。2018 年 2 月,浙江大学熊蓉教授团队研发出"绝影"四足机器人,其能够负重 20 kg,可在砂石、冰雪路面行走,目前已经掌握了跑跳、爬楼梯、自主蹲起功能,拥有良好的运动灵活性、环境适应性和感知智能性。

2019 年 11 月 1 日,熊蓉教授团队发布"绝影"的升级版机器人,如图 1.11 所示,被称为"新一代绝影"。该机器人在继承"绝影"运动能力的基础上,通过搭载摄像头、检测传感设备,能够更好地适应复杂环境,可以完成非常复杂的动作。同年,宇树科技发布 Aliengo 四足机器人,定位于行业功能性四足机器人,采用全新设计的动力系统、更轻量集成、一体化机身设计,在国内外形成了较强的影响力。如图 1.12 所示,宇树科技在 2020 年的 CES 2020 大会上发布四足机器人 Unitree A1。Unitree A1 的特点是小巧灵活、爆发力强,最大持续室外奔跑速度可达 3.3 m/s,成为国内近似规格机器人中奔跑速度较快、较稳定的中小型四足机器人之一。

图 1.11 "新一代绝影"　　　　图 1.12 Unitree A1

足式移动机器人的另一个发展方向是轮足机器人,它结合了轮式、足式移动机器人的优点,具有更好的灵活性和越障能力,缺点是机械设计相对复杂。如图 1.13 所示,2008 年,美国 NASA 联合斯坦福大学等投入大量资源研制了适应沙地、岩石、陡坡等极端地形的轮足复合六足星球探测器 ATHLETE,该机器人具有很高的灵活度,每一条机械腿具有 6 个自由度,它的设计目的是在月球表面输送物资和人员。

如图 1.14 所示,美国卡内基梅隆大学与波士顿动力公司成功研制了 RHex 机器人,其腿部结构采用具有 6 个可前后自由旋转的半圆弧形足,越障能力十分出色,具有十分灵活的运动能力。该机械腿的特点是机器人倾覆后,仍可通过之

图 1.13 ATHLETE

前的运动方式前进,因此此款机器人多用于地形侦查等任务。波士顿动力公司于 2017 年推出一款高性能的机器人 Handle,如图 1.15 所示。Handle 高 1.98 m,垂直跳跃的高度可达 1.2 m,采用液压与电机混合提供动力,管路与液压驱动器均集成在一起,因此无需液压管道和油源即可轻松运动。与之前研发的人形机器人 Atlas 相比,结构上的区别在于 Handle 机器人的足端采用车轮驱动,运行速度快,可自由切换步行、跳跃等姿势。

图 1.14 RHex

图 1.15 Handle

我国在轮足机器人技术方面的研究如下。2004 年,中国科学技术大学精密机械与精密仪器系研制了一款新型六足机器人——高机动性越障机器人,如图 1.16 所示,该机器人由机体、叉式越障机构、平行四边形支撑机构和 6 个车轮 4 部分组成,能够轻松地完成攀爬楼梯、穿越障碍、冲刺斜坡等动作。2005 年,清华大学研发一种变结构复合式轮足机器人,如图 1.17 所示,可完成轮式、足式和轮腿结合式的运动。在该机器人机身的两侧对称分布着主动驱动轮和被动万向轮,利用机构的变换来实现腿式行走和轮式运动的转换。

图 1.16　高机动性越障机器人　　　图 1.17　变结构复合式轮足机器人

　　轮腿式移动机器人的较佳运动状态之一是高效的轮式运动,在车轮滚动的同时通过腿部的主动变形保持车轮与地面的贴合性,使机器人在具有一定运动速度的同时,受到的冲击最小,运行尽可能平稳。如图 1.18 所示,瑞士联邦理工学院在研究四足机器人 ANYmal 的基础上开发了轮足移动机器人 ANYmal on Wheels,并在之后继续升级,推出了商业化、小型化的新一代轮足机器人。如图 1.19 所示,我国腾讯机器人实验室也相继推出了四足轮足机器人 Max、双足轮足机器人 Ollie,其中 Max 四轮安装于四足膝关节处,前两轮为从动轮,后两轮为驱动轮,通过下肢折叠实现轮足形态切换,Max 综合了非线性模型预测控制 (Nonlinear Model Predictive Control,NLMPC)算法、二次规划(Quadratic Programming)优化、柔顺控制算法,完成了从趴地状态到双轮站立的起摆、平衡抗扰、落地收腿控制。Ollie 同样兼具轮式结构和腿部能力,轮式结构移动快、效率高;腿部能力让 Ollie 可以适应不平地面、完成跳跃台阶等动作。

(a) 四足机器人 ANYmal　　(b) 轮足机器人 ANYmal on Wheels　　(c) 新一代轮足机器人

图 1.18　瑞士联邦理工学院四足机器人

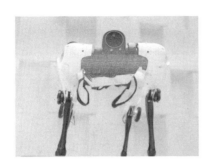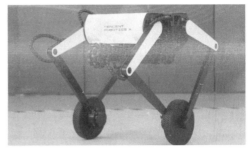

图 1.19　腾讯四足轮足机器人 Max 与双足轮足机器人 Ollie

4.仿人机器人

仿人机器人的研究主要集中于步态生成、动态稳定控制和机器人设计等方面。步态生成分为离线生成方法和在线生成方法;离线生成方法通过预先规划的数据实现在线控制,可完成如行走、舞蹈等动作,但无法适应环境变化;在线生成方法则实时调整步态规划,确定各关节的期望角。在稳定性控制方面,零力矩点(Zero Moment Point,ZMP)方法虽应用广泛,但仅适用于机器人在平地运动的情况。

日本本田公司研制的仿人机器人 ASIMO,高 1.3 m,行走速度达 6 km/h,可完成"8"字形行走、上下台阶、弯腰等动作,还可与人握手、挥手、语音对话,识别人和物体等。日本川田公司的仿人机器人 HRP−2,高 1.5 m,可模仿人的舞蹈动作。索尼公司还开发了 0.6 m 高的小型娱乐仿人机器人 QIRO。法国 Aldebaran Robotics 公司开发的用于教学和科研,高 0.57 m 的小仿人机器人 Nao,集成了视觉、听觉、压力、红外、声呐、接触等传感器,可用于控制、人工智能等研究。2013 年,德国航空航天中心(DLR)公布了最新的仿人机器人 TORO,它高 1.74 m,质量为 76.4 kg,如图 1.20 所示,与其他仿人机器人不同的是,它的驱动单元具有模块化设计,身体每侧具有 6 自由度的手臂、6 自由度的腿部机构,整个躯干采用了 3 自由度设计。如图 1.21 所示,美国波士顿动力公司与佛罗里达大学佛罗里达州人机认知研究所共同开发的液压驱动双足步行机器人 Atlas,其行走过程显示出良好的柔性和抗外力干扰性,可完成上下台阶、俯卧撑等动作,2019 年他们又继续合作研发了新一代灵活程度更高的 Nadia 人形机器人。

传统机器人的驱动方式通常采用在关节处安装电机和减速器,从而实现对相关运动部件的驱动。这种驱动方式结构简单而且驱动力矩较大,便于实现对机器人的精准控制。但由于机器人关节上的电机及减速器结构的自重较大,使整个机器人各个关节质量较大,因此机器人的运动刚性偏大,运动平顺性不足。人体关节由多块肌肉驱动,具有非线性弹簧的特性使关节传动柔顺,受此启发,国内外专家学者开始使用绳索代替肌肉带动关节运动,这种传动方式使末端关

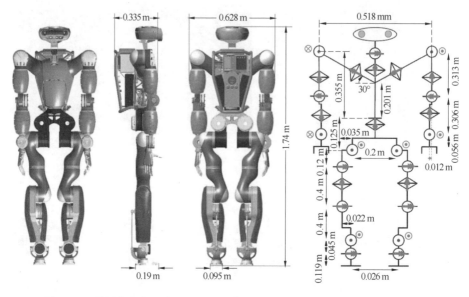

图 1.20　德国航空航天中心(DLR)的仿人机器人 TORO 尺寸及关节示意图

图 1.21　Atlas(左)与 Nadia(右)

节呈现更好的柔顺性,还能够吸收一定的末端冲击以保护机构不受损伤。日本东京大学的 Toytaka 等人在 2011 年研制出仿人机器人 Kenshiro,如图 1.22 所示,该机器人以人体解剖学为设计理念,其胸腔结构使用 ABS 工程塑料通过 3D 打印而成,Kenshiro 的所有关节均由冗余的腱型制动器驱动,每个制动器均由一个张力传感器和一个弹簧加载的电机齿轮装置组成。使用张力传感器可以调节关节刚度,最新的 Kenshiro 机器人,高度为 1.40 m,质量为 45 kg,共有 82 个自由度,这些自由度由 109 个弹簧加载电机驱动并且采用了新的球形肩关节机构。LIMS2－AMBIDEX 来自韩国 KoreaTech (Korea University of Technology and

Education),如图 1.23 所示,是特意为 IROS 2018 挑战赛所设计的双臂机器人, 每只手臂具有 7 自由度。为了减小机械臂末端执行器惯量,7 个自由度相应的驱动器都排布在肩关节上,并采用绳驱动传动方案。同时使用独特的轻型张力放大机构,使该机械手可保持较高的刚度和强度。与运动控制性能密切相关的关节张力刚度被二次方放大。肩膀以外的质量和惯性矩分别为 2.24 kg 和 0.599 kg·m²,低于人类,确保了高速运行下双臂操作的安全性和精确性。

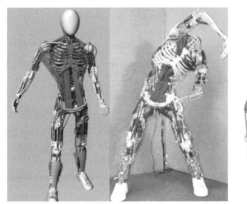
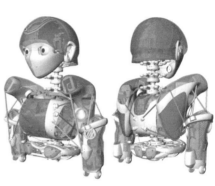

图 1.22　Toytaka 团队设计的绳驱机器人

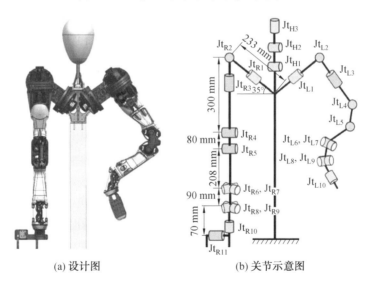

(a) 设计图　　　　　(b) 关节示意图

图 1.23　LIMS2－AMBIDEX 机器人

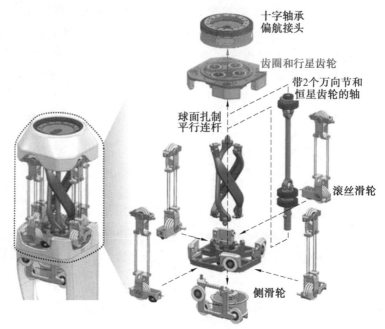

十字轴承
偏航接头

齿圈和行星齿轮

带2个万向节和
恒星齿轮的轴

球面扎制
平行连杆

滚丝滑轮

侧滑轮

(c) 3自由度关节结构

续图 1.23

国内在仿人机器人方面也开展了大量工作。国防科技大学研制开发了 KDW 系列双足机器人,研制了仿人机器人"先行者"。北京理工大学研制的 BRH 系列仿人机器人,高 1.58 m,具有 32 个自由度,行走速度为 1 km/h,可实现太极拳表演、刀术表演、腾空行走等复杂动作。哈尔滨工业大学研制开发了 HIT 系列双足步行机器人。清华大学研制开发了仿人机器人 THBIP-Ⅰ。北京理工大学与中国科学院自动化研究所、南开大学等单位合作开展了乒乓球的高速识别与轨迹预测等关键技术研究,实现了两台仿人机器人、人与机器人的多回合乒乓球对打。浙江大学等单位研制的仿人机器人也实现了机器人之间、人与机器人的乒乓球对打。2019 年,哈尔滨工业大学的李兵教授和他的学生设计研发了串并联绳驱机械臂,该机械臂的肘关节具有单自由度,肩关节为 3 个自由度并联结构,如图 1.24 所示。

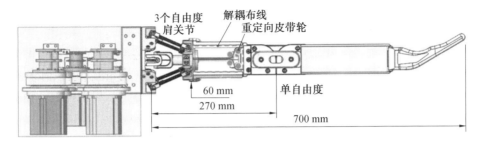

图 1.24 串并联绳驱机械臂

1.2.2 移动机器人的应用

近 20 年来,移动机器人平台在许多领域都得到了应用,如用于家庭的移动服务机器人、智能轮椅、清洁机器人;用于科学考察的侦探移动机器人;用于军事领域的武装军用移动机器人、侦查移动机器人;用于变电站、高压线巡检的电力巡检机器人;用于空调通风管道清洁的风管清扫移动机器人等。在工业生产领域,以 AGV 为代表的移动机器人系统逐渐成为企业在柔性生产设备和仓储自动化升级时的首选方案。在农业领域,移动机器人在除草、播种、施肥、收割等方面已有相关应用,对于提高农业生产效率和农产品品质,促进我国农村的城镇化、信息化和现代化具有重要意义。在服务领域,导游服务机器人、助老助残辅助机器人、家庭服务机器人等给人们的生活带来极大的便利。在军事领域,移动机器人的应用范围正从传统的排雷、侦察、搜救等战场辅助任务转为直接参与战斗任务。在未来战场上,军用移动机器人的应用将不可避免,它既可使作战部队面临的风险降到最低,又可使作战手段多样化,大大增强战场指挥官的应变能力。综上所述,从应用领域来说,移动机器人可以用于服务业、智能制造、智能交通、智慧农业、军事、星际探测等各个行业,下面简述移动机器人的一些典型应用。

1. 智能轮椅

智能轮椅在传统电动轮椅的基础上,应用导航定位、运动控制、模式识别、多传感器融合及人机交互等机器人技术,使轮椅具有感知环境信息、智能决策及自主运动的能力,具备较强的环境适应性、平稳的运动控制和友好的人机交互界面等优点,能够较大程度地满足人们在生活和工作中的需要。智能轮椅的研究在发达国家已经广泛开展,是康复工程和助老工程的重要研究方向,具有重要的研究价值与社会意义。

欧美等地区已经进入老年化社会的国家对此研究最早始于 19 世纪 70 年代。法国的 VAHM 项目研制的智能轮椅设置了自动、手动和半自动 3 种运行模式。当用户选择自动模式时,轮椅上的电脑能够实现路径规划和导航,控制轮椅自主运动至用户选定的目标位置;选择手动模式时,轮椅根据用户的操作指令进行运动。美国麻省理工学院人工智能实验室研究的 WHEELESLEY 智能轮椅设置了菜单、操纵杆和用户界面 3 种运动模式。在菜单模式与操纵杆模式下,轮椅用户通过菜单或操纵杆发出方向命令进行避障,操作方法类似一般的电动轮椅;在用户界面模式下,用户只通过眼睛运动来控制轮椅进行驱动。西班牙 SIAMO 项目研发的多功能智能轮椅系统采用模块化设计原则,根据用户残障程度的差异,设计开发了智能操作手柄、语音及头部运动识别、呼吸控制及眼电信号驱动等多种人机控制接口。德国不来梅大学的 FRIEND 智能轮椅则具备了语音交互控制和自动导航系统,如图 1.25(a)所示。加拿大蒙特利尔大学的智能轮椅使用了双激光传感器进行避障和导航,如图 1.25(b)所示。

(a) 不来梅大学的FRIEND智能轮椅　　　　(b) 蒙特利尔大学的智能轮椅

图 1.25　部分智能轮椅

进入 21 世纪以来,我国人口老龄化程度不断加深,残疾人口、慢性病人口数量都呈上涨趋势,对轮椅的需求量也在逐年增加。国内中国科学院自动化研究所开发的多模态智能轮椅样机具有视觉和口令导航功能,综合运用了图像处理、计算机视觉和语音识别等技术;台湾中正大学研究的智能轮椅 Luoson—Ⅲ 在普通电动轮椅平台上增加了液晶显示器、电子耦合组件(Charge-Coupled Device,CCD)图像传感器、麦克风及无线网络通信模块等设备,以工业计算机为轮椅控制中心,通过模糊决策算法实现自主导航;上海交通大学设计开发的智能轮椅配备声纳、红外、碰撞开关及摄像头等多种传感器,设置了手动模式、半自主模式、计算机模式和全自主模式 4 种工作模式,具有自动行走、避障、避碰、防跌落及目标跟踪等功能,在半自主模式下,用户能够在智能控制和手动控制之间进行选择。2015 年我国老龄人口达 2.2 亿,此数量还在增加,残障人口有 8.5 千万,其中很大部分是肢体残障人士和视力残障人士,移动机器人可以在移动性上帮助这些老年人和残疾人。

通过应用智能机器人技术,近些年国内外在智能轮椅的研究上都取得了一定的成效,研制出了很多面向行动不便人群的辅助行走机器人,功能多样化,基本上满足了行动不便人群的需求。但目前智能轮椅仍停留在实验室、少数定做的状态中,并没有真正产业化,所以在研究上仍有很大的发展空间。随着社会物质文化水平的不断提高,高科技逐渐进入人们的日常生活,迫切需要开发研制出功能完善、价格合理的智能轮椅产品,未来的研究将会朝以下几个方向发展。

(1) 智能化。

智能轮椅要走向实际应用,必须综合应用智能技术,优化控制算法,增强自动规划,如实现自然语言控制、视觉平滑控制、恶劣环境下自如行走等;应结合一些新科技,如计算机通信、网络等技术开发相应的远程通信系统。

(2) 人性化。

系统设计者应充分考虑行动不便人群的实际需求,从细微处出发,设计安全、舒适、合理的智能轮椅,如增加轮椅上升功能,以便使用者和其他人对话;选择透气性好的坐垫;安装报警装置;增加轮椅床功能,方便使用者休息;使轮椅操作方式尽可能简单等。

(3) 模块化。

智能轮椅具有环境多样性和高智能性的特点,使设计周期和制造成本成为急需解决的难题,模块化概念的引入为推动其实用化进程提供了新思路,选择适当的模块机器人拓扑关系和标准模块,迅速组成模块机器人是缩短机器人设计周期和降低制作成本的有效途径。模块化系统应由基本模块和各个功能模块构成,每个功能模块负责一种功能,以便用户可以根据自身个性化需求选择功能模块,配置最合适的轮椅,同时也便于维修、降低成本和提高性价比。

随着人工智能、模式识别、图像处理、计算机技术和传感器技术的发展,智能轮椅的功能将更为完善、丰富,也将真正进入行动不便人群的生活。

2. 仓储物流机器人与智能物流

智能制造领域为移动机器人提供了非常多的发展机遇。在仓储物流领域,移动机器人主要应用于仓储中心货物的智能拣选、位移,立体车库的小车出入库以及港口、码头、机场的货柜转运。仓储物流机器人中,最为人熟知的是亚马逊公司的 Kiva 机器人,目前有超过 15 000 台 Kiva 机器人在亚马逊公司的物流中心工作。

仓储物流机器人已经有四十多年的发展历史,其发展过程一共经历了三代。第一代仓储物流机器人主要由传送带以及相关生产设备组成,结构简单,还不具有"机器人的模样",实现了自人工化向自动化的转变。第二代仓储物流机器人主要以自动导引车(AGV)设备为代表,该导引车自带光学或电磁等自动导引装置,具有搬运及安全保护的功能,并且能沿规定的导引路径行驶。亚马逊公司的 Kiva 机器人是 AGV 的典型代表,该机器人具有 AGV 小车技术,但工作效率不高,拣选货物等操作仍然需要人工完成。第三代仓储物流机器人是在第二代基础上,增加了先进的传感器设备,如视觉系统、智能系统、机械手、机械臂等,人机交互界面更加友好,执行效率和准确性显著提高,与现有物流管理系统对接更完善。随着智能机器人的不断涌现及大量智能机器人的广泛应用,仓储物流机器人将对物流运作模式和整个物流体系的发展产生深远影响。

仓储物流机器人的发展及产业化均为智能物流行业带来了好的发展机遇和全新的发展模式,全球各个物流企业为了提高效率、降低成本、增强企业的竞争力,纷纷引进自动化系统,以机器人替代人工工作。传统的仓储物流产业需要大量的人力资源,比如快递、烟草、医药、电商、食品饮料等产业,都会逐渐加入这一"机器换人"的大潮中。国内涌现了大批量智能仓储系统,如京东的"亚洲一号"致力于建立亚洲最大的电商运营中心,其集货物存储、订单处理、分拣配送为一体,采用"货到人"系统调配方式实现货物的分拣;阿里巴巴旗下的菜鸟网络也采用智能仓储系统实现货物的统一调配;上海快仓智能科技有限公司、北京极智嘉科技有限公司等也实现了仓储的智能化。

在大型的网格式立体仓库中,多 AGV 任务调度是 AGV 仓储物流机器人研究的另一个重点问题,其优化目标是在满足所有约束条件(如车辆负载、车辆数目约束等)的情况下,将分拣任务分配给 AGV 执行,实现 AGV 行驶总路径最短或者效率最高。海康机器人在涉及多个立体仓、线边仓仓储、产线搬运需求时,近千台 AGV 的整体二维码调度导航方案也应用在了华为、京东、海尔等多家企业中,多仓储物流机器人应用如图 1.26 所示。

图 1.26　多仓储物流机器人应用

3. 无人车

无人车是一种特殊的轮式机器人。近年来,随着人工智能技术的发展,无人车技术已经成为当前十分热门的领域之一。其中,德国、美国、日本等发达国家投入巨资用于无人车的开发。我国的无人车技术相对起步较晚,但是从20世纪80年代开始,国内相关高校也开始进行相关技术的研究。为了促进无人车技术的发展,国家自然科学基金委员会2009～2018年已经举办了十届"中国智能车未来挑战赛"。基于卫星的导航定位技术发展已经相对成熟,但由于卫星信号易受到外界干扰,而且在城市道路中高楼、大桥、隧道等的遮挡致使GPS信号丢失,为无人车的安全驾驶带来极大的隐患,因此发展不依赖卫星的定位技术已经成为必然趋势,SLAM技术成为解决此技术需求的重要方法。无人车作为一种特殊机器人,其对周围环境地图的构建以及对于自身在环境中的精确定位是实现其安全行驶的前提。Google的无人车中包括一个为该车提供环境感知信息的LEDAR系统。2014年底,Google将无人车的完整样车公之于众,并于2015年初在旧金山港湾区对该款无人驾驶汽车进行上路测试。

我国第一辆智能小车于1989年由国防科技大学研制,之后又一度与上海一汽集团合作研发,在2003年将无人驾驶技术真正运用到红旗汽车上,这在国内算是首例。随着红旗智能汽车自动驾驶技术的不断发展,其于2011年进行了首次公开测试,自出发点长沙开往目的地武汉,全程共280多km,在此过程中经历了恶劣天气测试和主动超车测试,最终顺利完成整个行程。

国内的各大高校,如清华大学、上海交通大学、浙江大学、陆军军事交通学院等也纷纷开始无人驾驶智能车的研究。以上海交通大学为例,在2005年,上海交通大学与欧盟联合投入无人驾驶智能车的研发,并于2006年成立无人驾驶智能车实验室,开始进行智能车的理论研究和技术研发,该实验室研制的无人驾驶智能车CyberC3在国家自然基金委员会2011年主办的"中国智能车未来挑战赛"中首次从封闭道路环境走向真实道路环境。2012年,由清华大学和陆军军事交通学院联合开发的"猛狮Ⅲ号"无人车完成114 km的行驶测试。2015年,宇通智能电动客车在完全开放的道路中开始无人驾驶试验,本次客车试验在国内尚属首次,该车安全行驶了32.6 km,全程无人干预。同年12月,百度宣布成立无人驾驶事业部,致力于L4级无人驾驶技术的研究。2016年,百度与乌镇旅游股份有限公司合作推行景区无人车运营,并获得美国加州政府颁发的上路测试牌照。2017年4月,百度发布"Apollo计划",Apollo作为一个开放平台,可以帮助汽车企业快速搭建一套自动驾驶系统,降低了无人驾驶汽车研发的成本,进一步促进了技术的发展;6月,百度与德国博世集团展开合作,进行基于高精度地图的更加精准实时的定位导航系统的研究。图1.27展示了无人汽车感知决策系统示意图。

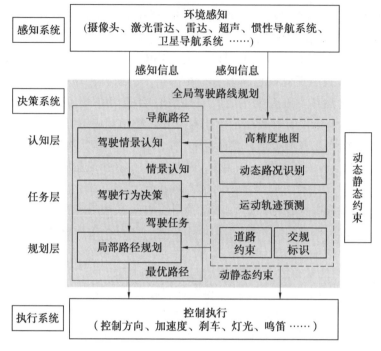

图 1.27　无人汽车感知决策系统示意图

随着 5G 等相关技术的快速发展,无人驾驶技术日渐成熟,无人车的应用场景也在不断延伸扩展,小型无人车凭借自身的智能性、便捷性和稳定性等特点,为物流"最后一公里"配送提供了重要的技术支持和发展契机。无人车搭载了多种传感器,拥有强大计算能力和接口丰富的智能驾驶计算平台,能够智能感知周围复杂的环境,熟练地避让行人和障碍物,安全精准地把快递送到用户手中。目前国内无人配送车解决方案商主要有两种类型:一类是以阿里巴巴、京东、美团为代表的商业巨头,其集团内部自有各类配送需求和场景,目前均已组建了百人以上规模的自动驾驶研发团队,他们既有较强的技术团队和研发积累,也是场景方,同时在资金和资源上有非常大的优势,为当下无人配送行业的主要推动力量;另一类则为创业企业,选择无人配送作为其技术落地的主要场景或者场景之一。2021 年 5 月,北京率先发布了《无人配送车管理实施细则》,对无人配送车给予开放与支持,加速无人配送大规模场景应用商业化的落地。表 1.1 给出了部分无人配送车的相关参数。

表 1.1 部分无人配送车参数表

企业	产品	应用场景	尺寸	速度	补电方式	续航	载重
京东	京东 4.0 版本无人配送车	京东快递	2.2 m×0.9 m×1.72 m	≤30 km/h	充电	110 km	≤650 kg
美团	魔袋 20	美团买菜	2.45 m×1.01 m×1.9 m	≤45 km/h	换电	120 km	≤150 kg
阿里巴巴	小蛮驴	菜鸟快递	2.1 m×0.9 m×1.2 m	≤20 km/h	换电	102 km	≤100 kg
白犀牛	无人配送车	生鲜、零售	2.95 m×1.1 m×1.7 m	≤30 km/h	充电/换电	135 km	≤850 kg
行深智能	绝地 3000H	快递、外卖	1.88 m×1.0 m×1.77 m	≤40 km/h	换电	100 km	≤500 kg
一清创新	夸父	生鲜、物流	3.65 m×1.56 m×1.95 m	≤30 km/h	充电/换电	100 km	≤1 000 kg

4. 巡检机器人

巡检机器人是一种移动类的服务机器人,它以设备代替人力,根据控制系统自动进行巡检。在工业生产行业,智能巡检机器人主要用于检测生产线设备的运行情况,并在系统软件中即时反馈相关设备的情况,协助员工进行相关巡检设备的运营和维护。巡检机器人大多应用于电力行业、煤矿化工行业、石油运输行业等,主要分为无轨巡检和有轨巡检两种形式,其中无轨巡检形式主要分为轮式和履带式巡检机器人,而有轨巡检形式主要分为轨道式和钢索式巡检机器人。

电力巡检机器人如图 1.28 所示,主要应用于室外变电站和电力线巡检,代替运行人员进行巡视检查。它可以携带红外热像仪、可见光 CCD、拾音器等检测与传感装置,它可以自主或遥控方式,全天候地完成高压变电设备的巡检,及时发现发热、漏油、异物、损伤等内、外部机械或电气异常,准确提供变电设备事故隐患和故障先兆诊断分析的有关数据,大大提高了变电站安全运行的可靠性。

轨道式巡检机器人如日本自动化研究所和我国中国科学院沈阳自动化研究所研制的机器人,其中日本最早研制的变电站巡检机器人体积较大,配合轨道式移动平台可实现轨道内侧一定范围内的设备检测。轮式巡检机器人,如我国国家电网公司电力机器人技术实验室研制的第一代到第四代巡检机器人,以及北京慧拓无限科技有限公司、山东鲁能智能技术有限公司、浙江国自机器人技术股

图 1.28　电力巡检机器人

份有限公司等单位研制的机器人,该类型机器人均采用轮式移动机构,具有移动灵活、行动高效的特点。履带式巡检机器人,如我国国家电网公司电力机器人实验室第五代巡检机器人,可以实现变电站内道路区和设备区内设备巡检,具有一定越障能力且移动范围可覆盖设备区。提高设备状态检测精度和巡检机器人的功能性、智能化水平依然是未来研究的重点。

管道巡检机器人则是另一大类应用。管道作为水、石油、煤气等液态和气态物质的重要输送途径,广泛应用于石油、化工、建筑、天然气、核工业等多个领域,给工农业生产和人类生活带来了诸多便利和巨大经济效益,同时,大量的管道检测和维护工作也造就了管道机器人的巨大需求。管道的检测和维护多采用管道巡检机器人来进行,管道巡检机器人是一种可沿管道内壁行走的机械,它可以携带一种或多种传感器及操作装置(如 CCD 摄像机、位置和姿态传感器、超声传感器、涡流传感器、管道清理装置、管道焊接装置、简单的操作机械手等),在操作人员的控制下进行管道检测维修作业。图 1.29 所示为管道巡检机器人被送进人民大会堂空调管道,开始了一天的洗刷作业。

图 1.29　管道巡检机器人被送进空调管道作业

　　目前,高分辨率彩色摄像头、光学传感器、超声传感器、微波传感器和红外热成像等多种传感器都已经应用到管道巡检机器人上,多数采用人工智能、模式识别等方法对获得的管道图像进行缺陷的自动识别和分类,但是检测的智能化程度还有待进一步提高,对整个管道系统的状况评估目前还比较少,缺陷识别率和管道状况的识别率也需要进一步提高。

1.3　智能控制在移动机器人领域的研究进展

　　移动机器人的关键技术包括可靠性感知、多模人机交互、记忆和智能推理、人类情感与运动感知理解、人类语义识别与提取、非结构环境理解与导航规划、复杂环境下动力学与智能控制、多机器人协同作业等方面。移动机器人的智能控制可以从机器人的自主程度、对环境的适应能力(即环境结构化程度)及人机交互程度这 3 个维度进行解析,如图 1.30 所示。

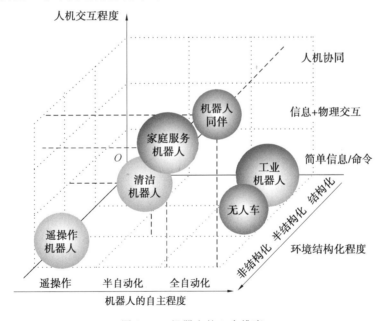

图 1.30　机器人的 3 个维度

　　首先看机器人的自主程度维度,正如 ISO 新的机器人标准——*Robotics Vocabulary*(ISO 8373:2021)认为的,自主性应该是机器人本身应有的特性,研究人员在这方面投入了最多的关注与精力。无论是对轮式、履带式、仿人型、仿生多足等各式各样的驱动机构,以及这些机构的自适应稳定的控制方法,还是这一维度对这些驱动机构的通信机制均进行了全面的或不同层次的研究。机器人对环境的适应能力这一维度是近年来众多研究人员的另一个研究重点,在机器人对环境的感知、定位、路径规划及 SLAM 问题方面都取得了一定的突破,通过激光、高速相机、雷达扫描等方式甚至能够使无人车在高速运动时仍然实现对环境的全方位感知。从人机交互程度这一维度来看,目前的机器人人机交互方式包括传统的按键、键盘、语音、图像、姿态、生物电信号等。在过去的十年内,机器人技术沿着这 3 个维度都进行了快速的发展,在机器人的智能控制方面既有突破,也带来了一些新的问题,如在非结构环境下移动机器人的适应性问题,微弱生物电信号人机交互移动机器人的控制问题以及家用服务机器人的学习控制问题等。

从控制角度来说,传统控制理论在应用中面临的难题包括:

①传统控制系统的设计与分析建立在精确的系统数学模型基础上,而实际机器人系统中由于存在复杂性、非线性、时变性、不确定性和不完全性等特点,一般无法获得精确的数学模型。

②研究这类系统时,必须提出并遵循一些比较苛刻的假设,而这些假设在应用中往往与实际不相吻合。

③对于某些复杂的和包含不确定性的对象,根本无法以传统数学模型来表示,即无法解决建模问题。

近年来,以计算智能为基础的一些新的智能控制方法、技术及系统已先后被提出。新的智能控制系统有仿人控制系统、进化控制系统、免疫控制系统、强化自适应控制系统、机器人深度学习及机器人人工情感系统、机器人类脑智能系统等。新理论的提出也为移动机器人的发展和问题的解决提供了新的思路和方法,现阶段理论中基于规则的行为决策相对简单,但灵活性不足,端到端的深度神经网络能够很好地处理场景特征难以显性表达的部分难题,将自主学习与先验知识(道路结构、动力学模型、规则等)进行融合是未来的发展趋势。此外,由于机器人本身车载计算资源有限,利用云等资源获取更多信息并分担计算载荷,也是移动机器人智能控制的下一步发展方向。

第 2 章

移动机器人系统基本构成

本章主要介绍移动机器人的体系结构、移动机器人的实时控制系统及移动机器人控制系统(ROS)的基本原理,讨论移动机器人的体系控制结构,包括基于功能分解和多层递阶的控制结构、基于行为控制的反应式控制结构、基于规划和反应的混合式控制结构及多智能体系统(Multi-Agent System,MAS)结构,并结合移动机器人通信系统给出一个实例。

随着移动机器人研究水平的不断深入和提高,各种各样的新型传感器被采用,信息融合、全局规划、运动学和动力学计算等模块的技术水平也不断提高,使机器人整体智能化水平不断提升,同时也使系统结构变得复杂。从移动机器人研究历史来说,移动机器人按其控制方式或自主程度大致可分为遥控式、半自主式与自主式 3 种。其中自主式移动机器人可以按照人预先给出的任务命令,根据已知的地图信息做出全局路径规划,并在行进过程中不断感知周围的局部环境信息,自主地做出各种决策,随时引导机器人安全行驶并执行相应的动作。

移动机器人所面向的环境是现实世界中复杂的动态环境,要求研究人员在解决移动机器人具体关键技术的同时,既要考虑移动机器人系统所涉及的计算机体系结构与软件组织结构,还要研究如何将移动机器人的传感器、规划器和执行器等几部分有机地集成在一个紧凑的系统中。

2.1　移动机器人的体系结构

图 2.1 为移动机器人组成框架图,移动机器人是建立在机械、电气及计算结构基础上的复杂系统,通常由感知系统、控制系统、执行系统、机械系统、人机交互系统、机器人-环境交互系统 6 个子系统组成。

移动机器人的控制系统有 4 种典型的代表结构:基于功能分解和多层递阶的控制结构、基于行为控制的反应式控制结构、基于规划和反应的混合式控制结构及多智能体系统(Multi-Agent System,MAS)结构。

1. 基于功能分解和多层递阶的控制结构

针对基于功能分解和多层递阶的控制结构的研究开始较早。美国学者 Saridis 认为智能控制系统必然是分层递阶结构,并提出了随着控制精度的增加而智能化程度降低的原则,他把控制系统分为组织级、协调级和执行级 3 级,提出了名为 NASREM 的结构,并依据时间和功能来划分体系结构的层次和模块,按照从左到右的时间关系把整个系统分成信息处理、环境建模和任务分解 3 列。任务分解列从上到下又分为总任务、成组任务、单位任务、基本运动、动力学计

移动机器人导航与智能控制技术

算、坐标变换伺服控制。这种完全基于规划的体系结构,随着系统完成任务复杂程度和不可预知性的提高以及所处环境的变化,将显得力不从心。

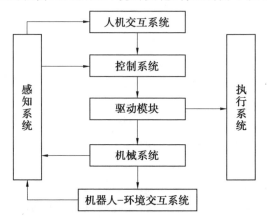

图 2.1　移动机器人组成框架图

2. 基于行为控制的反应式控制结构

关于基于行为控制的反应式控制结构中最典型的是分层控制体系。分层控制体系把机器人的所有功能分解为并行执行的行为,也称之为包容结构。在此结构中,每个控制层由许多小的模块组成,它们可以彼此发送消息。每个模块都可以看成带有寄存器和定时器的有穷状态机。一个行为是由多个模块合作产生的,更高级的层定义了更特定的一类行为。控制层允许检查较低层的数据,并且可以注入数据到较低层从而抑制正常的数据流。各行为之间通过松耦合链接来通信,通过行为之间的抑制和禁止来协调机器人总的控制输出。分层控制体系的结构可以逐步增加,它没有定义世界模型,模块之间信息流的表示也很简单。分层控制体系的结构使机器人反应速度大大加快,在实现较低智能时,通过协调各行为的关系也可达到较好效果,具有较好的鲁棒性;但在实现较高智能时,其行为层次过多,各层次间协调关系变得非常复杂,同时也难以实现长远的运动规划和优化的控制结果。

3. 基于规划和反应的混合式控制结构

随着移动机器人研究的不断深入,移动机器人所要完成的任务越来越复杂及精确,对其运动的实时性和跟随性以及多机器人协作提出更高要求。由于单纯的基于知识或者基于行为结构的机器人已无法满足机器人发展和应用的要求,结合两者优点,国内外学者纷纷提出自己的混合式控制结构方案,混合式控制结构成了机器人控制系统结构研究的主流。

Gat 提出了一种混合式三层控制结构,分别是反应式的反馈控制层(Controller)、反应式的规划—执行层(Sequencer)和规划层(Deliberator)。中国

科学院自动化研究所设计的室内移动机器人 CASIA-Ⅰ采用基于行为的混合式
分层控制结构,如图 2.2 所示,该结构包括人机交互层、任务规划层、定位层和行
为控制层 4 个层次。

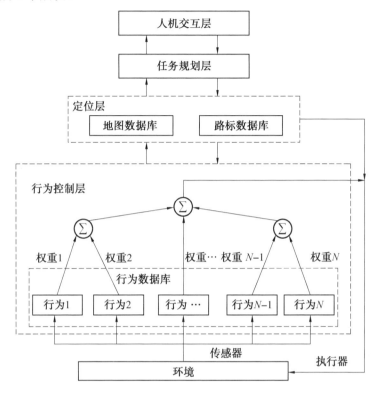

图 2.2　移动机器人混合式分层控制结构

4. MAS 结构

　　从广义上理解,智能体(Agent)的概念涵盖了许多不同的计算实体,这些实
体能够感知环境并作用于环境。它们可以是物理实体,也可以是软件代码,还可
以与其他智能体建立通信,系统协调这些智能体的行为,以实现共同的动作和问
题求解。由于智能体与移动机器人内部功能模块性质相似,同时基于智能体的
方法具有自治性、适应性、稳健性的特点且易于实现,这在应用于结构性不好或
者定义不明确的任务时有很大优势,所以学者们纷纷将 MAS 理论引入移动机器
人控制系统的结构设计,提出了分布式人工智能系统结构。

　　分布式人工智能系统结构由多个智能体组成,每个智能体都是一个自治或
半自治的系统,智能体之间及智能体与环境之间并行工作,均可进行交互。由于
每个智能体都有一定的独立功能,而且智能体之间的结构关系是可动态调整的,
因此,当它们组成一个完整体系时可以产生较好的灵活性和智能性。这种结构

具有自适应性、自组织性和良好的协调性能,可以协调完成繁杂的整体操作。

　　夏幼明等人认为智能体既是一个具有信息处理能力的主动实体,又具有与外界交互的感知器、通信机制,是对信息进行存储加工的信息处理器、记忆库;同时智能体还具有根据共同目标和自己的职责所产生的目标模块及反作用于外部环境的效应器,其基本结构如图2.3所示。中南大学将进化控制技术和 Agent 技术相结合,提出了基于 Agent 的移动机器人进化控制系统结构。该结构兼顾了行为的智能性和反应的快速性,且具有开放性的特点,便于进行维护和改进,其系统结构如图 2.4 所示。

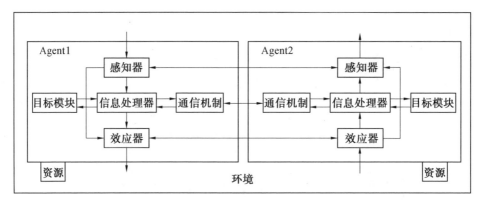

图 2.3　智能体基本结构

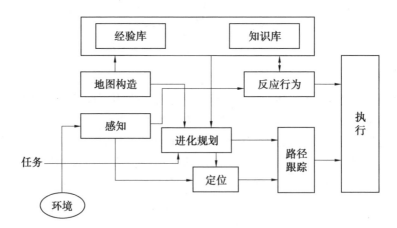

图 2.4　基于 Agent 的移动机器人进化控制系统结构

2.2　移动机器人的实时控制系统

移动机器人实时控制系统由硬件和软件共同构成。硬件主要包括信号处理器、存储器、通信模块、电源模块等,在很多情况下均为嵌入式硬件。机器人中支持嵌入式系统工作的操作系统被称为嵌入式操作系统。常见的嵌入式实时操作系统有如下几种。

(1)VxWorks 操作系统。

VxWorks 操作系统由美国 Wind River 公司开发,它不仅仅是一个操作系统,同时也是一个能够运行的最小基本程序。该系统没有仿真器,但可以通过串口进行调试,而且它的函数库十分丰富,还自带 TCP/IP 协议栈。该系统整体性能优越,价格也是相当昂贵。

(2)Nucleus PLUS 操作系统。

Nucleus PLUS 操作系统由 Accelerater Technology 公司开发。该系统在每层协议都提供源码,对 CPU 的支持能力较强,用户不需要编写板级支持软件包。但该系统的实时性不够,定点中断管理不可靠,操作系统的调试工具太少。

(3)FreeRTOS 操作系统。

免费、源码公开、便于移植、可裁剪、调度策略灵活是 FreeRTOS 操作系统的主要特点,但该系统在进行任务间管理时,发送消息只能先进先出,并且使用此系统需要搭配外扩的第三方图形用户界面(GUI)、协议栈、文件系统等。

(4)RT-Thread 操作系统。

RT-Thread 操作系统主要由中国开源社区开发,使用免费,具有相当大的发展潜力。

(5)μC/OS-II 操作系统。

μC/OS-II 操作系统编写时采用 C 语言和汇编语言,μC/OS-II 的内核具有多任务、抢占式、实时性的特点,可裁剪、移植、固化。室外使用的具有二维云台巡检功能的移动机器人基本采用了 μC/OS-II 操作系统。图 2.5 给出了室外巡检移动机器人通信系统及体系架构功能示意图,其中 HUB 为多端口转发器。

巡检机器人的无线数据通信系统负责完成传输可见光视频数据、红外检测实时图像数据、音频数据、机器人本体及二维云台的控制数据、GPS 差分数据、移动站状态分析数据等数据信号的任务,实现基站显示并分析机器人的位置、速度、加速度、红外光和热成像图像、语音识别状态、移动目标巡检情况、仪表识别情况、电源使用情况、设备故障情况及机器人在电子地图的方位,同时在基站进行任务规划后,完成向移动机器人下达任务等功能。

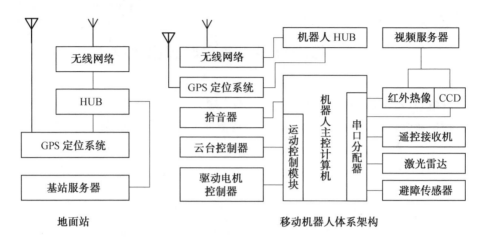

图 2.5　室外巡检移动机器人通信系统及体系架构功能示意图

机器人的通信可以从通信对象角度分为内部通信和外部通信。移动机器人的内部通信是指内部数据的采集与传输,主要包括对数据信息及图像的传输、视频的服务监控等。移动机器人的外部通信主要有两种情况,分别是多移动机器人间的通信和移动机器人的远程控制。多移动机器人通信是指两台或两台以上的机器人进行的通信,即为了有效地交流和协商,解决机器人之间信息处理与传输问题。多机器人协作和控制研究的基本思想是将多机器人之间的协作看作一个群体,研究其协作机制,从而充分发挥多机器人系统的各种内在优势。

从数据传输方式上看,移动机器人的通信方式可分为有线和无线两种。除特种作业外,大多数情况下移动机器人采用无线通信的方式。在移动机器人中应用的常见无线通信技术包括 WiFi 及最新的 WiFi Mesh、红外、蓝牙、ZigBee、NB-IoT、4G、5G 等。下面具体介绍一下具备红外通信功能的多机器人系统。

红外通信是利用红外技术实现两点间的近距离保密通信和信息转发。红外通信系统一般由发射系统和接收系统两部分组成。发射系统对一个红外辐射源进行调制后发射红外信号,而接收系统用光学装置和红外探测器进行接收。其特点为保密性强、信息容量大、结构简单,既可以在室内使用,也可以在野外使用。由于它具有良好的方向性,适用于国防边界哨所与哨所之间的保密通信,但在野外使用时易受气候的影响。

作为无线局域网的传输方式,红外通信的最大优点是不受无线电干扰,且它的使用不受国家无线电管理委员会的限制。为了保证不同厂商的红外产品能够获得最佳的通信效果,红外通信协议将红外数据通信所采用的光波波长范围限定在 850～900 nm 之内。当红外线的传输距离为 1～100 cm,传输方向的定向角为 30°时,可实现点对点直线数据传输。

红外通信不需要实体连线,简单易用且实现成本较低,因而广泛应用于小型移动设备间互换数据以及电器设备的控制中,如计算机、移动电话之间的数据交换,电视机、空调器的遥控等,并且在机器人技术研发方面也得到一定的应用。小型机器人 E－Puck 就应用红外通信实现了编队前进,如图 2.6 所示,图中上面一排为随意放置的多个 E－Puck,下面一排为与之一一对应的通过红外通信将前进方向调整为一致的 E－Puck。

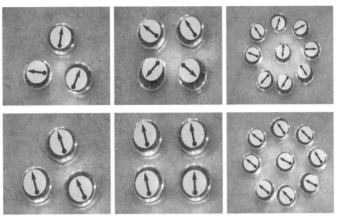

图 2.6　E－Puck 机器人通过红外通信调整前进方向

2.3　移动机器人的控制系统

2.3.1　ROS 机器人操作系统

在机器人操作系统(Robot Operating System,ROS)出现之前,国内外出现了众多的控制系统,但由于不同场所的实验场地环境不同、面向场景不同、复杂度不同,不同研发机构采用的控制硬件不同、使用的传感器不同,不同科研人员使用的软件不同,同时随着软硬件的快速发展和迭代,这些系统往往仅存在于实验室内部,继承性较差。

ROS 是在移动机器人系统结构 30 余年研究的基础上发展起来的一套抽象的机器人操作系统,不仅适用于实时系统调试和数据分析,也适用于分布式处理、多机器通信和配置,系统内部包含大量软件包和软件开发工具。ROS 的运行架构是一种使用 ROS 通信模块实现模块间 P2P 的松耦合网络连接的处理架构,它执行若干种类型的通信,包括基于服务的同步 RPC(远程过程调用)通信、基于 Topic 的异步数据流通信和参数服务器上的数据存储。

根据代码的维护者和分布,ROS 主要分为 main 和 universe 两大部分。ROS 代码控制逻辑及文件架构如图 2.7 所示。

移动机器人导航与智能控制技术

图 2.7 ROS 代码控制逻辑及文件架构

(1)main 是核心部分,主要由 Willow Garage 公司和一些开发者设计、提供及维护。它提供了一些分布式计算的基本工具,以及整个 ROS 的核心部分的程序编写。

(2)universe 是全球范围的代码,由不同国家的 ROS 社区组织开发和维护。其中,一种是库的代码,如 OpenCV、PCL 等;库的上一层是从功能角度提供的代码,如人脸识别,它们调用下层的库;最上层的代码是应用级的代码,让机器人完成某一确定的功能。

ROS 主要分为三个级别:计算图级、文件系统级、社区级,如图 2.8 所示。

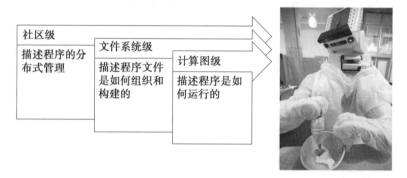

图 2.8 ROS 三级体系结构

ROS 从软件上通过文件架构实现了机器人体系架构的控制逻辑。

1.计算图级

计算图级是 ROS 处理数据的一种点对点的网络形式。程序运行时,所有进程及它们所进行的数据处理,将会通过一种点对点的网络形式表现出来,如图 2.9所示。这一级主要包括几个重要概念:节点(Node)、消息(Message)、主题(Topic)、服务(Service)。

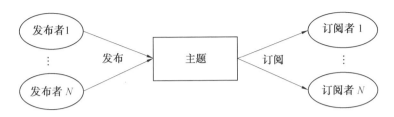

图 2.9　ROS 节点、消息、主题、服务关系图

（1）节点。

节点就是一些执行运算任务的进程。ROS 利用规模可增长的方式使代码模块化，即一个系统是典型的由很多节点组成的。在这里，节点也可以被称作"软件模块"。节点使基于 ROS 的系统在运行时更加形象化：当许多节点同时运行时，可以很方便地将端对端的通信绘制成一个图表，在这个图表中，进程就是图中的节点，而端对端的连接关系就是其中的弧线连接。

（2）消息。

节点之间是通过传送消息进行通信的。每一个消息都是一个严格的数据结构。消息可支持原始数据类型（整型、浮点型、布尔型等），同时也支持原始类型数组。消息可以包含任意的嵌套结构和数组（类似于 C 语言的结构 Structs）。

（3）主题。

消息以一种发布/订阅的方式传递。一个节点可以在一个给定的主题中发布消息，同时关注某个主题与订阅特定类型的数据。可能同时有多个节点发布或者订阅同一个主题的消息。总体上，发布者和订阅者不了解彼此的存在。

（4）服务。

虽然基于主题的发布/订阅模型是很灵活的通信模式，但是它广播式的路径规划对于可以简化节点设计的同步传输模式并不适合。在 ROS 中可称之为一个服务，用一个字符串和一对严格规范的消息定义：一个用于请求，一个用于回应。这类似于 Web 服务器，Web 服务器是由统一资源标识符列表（List of Uniform Resource Identifiers，URIs）定义的，同时带有完整定义类型的请求和回复文档。需要注意，与主题不同的是，它只有一个节点可以以任意独有的名字广播一个服务，如任意一个给出的 URIs 地址只能有一个 Web 服务器。

在上述概念的基础上，需要有一个控制器来使所有节点有条不紊地执行指令，这就是一个 ROS 的控制器（ROSMaster）。

ROSMaster 通过远程过程调用（Remote Procedure Call，RPC）提供登记列表和对其他计算图表的查找。没有控制器，节点将无法找到其他节点，也无法交换消息或调用服务。ROS 控制节点订阅和发布消息的模型如图 2.10 所示。

ROS 控制器给 ROS 的节点存储了主题和服务的注册信息，节点与控制器通

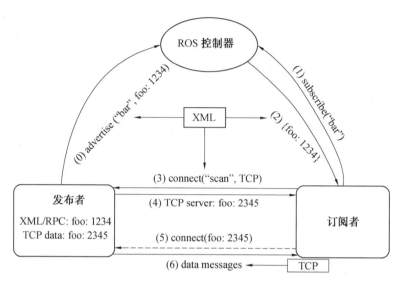

图 2.10　ROS 控制节点订阅和发布消息的模型

信报告它们的注册信息。当这些节点与控制器通信时,它们可以接收关于其他已注册节点的信息并且建立与其他已注册节点之间的联系。当这些注册信息改变时控制器也会回馈这些节点,同时允许节点动态创建与新节点之间的连接。

　　节点与节点之间的连接是直接的,控制器仅仅提供了查询信息,就像一个DNS 服务器(域名服务器)。节点订阅一个主题,将会在同意连接协议的基础上,要求建立一个与发布该主题的节点的连接。

2. 文件系统级

　　ROS 文件系统级指的是在硬盘上面查看的 ROS 源代码的组织形式。

　　ROS 中有无数的节点、消息、服务、工具和库文件,需要有效的结构去管理这些代码。在 ROS 的文件系统级,有几个重要概念:包(Package)、堆(Stack,也称栈、堆栈)等,如图 2.11 所示。

　　(1)包。

　　ROS 的软件以包的方式组织起来。包由节点、ROS 依赖库、数据套、配置文件、第三方软件或者任何其他逻辑构成。包的目标是提供一种易于使用的结构以便于软件的重复使用。总体来说,ROS 的包精简易用。

　　(2)堆栈。

　　堆栈是包的集合,可提供一个完整的功能,像"Navigation Stack"。堆栈与版本号关联,同时也是区分发行 ROS 软件版本的关键。

　　由于 ROS 是一种分布式处理框架,因此可执行文件能被单独设计,并且在运行时松散耦合。这些过程可以封装到包和堆中,以便于共享和分发。图 2.12

是包和堆栈在文件中的具体结构。

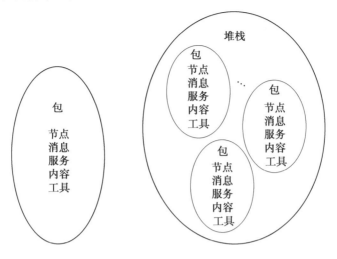

图 2.11 ROS 包、堆栈示意图

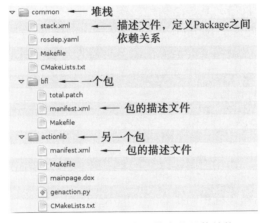

图 2.12 包和堆栈在文件中的具体结构

图 2.12 中，Manifests(manifest. xml)：提供 Package 元数据，包括它的许可信息、它与 Package 之间的依赖关系，以及语言特性信息，如编译旗帜(编译优化参数)。Stack manifests(stack. xml)：提供 Stack 元数据，包括它的许可信息、它与 Stack 之间的依赖关系。

3. 社区级

ROS 的社区级概念是在 ROS 网络上进行代码发布的一种表现形式，其组织形式如图 2.13 所示。

代码库的联合系统使协作亦能被分发，这种从文件系统级到社区级的设计让 ROS 系统独立地发展和实施工作成为可能。正是因为这种分布式的结构，使

ROS 迅速发展,软件仓库中包的数量呈指数级增加。

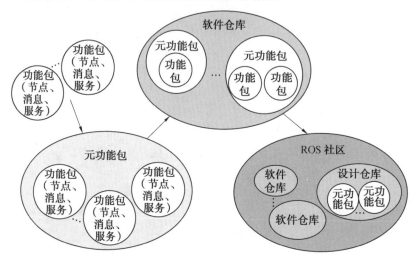

图 2.13　ROS 社区资源的组织形式

　　ROS 这种基于机器人系统结构的控制逻辑是 ROS 成长为全球最大的操作系统的根本原因。但由于 ROS 节点间的数据传递通过内存复制,大量的系统资源会消耗在通信上,使通信实时性无法满足机器人工业应用的要求。除此之外,ROS 通过一个核心的 master 节点管理所有节点间的通信,master 节点的崩溃将会导致整个系统运行出错。

2.3.2　ROS2

　　在 ROSCon 2014 会议上,新一代 ROS 的设计架构(Next-Generation ROS：Building on DDS)正式公布;2017 年 12 月 8 日,ROS2 终于发布了第一个正式版,众多新技术和新概念应用到了新一代的 ROS 之中,同时增加了对 Windows、MacOS、RTOS 等系统的支持。

　　ROS 中最重要的一个概念就是计算图中的"节点",可以让开发者并行开发低耦合的功能模块,并且便于二次复用。此前的 ROS 的通信系统基于 TCP／UDP,而 ROS2 的通信系统基于数据分发服务(Data Distribution Service,DDS)。DDS 是一种分布式实时系统中数据发布/订阅的标准解决方案。ROS2 内部提供了 DDS 的抽象层实现,用户不再需要关注底层 DDS 的提供厂家。此前的 ROS 的架构中,Nodelet 和 TCPROS/UDPROS 是并列的层次,可以为同一个进程中的多个节点提供一种更优化的数据传输方式。ROS2 中也保留了类似的数据传输方式,称为"Intra-process",同样独立于 DDS。

　　DDS 也并不是一个很新鲜的概念,它是对象管理组织(Object Management

Group,OMG)在 2004 年正式发布的一个专门为实时系统设计的数据发布/订阅标准,最早应用于美国海军,解决舰船复杂网络环境中大量软件升级的兼容性问题。目前 DDS 已经成为美国国防部的强制标准,同时广泛应用于国防、民航、工业控制等领域,成为分布式实时系统中数据发布/订阅的标准解决方案。DDS 的技术核心是以数据为核心的发布/订阅模型(Data-Centric Publish-Subscribe,DCPS),这种 DCPS 模型创建了一个"全局数据空间(Global Data Space)"的概念,所有独立的应用都可以去访问。在 DDS 中,每一个发布者或者订阅者都成为参与者(Participant),类似于 ROS 中节点的概念。每一个参与者都可以使用某种定义好的数据类型来读写全局数据空间。图 2.14 左边是 ROS 的发布/订阅模型,右边是 ROS2 使用的 DDS 的发布/订阅模型。

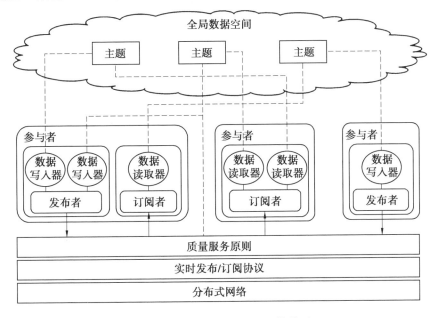

图 2.14　ROS 与 ROS2 的通信模型

(1)主题(Topic):与 ROS 中的 Topic 概念一致,一个 Topic 包含一个名称和一种数据结构。

(2)参与者(Domain Participant):一个参与者就是一个"容器",对应一个使用 DDS 的用户,任何 DDS 的用户都必须通过这个"容器"来访问全局数据空间。

(3)发布者(Publisher):数据发布的执行者,支持多种数据类型的发布,可以与多个数据写入器(Data Writer)相连,发布一种或多种 Topic 的消息。

(4)订阅者(Subscriber):数据订阅的执行者,支持多种数据类型的订阅,可以与多个数据读取器(Data Reader)相连,订阅一种或多种 Topic 的消息。

(5)数据写入器(Data Writer):用于向发布者更新数据的对象,每个数据写入器对应一个特定的 Topic,类似于 ROS 中的一个消息发布者。

(6)数据读取器(Data Reader):用于订阅者读取数据的对象,每个数据读取器对应一个特定的 Topic,类似于 ROS 中的一个消息订阅者。

(7)质量服务(Quality of Service Policy,QoS)原则。QoS 是 DDS 中非常重要的一环,控制各方面与底层的通信机制,主要从时间限制、可靠性、持续性、历史记录几个方面,满足用户针对不同场景的数据应用需求。DDS 质量服务原则如图 2.15 所示。

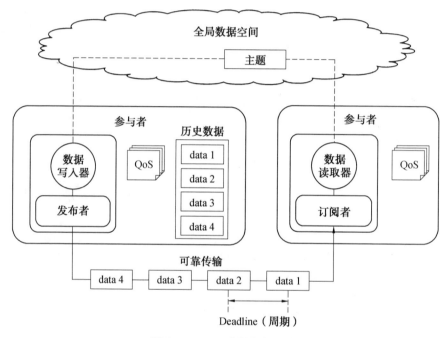

图 2.15　DDS 质量服务原则

从上文 ROS2 及 DDS 的几个重要概念中,可以看到 ROS2 相比于上一代 ROS 在以下方面有所提升。

(1)实时性增强:数据必须在 Deadline 之前完成更新。

(2)持续性增强:ROS 尽管存在数据队列的概念,但是还有很大的局限,订阅者无法接收加入网络之前的数据;DDS 可以为 ROS 提供数据历史的服务,对于新加入的节点,也可以获取之前发布的所有历史数据。

(3)可靠性增强:通过 DDS 配置可靠性原则,用户可以根据需求选择性能模式(BEST_EFFORT)或者稳定模式(RELIABLE)。

ROS2 指令如下：

action	extension_points	multicast	security
bag	extensions	node	service
component	interface	param	topic
daemon	launch	pkg	wtf
doctor	lifecycle	run	

ROS2 中常用指令行工具的具体功能如下。

(1)ROS2 run：命令载入一个包中的可执行文件。

(2)ROS2 pkg executables：列出包里的可执行文件。

(3)ROS2 topic list：返回目前系统中所有激活的 Topic。

(4)ROS2 interface show：显示 Topic 发送的消息定义。

(5)ROS2 service list：查看所有的服务。每个节点默认都有一些基础的服务，比如设置参数服务等。

(6)ROS2 param list：列出所有的参数。每个节点都有公共的参数。

目前来看，迁移到 ROS2 的资源越来越多，ROS2 的功能也在逐渐地变强，虽然 ROS2 的入门门槛相对高一些，但 ROS2 将是技术发展的主流趋势。国内也有越来越多的厂家加入这一趋势，如深圳地平线机器人科技有限公司的 TogetherROS 就是在 ROS2 架构的基础上推出并进一步做了优化的机器人操作平台。

第 3 章

移动机器人机构与运动学模型

本章主要介绍移动机器人机构与运动学模型,包括轮式移动机器人、仿生移动机器人和新型移动机器人结构设计与运动建模,详细分析轮式移动机器人的体系结构和运动学模型、仿生移动机器人的结构设计和动力学系统及新型移动机器人——轮足机器人的结构设计和运动建模。

移动机器人系统应用领域从结构化的室内环境扩展到海洋、太空、极地、火山等人类难以涉足的环境。其中地面为人类活动的主要场所,故地面的移动机器人应引起足够的重视。较之固定式机器人,移动机器人具有更广阔的运动空间及更强的灵活性。机器人的移动方式包括轮式(常用)、履带式和腿式,水下移动机器人则采用推进器。

机器人运动学模型用以描述机器人(包括移动机器人及工业机器人)的物理运动规律,而不考虑产生运动的力和力矩,主要包括位置、速度、加速度和位置变量对时间的其他更高阶微分等,即用来描述作用于机器人移动机构上的力矩与机器人运行状态(包括加速、减速及直线运行等)之间的关系。运动学模型是机器人运动分析、动力学计算、运行轨迹规划和控制实现的主要依据;借助运动学模型,不但能够实现机器人的直接力或力矩控制,而且还可通过仿真对机器人的运行状态进行分析。

根据机器人反馈控制中控制目标的不同,机器人的运动跟踪控制可以大致分为 3 类:轨迹跟踪(Trajectory Tracking)、路径跟随(Path Following)和点镇定(Point Stabilization)。轨迹跟踪是指在惯性坐标系中,机器人从给定的初始状态出发,到达并跟随给定的参考轨迹。路径跟随是指在惯性坐标系中,机器人从给定的初始状态出发,到达并跟随指定的几何路径。两者的区别在于:前者的参考轨迹依赖于时间变量,而后者的路径独立于时间变量。点镇定是指系统从给定的初始状态到达并稳定在指定的目标状态,一般将系统的平衡点作为目标点。

3.1 轮式移动机器人

移动机器人中轮式移动机构的应用最多,轮式移动机器人能够可靠稳定地运动,能量利用率高,机构和控制相对简单,能够借鉴如今已经积累的现有技术和经验等。如果从控制论的观点来看,轮式移动机器人是一个极为复杂的被控对象。执行机构的机械误差、自身质量和转动惯量,地面材质和倾斜情况,轮胎充气程度,轮胎与地面打滑情况等诸多因素都会对机器人的力学特性产生影响。另外机器人的速度、方向之间还存在耦合问题,因此轮式移动机器人可以看作是一个非线性、强耦合的系统。而如何使用数学方程来描述这样一个系统,是当前这一领域研究的主要内容,所以建立一个能够反映系统特性的简单而又实用的数学模型,无论对于设计机器人控制算法还是建立系统仿真环境,都具有重要意义。

对于轮式移动机器人,考虑到车体的复杂性,可以将整个移动机器人的车体看作一个刚体,将车轮看作刚性轮。由于三轮式移动机构是轮式移动机构的基本运动机构,并且在轮式移动机器人中已经得到广泛应用,因此下面就以三轮式移动机构为例建立数学模型并介绍其动力学原理。

1. 简化的三轮式移动机器人模型

对于两差分驱动轮一从动轮的三轮式移动机构,主要有 3 种简化驱动方式:①前轮为驱动轮同时起方向轮的作用,两个后轮为从动轮,此种驱动方式的结构复杂,转弯半径可以从零到无穷大连续变化;②前轮为方向轮,两个后轮为独立的驱动轮,此种驱动方式的结构比较简单,转弯半径可以从零到无穷大连续变化;③前轮为方向轮,两个后轮通过差动齿轮进行驱动,此种驱动方式目前已经比较少见。

图 3.1(a)为第①种驱动方式的简化示意图,图 3.1(b)为第②种和第③种驱动方式的简化示意图。图中,xOy 为绝对坐标系,v 为移动机器人前轮的运动速度(图 3.1(a)),v_1、v_2 分别为移动机器人两个后轮的速度(图 3.1(b)),L 为移动机器人前后轮之间的距离,D 为两个后轮之间的距离,点 C 为移动机器人的质心,点 P 为两后轮轴心连线的中点。设移动机器人的方向轮相对于车体纵轴的旋转角度为 α,移动机器人的车体纵轴与 x 轴的夹角为 β。

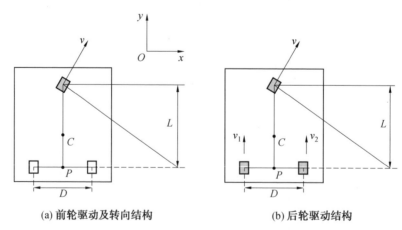

(a) 前轮驱动及转向结构   (b) 后轮驱动结构

图 3.1 三轮式移动机构 3 种驱动方式的简化示意图

对于第①种驱动方式,方向轮在转弯时的瞬时圆心位于两后轮轴心的连线上,设此瞬时转弯半径为 r。

车体的速度为

$$v_P = v\cos\alpha \tag{3.1}$$

于是可以得到

$$\begin{cases} \dfrac{\mathrm{d}x}{\mathrm{d}t} = v\cos\alpha\cos\beta \\ \dfrac{\mathrm{d}y}{\mathrm{d}t} = v\cos\alpha\sin\beta \end{cases} \tag{3.2}$$

经过简单的计算可求得前轮在转弯时的瞬时转弯半径为

$$r = \frac{L}{\sin\alpha} \tag{3.3}$$

于是得到如下车体运动方程:

$$\begin{pmatrix} v_x \\ v_y \\ \omega_{前轮} \\ \omega_{车体} \end{pmatrix} = \begin{pmatrix} \dfrac{\mathrm{d}x}{\mathrm{d}t} \\ \dfrac{\mathrm{d}y}{\mathrm{d}t} \\ \dfrac{\mathrm{d}\alpha}{\mathrm{d}t} \\ \dfrac{\mathrm{d}\beta}{\mathrm{d}t} \end{pmatrix} = \begin{pmatrix} \cos\alpha\cos\beta & 0 \\ \cos\alpha\sin\beta & 0 \\ \dfrac{\sin\alpha}{L} & 0 \\ 0 & 0 \end{pmatrix} \cdot \begin{pmatrix} v \\ \omega_{车体} \end{pmatrix} \tag{3.4}$$

对于第②种驱动方式,方向轮在转弯时的瞬时圆心也是位于两后轮轴心的连线上,同样设此瞬时转弯半径为 r。

车体的速度为

$$v_P = \frac{v_1 + v_2}{2} \tag{3.5}$$

经过简单的计算可求得前轮在转弯时的瞬时转弯半径为

$$r = \frac{D}{v_2 - v_1} \tag{3.6}$$

于是可得到如下车体运动方程:

$$\begin{pmatrix} v_x \\ v_y \\ \omega \end{pmatrix} = \begin{pmatrix} \dfrac{\mathrm{d}x}{\mathrm{d}t} \\ \dfrac{\mathrm{d}y}{\mathrm{d}t} \\ \dfrac{\mathrm{d}\beta}{\mathrm{d}t} \end{pmatrix} = \begin{pmatrix} \dfrac{\cos\beta}{2} & \dfrac{\cos\beta}{2} \\ \dfrac{\sin\beta}{2} & \dfrac{\sin\beta}{2} \\ -\dfrac{1}{D} & \dfrac{1}{D} \end{pmatrix} \cdot \begin{pmatrix} v_1 \\ v_2 \end{pmatrix} \tag{3.7}$$

对于第③种驱动方式,方向轮在转弯时的瞬时圆心也是位于两后轮轴心的连线上,由于目前此种驱动方式已经较少使用,因此这里只给出车体运动方程的结果:

$$\begin{pmatrix} v_x \\ v_y \\ \omega \end{pmatrix} = \begin{pmatrix} \dfrac{\mathrm{d}x}{\mathrm{d}t} \\ \dfrac{\mathrm{d}y}{\mathrm{d}t} \\ \dfrac{\mathrm{d}\beta}{\mathrm{d}t} \end{pmatrix} = \begin{pmatrix} \cos\beta \\ \sin\beta \\ \dfrac{\tan\alpha}{L} \end{pmatrix} \cdot (v) \tag{3.8}$$

2. 三轮式移动机构动力学分析

下面以第①种驱动方式为例进行动力学分析（只考虑纯滚动的情况），轮式移动机构前轮的受力示意图如图 3.2 所示。

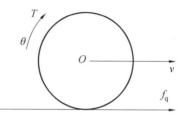

图 3.2　轮式移动机构前轮的受力示意图

由图 3.2 可知，驱动电机加载在前轮上的转矩为 T，前轮受到的地面摩擦力为 f_q，前轮质心的移动速度为 v，其质量为 m，车轮半径为 r，J_C 为车轮对轮心的转动惯量。前轮的动力学方程为

$$\begin{cases} T - f_q \cdot r = J_C \cdot \dfrac{\mathrm{d}^2\theta}{\mathrm{d}t^2} \\[2mm] f_q = m \cdot \dfrac{\mathrm{d}v}{\mathrm{d}t} \\[2mm] v = r \cdot \dfrac{\mathrm{d}\theta}{\mathrm{d}t} \end{cases} \tag{3.9}$$

如图 3.3 所示，点 P 为移动机构前轮的质心，点 M、N 分别是移动机构两个后轮的质心，点 C 为移动机器人的质心，移动机器人的质量为 M，对质心的转动惯量为 J，前轮的速度为 v，前轮与车体纵轴的夹角为 α，前轮与 x 轴的夹角为 β，前轮受到的地面摩擦力为 f_q，两后轮受到的地面摩擦力分别为 f_1、f_2，点 P 到质心 C 的距离为 h，Q 为 MN 的中点，$MQ=d$，$NQ=d$，质心 C 的坐标为 (x_C, y_C)。

其动力学方程如下所示：

$$\begin{cases} f_q\cos\beta - f_1\cos(\beta-\alpha) - f_2\cos(\beta-\alpha) = M\dfrac{\mathrm{d}^2 x_C}{\mathrm{d}t^2} \\[2mm] f_q\sin\beta - f_1\sin(\beta-\alpha) - f_2\sin(\beta-\alpha) = M\dfrac{\mathrm{d}^2 y_C}{\mathrm{d}t^2} \\[2mm] f_q\sin\alpha \cdot h + f_1 \cdot d - f_2 \cdot d = J_C\dfrac{\mathrm{d}^2(\beta-\alpha)}{\mathrm{d}t^2} \end{cases} \tag{3.10}$$

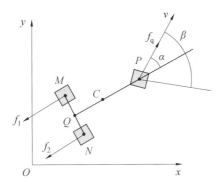

图 3.3　轮式移动机器人的车体受力示意图

对轮式移动机器人特性进行分析后,即可对机器人进行相应的控制。

轮式移动机器人是一类具有非完整约束和强耦合特性的非线性多输入多输出系统。由于测量和建模的不确定性,以及负载的变化和外界干扰,基于解析模型和非完整约束理论的反馈控制器设计方法在实际应用中存在一定的局限性。

本章研究的双轮驱动式移动机器人的几何简化模型如图 3.4 所示。

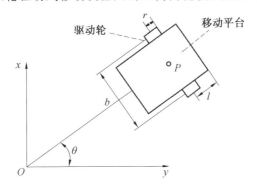

图 3.4　双轮驱动式移动机器人的几何简化模型

用向量$[x,y,\theta]^{\mathrm{T}}$来表示移动机器人两轮中心点 P 在笛卡尔坐标系(x,y,θ)中的位姿,其中(x,y)表示点 P 在笛卡尔坐标系中的坐标,θ 表示机器人坐标系与笛卡尔坐标系之间的夹角。移动机器人的运动学方程为

$$\begin{bmatrix} \dot{x} \\ \dot{y} \\ \dot{\theta} \end{bmatrix} = \begin{bmatrix} \cos\theta & 0 \\ \sin\theta & 0 \\ 0 & 1 \end{bmatrix} \cdot \begin{bmatrix} v_P \\ \omega_P \end{bmatrix} \tag{3.11}$$

式中　v_P——点 P 处的线速度;

ω_P——点 P 处的角速度。

根据拉格朗日力学分析方法,可以得出非完整约束移动机器人运动学模型的公式:

$$\boldsymbol{M}(\boldsymbol{q})\ddot{\boldsymbol{q}}+\boldsymbol{V}_m(\boldsymbol{q},\dot{\boldsymbol{q}})\dot{\boldsymbol{q}}+\boldsymbol{F}(\dot{\boldsymbol{q}})+\boldsymbol{G}(\boldsymbol{q})=\boldsymbol{B}(\boldsymbol{q})\tau-\boldsymbol{A}^{\mathrm{T}}(\boldsymbol{q})\lambda \qquad (3.12)$$

式中 $\boldsymbol{q}$——移动机器人位姿向量；

$\boldsymbol{M}(\boldsymbol{q})$——对称正定矩阵；

$\boldsymbol{V}_m(\boldsymbol{q},\dot{\boldsymbol{q}})\dot{\boldsymbol{q}}$——向心力和哥氏力项；

$\boldsymbol{F}(\dot{\boldsymbol{q}})$——摩擦力项；

$\boldsymbol{G}(\boldsymbol{q})$——重力项；

$\boldsymbol{B}(\boldsymbol{q})$——输入变换矩阵；

τ——机器人转矩；

$\boldsymbol{A}(\boldsymbol{q})$——约束矩阵；

λ——约束力。

在对双轮驱动移动机器人非完整约束特征进行分析的基础上，可以通过引入驱动电机和车体的动力学特性，建立机器人系统的动力学模型。采用如下的双轮驱动移动机器人动力学模型：

$$\dot{\boldsymbol{X}}(t)=\boldsymbol{A}\boldsymbol{X}(t)+\boldsymbol{B}(t) \qquad (3.13)$$

其中，状态向量 $\boldsymbol{X}=[v,\theta,\omega]^{\mathrm{T}}$，$v$ 表示线速度，θ 表示机器人坐标系与笛卡尔坐标系之间的夹角，ω 为角速度；控制向量 $\boldsymbol{u}=[\tau_1,\tau_2]$，$\tau_1$ 和 τ_2 为左、右轮的输入转矩，则有

$$\boldsymbol{A}=\begin{bmatrix} a_1 & 0 & 0 \\ 0 & 0 & 1 \\ 0 & 0 & a_2 \end{bmatrix}, \quad \boldsymbol{B}=\begin{bmatrix} b_1 & b_1 \\ 0 & 0 \\ b_2 & -b_2 \end{bmatrix} \qquad (3.14)$$

$$a_1=\frac{-2c}{Mr^2+2J_\omega}, \quad a_2=\frac{-2cl^2}{J_\omega r^2+2J_\omega l^2} \qquad (3.15)$$

$$b_1=\frac{kr}{Mr^2+2J_\omega}, \quad b_2=\frac{krl}{J_\omega r^2+2J_\omega l^2} \qquad (3.16)$$

其中，驱动轮的间距为 $2l$；驱动轮直径为 r；机器人质量为 M；机器人转动惯量为 J_v；驱动轮的转动惯量为 J_ω；驱动轮的黏性摩擦系数为 c；驱动增益系数为 k。

3.2 仿生移动机器人

仿生移动机器人有各种各样的形态，根据与地面接触足部数量的不同可以分为单足机器人、双足机器人、四足机器人和六足机器人等。足机器人的腿部关节分为两种形式——膝式关节和肘式关节。膝式关节指关节顶点指向机器人前向运动方向的关节；肘式关节指关节顶点背向机器人前向运动方向的关节。图3.5 给出了部分膝关节结构设计实例。

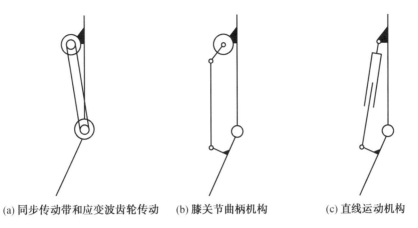

(a) 同步传动带和应变波齿轮传动　　(b) 膝关节曲柄机构　　(c) 直线运动机构

图 3.5　部分膝关节机构设计实例

　　跟地面接触的足部结构设计也有多种多样的形式,最简单的即是配置增加摩擦力的弧形结构。为了增加接触面积,设计与人足部相似的结构,设计人员采取了不同的设计机构,图 3.6 给出了部分踝关节机构设计实例。

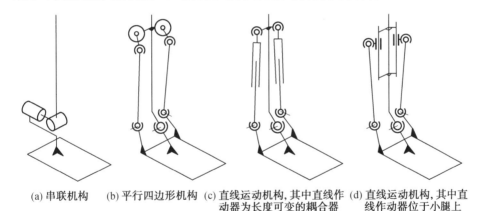

(a) 串联机构　　(b) 平行四边形机构　(c) 直线运动机构,其中直线作　(d) 直线运动机构,其中直
　　　　　　　　　　　　　　　　　　动器为长度可变的耦合器　　　线作动器位于小腿上

图 3.6　部分踝关节机构设计实例

　　双足机器人中应用较多的是倒立摆模型,如线性倒立摆、三维倒立摆和角惯量倒立摆等。倒立摆模型很好地模拟了双足人形机器人的行走过程,但是在倒立摆模型中存在能量损失,需要给倒立摆补充能量。线性倒立摆模型旨在解决倒立摆模型中速度突变的问题,通过改变腿的长度来减缓冲击,达到行走稳定的效果。在这一过程中,可以尽量保持机器人质心在一条直线上运动,这一原理同样符合人体运动学能量消耗最小化的原理。线性倒立摆模型简单易用,得到了广泛应用,后续进一步考虑了角动量的线性倒立摆模型,抗干扰能力更强,运动性能更加稳定。双足机器人中应用的另一种模型为多连杆模型。多连杆模型是简化的双足机器人模型,从 Miura 的三连杆模型发展到 Shimoyama 的九连杆模

型,其中典型的是五连杆模型,由连杆代表机器人的躯干和两条腿,模型简单且可以有效描述机器人运动,所以得到了广泛应用。

小型机器人受限于成本和尺寸,运动控制器往往采用开环控制,为了提高运动稳定性,采用增大脚底板尺寸、增加支撑多边形面积的方法,通过加大稳定裕度保证行走的稳定性。但是中、大型机器人难以采用此方法,典型的 Atals、Asimo 等双足机器人均采用了反馈控制,实时获取机器人位姿数据并将其反馈到轨迹跟踪控制器,进而控制机器人的运动。

双足机器人一般工作在三维空间中完成基本的行走、抓取等动作,因此需要知道机器人的末端点在三维工作空间中的准确位置和姿态(即位姿),而机器人运动学建模的目标是求解各关节的位姿与机器人各连杆状态之间的数学关系。机器人运动学包括正、逆运动学。正运动学是指给定机器人各关节的角度值,计算出机器人连杆末端的位置和姿态。逆运动学是指给定机器人连杆的末端位置和姿态,计算出机器人各关节的角度值。关于正运动学方程的求解,目前已经取得很多的研究成果,正运动学相对逆运动学来说比较容易求解,因为正运动学方程的解唯一,而逆运动学如果不限定约束条件会有多个解,因此逆运动学的分析更为复杂。

对于机器人来说,我们最关心它的末端执行器相对于基座的位姿。在三维坐标系中,任意点 P 在空间的位姿可以用一个 3×1 的位置矢量来描述。如图3.7所示,点 P 在$\{A\}$坐标系中可以用下式来表示:

$$^{A}\boldsymbol{P}=\begin{bmatrix}P_x\\P_y\\P_z\end{bmatrix} \tag{3.17}$$

式中　$^{A}\boldsymbol{P}$——点 P 在坐标系$\{A\}$中的位置;

P_x、P_y、P_z——点 P 在坐标系$\{A\}$中 x、y、z 轴上的分量值。

通过双足机器人各连杆机构的关系可以看出,旋转同一连杆的关节时,连杆可能会出现不同的姿态。因此除了需要描述连杆的位置外,还需要知道连杆在空间的姿态。假设空间中的任意点 P 位于两个不同的坐标系$\{A\}$和$\{B\}$中,当两个坐标系在三维空间中不重合时,点 P 对应的坐标系下的位姿描述是不同的,这里设定为$^{A}\boldsymbol{P}$ 和$^{B}\boldsymbol{P}$,如图 3.8 所示。

令点 P 位于坐标系$\{A\}$中的位置在三个方向的单位矢量为(X_A,Y_A,Z_A),相应的点 P 位于坐标系$\{B\}$中的单位矢量为(X_B,Y_B,Z_B),参考坐标系$\{A\}$来表达坐标系$\{B\}$,则可以写成$(^{A}X_B\ ^{A}Y_B,^{A}Z_B)$,该矢量是由一个 3×3 的矩阵组成,见式(3.18)。

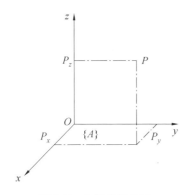
图 3.7　空间位置描述

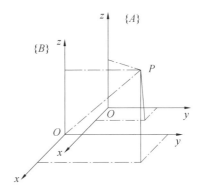
图 3.8　空间多坐标位置描述

$$
{}_B^A\boldsymbol{R} = ({}^AX_B, {}^AY_B, {}^AZ_B) = \begin{bmatrix} X_B \cdot X_A & Y_B \cdot X_A & Y_B \cdot X_A \\ X_B \cdot Y_A & Y_B \cdot Y_A & X_B \cdot Y_A \\ X_B \cdot Z_A & X_B \cdot Z_A & Z_B \cdot Z_A \end{bmatrix} \tag{3.18}
$$

式(3.18)所示的矩阵即为旋转矩阵,用 ${}_B^A\boldsymbol{R}$ 表示。因此可以采用位置矢量在三维空间上描述一个物体的位置,用旋转矩阵描述物体的姿态。同样地,也可以用参考坐标系 $\{B\}$ 来描述坐标系 $\{A\}$ 的姿态,根据矩阵的相关原理可知, ${}_A^B\boldsymbol{R}$ 可以由 ${}_B^A\boldsymbol{R}$ 的矩阵转置得到,即

$$
{}_A^B\boldsymbol{R} = {}_B^A\boldsymbol{R}^\mathsf{T} \tag{3.19}
$$

双足机器人正运动学用来描述双足机器人在三维坐标下的位置和姿态,以及与外部物体的干涉检测。正运动学是机器人运动学的核心部分,通常采用 D−H (Denavit-Hartenberg)法来求解正运动学方程。根据 D−H 法描述的连杆之间的坐标变换,广义连杆坐标变换示意图如图 3.9 所示。图 3.9 中为描述问题而建立了坐标轴 z_i' 和 x_i',并且满足 $z_i' // z_i$ 和 $x_i' // x_i$ 的条件,为简化图形省略了 y 轴,图中用到的参数说明如下:θ 为表示绕 z 轴的旋转角;d 为在 z 轴上两条相邻的公垂线之间的距离;a 为每一条公垂线的长度;α 为两个相邻 z 轴间的角度。

根据 D−H 法将目标机器人简化为连杆模型,各连杆与关节间的连接关系如图 3.10 所示。

机器人的双腿有 5 个自由度,由上到下依次为:髋关节滚动、髋关节俯仰、膝关节俯仰、踝关节俯仰、踝关节滚动。令各关节转动角分别对应为 $\theta_1 \sim \theta_5$,机器人质心到髋关节的距离为 L_0,髋关节两个自由度的距离为 L_1,髋关节到膝关节的距离为 L_2,其他参数可以参照图 3.10。

对双足机器人进行正运动学分析前需要定义基坐标系,这里定义基坐标系是以右脚踝关节为中心的坐标系 $\{O\}$。根据腿部的各个关节自由度建立参考坐

标系,包括髋关节、膝关节、踝关节及脚底,其中髋关节的两个自由度比较特殊,
是紧挨连接一起的两个关节。

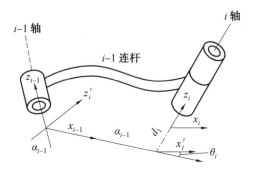

图 3.9　广义连杆坐标变换示意图

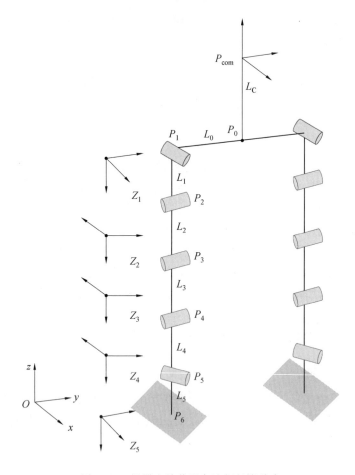

图 3.10　机器人关节及各连杆长度分布

运动学方程可以根据连杆参数的定义和相邻连杆的坐标变换矩阵来建立，其通用表达式为

$$_i^0T = {}_1^0T\,{}_2^1T\,{}_3^2T\cdots{}_i^{i-1}T \tag{3.20}$$

式中　$_i^0T$——第 i 个关节的变换矩阵函数，如果知道第 i 个关节的值，那么机器人末端在世界坐标系的位姿可以通过 $_i^0T$ 计算出来。

对于一个具有 i 个自由度关节的连杆，它的所有连杆可以通过由一组 i 个自由度的变量计算出来。

由矩阵链式乘法可知，运动学方程的建立可以将机器人左、右下肢分别视为两组由 5 个自由度的关节串联组成。为了简化计算，可以把机器人摆动腿运动相对于支撑腿运动视为双足机器人躯干坐标系 $\{G\}$ 由摆动腿坐标系相对于躯干坐标系运动的叠加。躯干坐标系到世界坐标系的矩阵变换为

$$\begin{cases} _G^0T = {}_5^0T\,{}_G^5T = {}_1^0T\,{}_2^1T\,{}_3^2T\,{}_4^3T\,{}_5^4T \\ _5^0T = {}_5^0T\,{}_G^5T = {}_1^0T\,{}_2^1T\,{}_3^2T\,{}_4^3T\,{}_5^4T \end{cases} \tag{3.21}$$

将双足机器人对应的参数代入式(3.21)对应的变换矩阵中即可得出相应连杆的变换矩阵坐标系。由于双足机器人的左、右腿关于质心对称，这里选择左腿作为推导过程，右腿的推导方式可按左腿的方式进行。根据以上描述，可以得出连杆 L_1 相对于基坐标系的齐次变换矩阵为

$$_0^1T = \begin{bmatrix} \cos\theta_1 & -\sin\theta_1 & 0 & 0 \\ \sin\theta_1 & \cos\theta_1 & 0 & 0 \\ 0 & 0 & 1 & 0 \\ 0 & 0 & 0 & 1 \end{bmatrix} \tag{3.22}$$

连杆 L_2 相对于连杆 L_1 的齐次变换矩阵为

$$_1^2T = \begin{bmatrix} \cos\theta_2 & -\sin\theta_2 & 0 & L_1 \\ 0 & 0 & 1 & 0 \\ -\sin\theta_2 & -\cos\theta_2 & 0 & 0 \\ 0 & 0 & 0 & 1 \end{bmatrix} \tag{3.23}$$

连杆 L_3 相对于连杆 L_2 的齐次变换矩阵为

$$_2^3T = \begin{bmatrix} \cos\theta_3 & -\sin\theta_3 & 0 & L_2 \\ \sin\theta_3 & \cos\theta_3 & 0 & 0 \\ 0 & 0 & 1 & 0 \\ 0 & 0 & 0 & 1 \end{bmatrix} \tag{3.24}$$

连杆 L_4 相对于连杆 L_3 的齐次变换矩阵为

$$
{}_3^4\boldsymbol{T}=\begin{bmatrix} \cos\theta_4 & -\sin\theta_4 & 0 & L_3 \\ \sin\theta_4 & \cos\theta_4 & 0 & 0 \\ 0 & 0 & 1 & 0 \\ 0 & 0 & 0 & 1 \end{bmatrix} \tag{3.25}
$$

连杆 L_5 相对于连杆 L_4 的齐次变换矩阵为

$$
{}_4^5\boldsymbol{T}=\begin{vmatrix} \cos\theta_5 & -\sin\theta_5 & 0 & L_4 \\ 0 & 0 & 1 & 0 \\ -\sin\theta_5 & -\cos\theta_5 & 0 & 0 \\ 0 & 0 & 0 & 1 \end{vmatrix} \tag{3.26}
$$

髋关节、膝关节、脚踝连杆对应的齐次变换矩阵为

$$
\begin{aligned}
{}_0^2\boldsymbol{T}&={}_0^1\boldsymbol{T}{}_1^2\boldsymbol{T} \\
{}_0^3\boldsymbol{T}&={}_0^3\boldsymbol{T}{}_2^3\boldsymbol{T} \\
{}_0^4\boldsymbol{T}&={}_0^3\boldsymbol{T}{}_3^4\boldsymbol{T} \\
{}_0^5\boldsymbol{T}&={}_0^4\boldsymbol{T}{}_4^5\boldsymbol{T}
\end{aligned} \tag{3.27}
$$

根据图 3.10 所示的连杆与关节的连接关系,可以知道质心到左髋关节的齐次变换矩阵为

$$
{}_0^C\boldsymbol{T}=\begin{bmatrix} 0 & 0 & 1 & 0 \\ 0 & 1 & 0 & L_0 \\ -1 & 0 & 0 & L_0 \\ 0 & 0 & 0 & 1 \end{bmatrix} \tag{3.28}
$$

质心的世界坐标为

$$
\boldsymbol{P}_{\text{com}}=\begin{bmatrix} 0 & 0 & 0.192 & 1 \end{bmatrix} \tag{3.29}
$$

脚掌在脚踝坐标系中的坐标为

$$
\boldsymbol{P}_{\text{foot}}=\begin{bmatrix} L_5 & 0 & 0 & 1 \end{bmatrix} \tag{3.30}
$$

从而得出腿部各连杆在世界坐标系中的坐标为

$$
\begin{cases}
\boldsymbol{P}_1=\boldsymbol{P}_{\text{com}}+{}_0^C\boldsymbol{T}{}_0^1\boldsymbol{T}\begin{bmatrix} 0 & 0 & 0 & 1 \end{bmatrix} \\
\boldsymbol{P}_2=\boldsymbol{P}_{\text{com}}+{}_0^C\boldsymbol{T}{}_0^2\boldsymbol{T}\begin{bmatrix} 0 & 0 & 0 & 1 \end{bmatrix} \\
\boldsymbol{P}_3=\boldsymbol{P}_{\text{com}}+{}_0^C\boldsymbol{T}{}_0^3\boldsymbol{T}\begin{bmatrix} 0 & 0 & 0 & 1 \end{bmatrix} \\
\boldsymbol{P}_4=\boldsymbol{P}_{\text{com}}+{}_0^C\boldsymbol{T}{}_0^4\boldsymbol{T}\begin{bmatrix} 0 & 0 & 0 & 1 \end{bmatrix} \\
\boldsymbol{P}_5=\boldsymbol{P}_{\text{com}}+{}_0^C\boldsymbol{T}{}_0^5\boldsymbol{T}\begin{bmatrix} 0 & 0 & 0 & 1 \end{bmatrix} \\
\boldsymbol{P}_6=\boldsymbol{P}_{\text{com}}+{}_0^C\boldsymbol{T}{}_0^5\boldsymbol{T}P_{\text{foot}}
\end{cases} \tag{3.31}
$$

式(3.31)即为双足机器人的正运动学方程解。

双足机器人受自身因素、步行环境等的影响会出现行走稳定性问题。机器人能否稳定地在步行环境中行走,是步态规划需要考虑的因素。为了知道步态

行走的稳定性需要一种行走稳定性的判定方法,将此方法与机器人的步态规划结合起来,可提升机器人行走的稳定性。目前通常采用的判定性依据为零力矩点(ZMP),如图 3.11 所示。

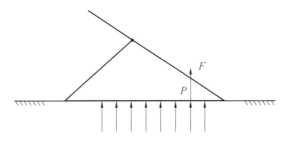

图 3.11　零力矩点(ZMP)的定义

在二维的情况下,ZMP 是指地面作用力力矩为零的点,足底在受铅垂作用力的同时还受接触地面水平的摩擦力。在三维的情况下,ZMP 是指地面作用力力矩水平分量为零的作用点,其 ZMP 在 x、y 方向分量的表达式如下:

$$x_{\text{ZMP}} = \frac{\sum_{i=1}^{n} m_i(\ddot{z}_i + g)x_i - \sum_{i=1}^{n} m_i \ddot{x}_i z_i - \sum_{i=1}^{n} J_{iy}\ddot{\Omega}_{iy}}{\sum_{i=1}^{n} m_i(\ddot{z}_i + g)} \tag{3.32}$$

$$y_{\text{ZMP}} = \frac{\sum_{i=1}^{n} m_i(\ddot{z}_i + g)y_i - \sum_{i=1}^{n} m_i \ddot{y}_i z_i - \sum_{i=1}^{n} J_{ix}\ddot{\Omega}_{ix}}{\sum_{i=1}^{n} m_i(\ddot{z}_i + g)} \tag{3.33}$$

式中　n——连杆数量;

　　　m_i——第 i 连杆质量;

　　　(x_i, y_i, z_i)——第 i 连杆质心的空间坐标;

　　　$(\ddot{x}_i, \ddot{y}_i, \ddot{z}_i)$——质心加速度;

　　　J_{ix}、J_{iy}——i 连杆的转动惯量;

　　　$\ddot{\Omega}_{ix}$、$\ddot{\Omega}_{iy}$——连杆绕 x 轴、y 轴转动的角加速度;

　　　g——重力加速度。

双足机器人主要通过判断 ZMP 在稳定区域中的位置来衡量双足机器人的行走稳定性。机器人脚底与地面接触构成的多边形区域为双足机器人的稳定区域。双足机器人步行过程中包含单脚支撑阶段和双脚支撑阶段,无论是哪个阶段都需要支撑脚与地面进行接触。为便于理解,规定双足机器人的足底为矩形。在 xOy 的平面内,双足机器人的单脚支撑阶段和双脚支撑阶段所对应的稳定区域如图 3.12 中的灰色所示。其中图 3.12(a)为单脚支撑的稳定区域,图 3.12(b)

为双脚支撑的稳定区域。

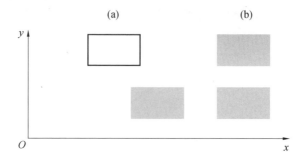

图 3.12　双足支撑脚稳定区域

对于四足机器人常见的有 4 种关节配置形式,分别为全肘式关节(前后两对腿全部为肘式关节)、全膝式关节(前后两对腿全部为膝式关节)、内膝肘式关节(又称为前肘后膝式,前腿为肘式关节,后腿为膝式关节)、外膝肘式关节(又称为前膝后肘式,前腿为膝式关节,后腿为肘式关节)。近年来还发展了一种组合式的关节配置形式,如图 3.13 所示。

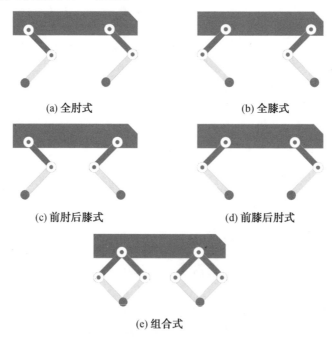

图 3.13　部分不同关节形式的四足机器人

步态是有规律的运动,研究者通过仿生学来模仿动物或者人类的运动状态,将肢体在运动过程中所呈现的一种周期性运动作为机器人步态规划的基本依据。步态的每个运动周期又可以分为多个部分来进行分析,基本术语见表 3.1。

表 3.1　足式机器人步态基本术语

术语	基本定义
步态	各腿运动顺序与足端相对机体的位移
支撑相	与地面接触提供支撑力的腿
摆动相	运动过程中抬起摆动的腿
步态周期	腿部完成完整步态所需时间
占空比	支撑相所需时间与步态周期的比值
步幅	从支撑相到摆动相所运动的距离
相位差	参考腿与运动腿落地时间差和步态周期的比值
步距	机体在一个步态周期内移动的距离

　　双足机器人与四足及六足机器人相比,足部与地面的接触支撑面积较小,使其具有更高的灵活性和环境适应性,但这也是双足机器人容易跌倒的主要原因之一。双足机器人能够快速、稳定地行走具有重要的现实意义。步态轨迹规划和稳定性判据是双足机器人稳定行走的基础。通常采用近似化方法实现对复杂动力学系统的求解,即利用动力学模型得到机器人质心运动轨迹,最终利用逆运动学得到机器人关节控制角度。

3.3　新型移动机器人结构设计与运动建模

　　近年来轮足式移动机器人(以下简称轮足机器人)因其运动的灵活性越来越受到研究人员的青睐,其坐标系如图 3.14 所示,将足式机器人足部替换为驱动轮,这种结构结合了轮式机器人和足式机器人的优点,既具有轮式机器人的高能效,又可以利用腿式结构克服崎岖地形和障碍,适应性强。两足轮式机器人由于其灵活性和在实际应用中的潜在机会而激发了人们的兴趣,近年来得到了快速的发展。
　　轮足机器人是一种不稳定的欠驱动系统。现有的平衡控制方法包括使用传统的线性化模型或全身动力学控制,但是在这些情况下,机器人都必须保持恒定的高度。具有轮足切换功能的双足轮腿机器人在轮式运动中保持平衡的时候也是通过将质心约束在平衡轴线上来实现的。但在足式运动状态下,由于双足的面接触,使机器人在保持平衡时有一定的运动空间。为了根据姿态传感器采集的姿态角信息以及各关节的编码器采集的关节角度信息,获得机器人躯干及各连杆的位置与姿态,就要对机器人进行运动学建模。

移动机器人导航与智能控制技术

轮足机器人的坐标系如图 3.14 所示。其中世界坐标系 Σ_w 原点固定在地面上，x 方向指向机器人运动正前方，z 轴竖直向上，y 轴通过右手定则确定；躯干坐标 Σ_b 固定在机器人的躯干上，原点位于机器人躯干中心，x 轴指向运动正前方，z 轴竖直向上，y 轴由右手定则确定；规划坐标系 Σ_p 的原点与躯干坐标系 Σ_b 的原点重合，z 轴竖直向上，x 轴指向机器人运动正前方，也就是 Σ_b 的 x 轴与 Σ_p 的 z 轴、x 轴共面，y 轴由右手定则确定。l_1 为轮足机器人大腿长度，l_2 为轮足机器人小腿长度。然后根据 D－H 法分别建立大腿坐标系 Σ_1、小腿坐标系 Σ_2、轮坐标系 Σ_3。需要注意的是，轮坐标系不是固定于轮子上的，为了利于地面障碍物在机器人末端坐标系中的表示，其原点位于轮轴中点，方向则与规划坐标系 Σ_p 一致，所以 θ_3 并不是轮关节的旋转角度，其计算方法为 $\theta_3 = 90° - \theta_2 + \theta_1$。

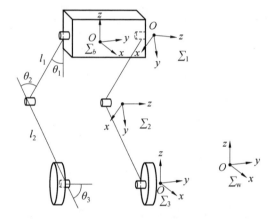

图 3.14　轮足机器人坐标系示意图

定义 s_1 和 c_1 为左大腿坐标系 {1} 相对于躯干坐标系 {0} 的描述矩阵 ${}^0_1\boldsymbol{T}$ 的常量，同理 s_2、s_3、c_2 和 c_3 也为常量。躯干坐标系到左大腿坐标系的变换矩阵 ${}^0_1\boldsymbol{T}$、左大腿到左小腿的坐标系变换矩阵 ${}^1_2\boldsymbol{T}$、左小腿到左轮的坐标系的变换矩阵 ${}^2_3\boldsymbol{T}$ 为

$$
{}^0_1\boldsymbol{T} = \begin{pmatrix} -s_1 & -c_1 & 0 & 0 \\ 0 & 0 & 1 & 0.5\text{width} \\ -c_1 & s_1 & 0 & 0 \\ 0 & 0 & 0 & 1 \end{pmatrix} \tag{3.34}
$$

$$
{}^1_2\boldsymbol{T} = \begin{pmatrix} c_2 & s_2 & 0 & l_1 \\ -s_2 & c_2 & 0 & 0 \\ 0 & 0 & 1 & 0 \\ 0 & 0 & 0 & 1 \end{pmatrix} \tag{3.35}
$$

$$
{}_3^2\boldsymbol{T} = \begin{bmatrix} c_3 & s_3 & 0 & l_2 \\ -s_3 & c_3 & 0 & 0 \\ 0 & 0 & 1 & 0 \\ 0 & 0 & 0 & 1 \end{bmatrix} \tag{3.36}
$$

$$
{}_4^3\boldsymbol{T} = \begin{bmatrix} 1 & 0 & 0 & 0 \\ 0 & 0 & -1 & 0 \\ 0 & 1 & 0 & 0 \\ 0 & 0 & 0 & 1 \end{bmatrix} \tag{3.37}
$$

式中　width、l_1 和 l_2——机器人躯干宽度、大腿长度和小腿长度。

为方便计算,设 s_{23} 和 c_{23} 为坐标系变换矩阵 ${}_2^1\boldsymbol{T}$ 到 ${}_3^2\boldsymbol{T}$ 所得矩阵中的常数。最终得到从躯干到末端接触点的坐标系变换矩阵 ${}_4^0\boldsymbol{T}$ 为

$$
{}_4^0\boldsymbol{T} = \begin{bmatrix} -s_1c_{23}+c_1s_{23} & 0 & s_1s_{23}+c_1c_{23} & -s_1l_1+s_{21}l_2 \\ 0 & 1 & 0 & 0.5\text{width} \\ -c_1c_{23}-s_1s_{23} & 0 & c_1s_{23}-s_1c_{23} & -c_1l_1-c_{21}l_2 \\ 0 & 0 & 0 & 1 \end{bmatrix} \tag{3.38}
$$

将位置列对时间求导,可得左腿的雅可比矩阵 $\boldsymbol{J}$ 为

$$
\boldsymbol{J} = \begin{bmatrix} -c_1l_1-c_{21}l_2 & c_{21}l_2 & 0 \\ 0 & 0 & 0 \\ -s_1l_1+s_{21}l_2 & -s_{21}l_2 & 0 \end{bmatrix} \tag{3.39}
$$

同样可以求得对应的右腿的变换矩阵为

$$
{}_1^0\boldsymbol{T} = \begin{bmatrix} -s_1 & -c_1 & 0 & 0 \\ 0 & 0 & 1 & 0.5\text{width} \\ -c_1 & s_1 & 0 & 0 \\ 0 & 0 & 0 & 1 \end{bmatrix} \tag{3.40}
$$

$$
{}_2^1\boldsymbol{T} = \begin{bmatrix} c_2 & s_2 & 0 & l_1 \\ -s_2 & c_2 & 0 & 0 \\ 0 & 0 & 1 & 0 \\ 0 & 0 & 0 & 1 \end{bmatrix} \tag{3.41}
$$

$$
{}_3^2\boldsymbol{T} = \begin{bmatrix} c_3 & s_3 & 0 & l_2 \\ -s_3 & c_3 & 0 & 0 \\ 0 & 0 & 1 & 0 \\ 0 & 0 & 0 & 1 \end{bmatrix} \tag{3.42}
$$

$$\frac{3}{4}\boldsymbol{T}=\begin{bmatrix} 1 & 0 & 0 & 0 \\ 0 & 0 & -1 & 0 \\ 0 & 1 & 0 & 0 \\ 0 & 0 & 0 & 1 \end{bmatrix} \tag{3.43}$$

$$\frac{0}{4}\boldsymbol{T}=\begin{bmatrix} -s_1c_{23}+c_1s_{23} & 0 & s_1s_{23}+c_1c_{23} & -s_1l_1+s_{21}l_2 \\ 0 & 1 & 0 & -0.5\text{width} \\ -c_1c_{23}-s_1s_{23} & 0 & c_1s_{23}-s_1c_{23} & -c_1l_1-c_{21}l_2 \\ 0 & 0 & 0 & 1 \end{bmatrix} \tag{3.44}$$

将位置列对时间求导,可得右腿的雅可比矩阵 $\boldsymbol{J}$ 为

$$\boldsymbol{J}=\begin{bmatrix} -c_1l_1-c_{21}l_2 & c_{21}l_2 & 0 \\ 0 & 0 & 0 \\ -s_1l_1+s_{21}l_2 & -s_{21}l_2 & 0 \end{bmatrix} \tag{3.45}$$

因为本书的运动规划都是在规划坐标系 Σ_p 中完成的,要想描述机器人在世界坐标系中的运动,还需要确定世界坐标系与规划坐标系之间的转换、规划坐标系与躯干坐标系之间的转换、髋关节在规划坐标系 Σ_p 中的位置。根据坐标系建立规则,从世界坐标系到规划坐标系的转换矩阵 $_p^w\boldsymbol{H}$ 为

$$\begin{aligned} _p^w\boldsymbol{H}=\boldsymbol{T}(\boldsymbol{P})\cdot\boldsymbol{R}(z,\text{yaw})&=\begin{bmatrix} 0 & 0 & 0 & x \\ 0 & 0 & 0 & y \\ 0 & 0 & 0 & z \\ 0 & 0 & 0 & 1 \end{bmatrix}\cdot\begin{bmatrix} c\text{yaw} & -s\text{yaw} & 0 & 0 \\ s\text{yaw} & c\text{yaw} & 0 & 0 \\ 0 & 0 & 1 & 0 \\ 0 & 0 & 0 & 1 \end{bmatrix} \\ &=\begin{bmatrix} c\text{yaw} & -s\text{yaw} & 0 & x \\ s\text{yaw} & c\text{yaw} & 0 & y \\ 0 & 0 & 1 & z \\ 0 & 0 & 0 & 1 \end{bmatrix} \end{aligned} \tag{3.46}$$

式中　$\boldsymbol{T}(\boldsymbol{P})$——沿着 x、y、z 轴的位移变换;

　　　$\boldsymbol{P}$——躯干坐标系原点在世界坐标系中的位置,$\boldsymbol{P}=[x,y,z]^{\mathrm{T}}$;

　　　$\boldsymbol{R}(z,\text{yaw})$——以 z 轴为旋转轴,以 yaw 为旋转角度的旋转变换;

　　　yaw——偏航角(rad),其中 $c\text{yaw}$ 和 $s\text{yaw}$ 分别表示 c 和 s 以 yaw 为旋转角度的旋转变换 c 和 s。

从规划坐标系 Σ_p 到躯干坐标系 Σ_b 的转换矩阵为

$$\begin{aligned} _b^p\boldsymbol{H}&=\boldsymbol{R}(y,\text{pitch})\cdot\boldsymbol{R}(x,\text{roll}) \\ &=\begin{bmatrix} c\text{pitch} & 0 & s\text{pitch} & 0 \\ 0 & 1 & 0 & 0 \\ -s\text{pitch} & 0 & c\text{pitch} & 0 \\ 0 & 0 & 0 & 1 \end{bmatrix}\cdot\begin{bmatrix} 1 & 0 & 0 & 0 \\ 0 & c\text{roll} & -s\text{roll} & 0 \\ 0 & s\text{roll} & c\text{roll} & 0 \\ 0 & 0 & 0 & 1 \end{bmatrix} \end{aligned}$$

$$= \begin{bmatrix} c\text{pitch} & s\text{pitch} \cdot s\text{roll} & s\text{pitch} \cdot c\text{roll} & 0 \\ 0 & c\text{roll} & -s\text{roll} & 0 \\ -s\text{pitch} & c\text{pitch} \cdot s\text{roll} & c\text{pitch} \cdot c\text{roll} & 0 \\ 0 & 0 & 0 & 1 \end{bmatrix} \quad (3.47)$$

式中　pitch——俯仰角（rad）；

roll——横滚角（rad）。

髋关节的位置在躯干坐标系 Σ_b 中表示为

$$^b\boldsymbol{P}_h = \begin{bmatrix} 0 \\ \text{SideSign} \cdot \text{width}/2 \\ 0 \\ 1 \end{bmatrix} \quad (3.48)$$

式中　SideSign——用于区分左、右方向，左 SideSign=1，右 SideSign=−1。

将髋关节位置在躯干坐标系中的位置左乘躯干坐标系与规划坐标系之间的变换矩阵，可以得到髋关节在规划坐标系中的坐标为

$$^p\boldsymbol{P}_h = {}^p_b\boldsymbol{H} \cdot {}^b\boldsymbol{P}_h$$

$$= \begin{bmatrix} c\text{pitch} & s\text{pitch} \cdot s\text{roll} & s\text{pitch} \cdot c\text{roll} & 0 \\ 0 & c\text{roll} & -s\text{roll} & 0 \\ -s\text{pitch} & c\text{pitch} \cdot s\text{roll} & c\text{pitch} \cdot c\text{roll} & 0 \\ 0 & 0 & 0 & 1 \end{bmatrix} \cdot \begin{bmatrix} 0 \\ \text{SideSign} \cdot \text{width}/2 \\ 0 \\ 1 \end{bmatrix}$$

$$(3.49)$$

轮足机器人与地面之间的接触点为轮子上的两个点，不同于四足机器人的 4 个接触点组成的支撑多边形，也不同于两足机器人宽大的脚底板，双足轮腿机器人的支撑多边形为一条直线，本质上是一个非稳定系统，保持平衡的条件是机器人质心在竖直方向的投影落在其地面接触点连线上，需要通过轮子的运动来动态调节机器人质心相对于轮子的位置从而维持机器人不摔倒。

因为一阶倒立摆模型及其控制方法已经发展得非常完善，其模型简单，仅由底部的轮（或者滑块）与上部的单刚体倒立摆铰接而成，自由度少而且有很多成熟的控制方法可以参考，如采用线性模型的极点配置法、线性二次调节器（LQR）法、反馈线性化法，采用非线性模型的自适应控制法、滑模控制法、神经网络法等。

为了实现轮足机器人最基本的平衡运动，本书从倒立摆模型开始入手，将机器人轮子以上部分等效为单刚体倒立摆，根据姿态传感器测量的姿态角度信息和关节角度编码器测量的关节角度，计算等效倒立摆模型的质心位置、转动惯量等参数，并假设在一个控制周期内倒立摆的质心位置、转动惯量均不变，在下一个控制周期开始时，重新计算等效倒立摆的质心位置、转动惯量等参数。显然，

倒立摆模型的假设条件是在一个控制周期内的等效倒立摆为刚体模型,这就要求轮子以上各关节转动的角速度不能太大,以免造成等效模型的误差过大影响机器人的平衡。首先建立机器人的实际结构与倒立摆模型之间的等效关系,因为机器人运动时,两条腿基本上保持同步运动,为了简化质心问题的求解,并且能够采用最简单的轮子倒立摆模型(轮子倒立摆模型仅有一个轮子与倒立摆铰接处的主动自由度),本节在分析机器人质心位置时,将机器人的运动投影到 xOz 矢状面上做二维运动分析。

在轮子倒立摆模型中,将轮足机器人的髋关节、膝关节锁定,轮子以上的部分便可以等效为一个形状不再变化的长杆,其等效质心的位置在躯干坐标系下,可由各连杆的位置通过各连杆的质量加权平均获得。等效惯量可由平行移轴定理获得。在躯干坐标系下,将各连杆的质心位置根据各连杆的质量做加权平均,即可求得机器人在当前关节角度 $q=(\theta_1,\theta_2,\theta_3)$ 时,机器人的质心位置 X_{com} 在躯干坐标系下的表示:

$$X_{\mathrm{com}}(q)=\frac{\sum m_i \cdot {}^{\mathrm{b}}X_i(q)}{\sum m_i} \tag{3.50}$$

$$^{\mathrm{b}}X_i(q)={}_i^{\mathrm{b}}\boldsymbol{H} \cdot {}^iX_{\mathrm{com}} \tag{3.51}$$

式中 ${}^{\mathrm{b}}X_i(q)$——第 i 个连杆的质心位置在躯干坐标系 Σ_{b} 中的位置;

$\quad\quad {}_i^{\mathrm{b}}\boldsymbol{H}$——连杆坐标系 Σ_i 到躯干坐标系 Σ_{b} 的变换矩阵;

$\quad\quad {}^iX_{\mathrm{com}}$——连杆坐标系 Σ_i 中表示的连杆 i 质心的位置。

将轮足机器人的结构简化为轮子倒立摆模型,其示意图如图 3.15 所示。

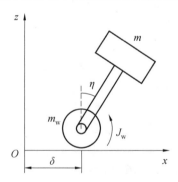

图 3.15　轮子倒立摆模型示意图

η —倒立摆的前倾角度;δ—轮子质心在世界坐标系 Σ_{w} 的前进距离;

m_{w}—轮子质量;m—倒立摆等效质量;J_{w}—轮子的转动惯量

动力学模型用于建立关节驱动力矩到模型运动输出之间的关系,基于动力学的运动规划及运动控制能够更加充分地考虑实际模型的限制,使驱动力矩更加平稳,避免运动学前馈控制的加速度跳变带来的关节驱动力跳变和冲击。本书在推导轮子倒立摆模型时采用类牛顿欧拉方法,分别对轮子和倒立摆做受力分析,建立驱动力矩与运动输出加速度之前的关系,受力分析示意图如图 3.16 所示。

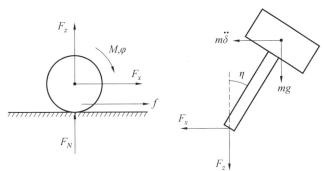

(a) 轮子受力分析示意图　　　(b) 倒立摆受力分析示意图

图 3.16　轮子倒立摆模型受力分析

F_N—地面法向支撑力;f—地面给轮子的水平摩擦力;M—轮关节的驱动力矩;φ—轮子的转动角度;F_x—倒立摆给轮子的水平方向力;F_z—倒立摆给轮子的竖直方向力;η—前倾角度

　　其中轮子与地面接触时,根据实际情况假设地面刚度无限大,因此地面提供的法向支撑力的大小无论怎样变化总是能够自动地使轮子与地面接触,因此对于轮子,可以忽略在竖直方向上的受力,只需考虑 x 方向的移动和绕轴转动即可。对于倒立摆,因为其动态平衡点的位置是 $\eta=0$ 处,倒立摆的前倾角度始终在平衡点附近的小范围内变化,因此 F_z 的大小始终与倒立摆的重力相抵消,倒立摆在竖直方向的受力也不考虑。

　　根据上述分析,可以写出:

　　(1)轮子的运动方程。

　　① x 方向移动:

$$F_x + f = m_w \cdot \ddot{\delta} \tag{3.52}$$

　　②转动:

$$M - fr = J_w \ddot{\varphi} \tag{3.53}$$

　　③滚动约束:

$$\ddot{\varphi} r = \ddot{\delta} \tag{3.54}$$

　　(2)倒立摆的运动方程。

　　① x 方向移动:

$$F_x + m\ddot{\delta} = -mL\cos\eta\, \ddot{\eta} \tag{3.55}$$

②转动：

$$M + mgL\sin\eta - mL\ddot{\delta}\cos\eta = I_m\ddot{\eta} \tag{3.56}$$

(3)将倒立摆的运动方程在平衡位置($\eta = 0$)处线性化。

①x方向移动：

$$F_x + m\ddot{\delta} = -mL\ddot{\eta} \tag{3.57}$$

②转动：

$$M + mgL\eta - m\ddot{\delta}L = I_m\ddot{\eta} \tag{3.58}$$

消除水平方向力 F_x、地面摩擦力 f，并将前倾角度 η 和轮子的前向运动距离 δ 的二阶导数分离，表示成轮关节驱动力矩 M 与当前的状态量之间的关系：

$$\ddot{\eta}: \left(\frac{J_w}{r^2} + m_w\right) \cdot L\ddot{\eta} - \left(\frac{J_w}{r^2} + m_w + m\right) \cdot g\eta - \left(\frac{mL}{r} + \frac{J_w}{r^2} + m_w + m\right) \cdot \frac{M}{mL} = 0 \tag{3.59}$$

$$\ddot{\delta}: \left(\frac{J_w}{r^2} + m_w\right) \cdot \ddot{\delta} + mg\eta + M \cdot \left(\frac{1}{L} + \frac{1}{R}\right) = 0 \tag{3.60}$$

设状态向量 $\boldsymbol{X} = [\eta, \dot{\eta}, \delta, \dot{\delta}]^T$，输出向量 $\boldsymbol{Y} = [\eta, \dot{\eta}, \delta, \dot{\delta}]^T$，控制向量 $\boldsymbol{U} = \boldsymbol{M}$，可得线性化的状态方程：

$$\dot{\boldsymbol{X}} = \begin{pmatrix} 0 & 1 & 0 & 0 \\ \dfrac{\left(\dfrac{J_w}{r^2} + m_w + m\right) \cdot g}{\left(\dfrac{J_w}{r^2} + m_w\right) \cdot L} & 0 & 0 & 0 \\ 0 & 0 & 0 & 1 \\ \dfrac{-mg}{\dfrac{J_w}{r^2} + m_w} & 0 & 0 & 0 \end{pmatrix} \cdot \boldsymbol{X} + \begin{pmatrix} 0 \\ \dfrac{\left(\dfrac{mL}{r} + \dfrac{J_w}{r^2} + m_w + m\right)}{\left(\dfrac{J_w}{r^2} + m_w\right) \cdot mL^2} \\ 0 \\ \dfrac{-\left(\dfrac{1}{L} + \dfrac{1}{R}\right)}{\dfrac{J_w}{r^2} + m_w} \end{pmatrix} \cdot \boldsymbol{U} \tag{3.61}$$

$$\boldsymbol{Y} = \begin{pmatrix} 1 & 0 & 0 & 0 \\ 0 & 1 & 0 & 0 \\ 0 & 0 & 1 & 0 \\ 0 & 0 & 0 & 1 \end{pmatrix} \cdot \boldsymbol{X} \tag{3.62}$$

为简化表述，令

$$A_a = \frac{\left(\dfrac{J_w}{r^2} + m_w + m\right) g}{\left(\dfrac{J_w}{r^2} + m_w\right) L}, \quad A_b = \frac{-mg}{\dfrac{J_w}{r^2} + m_w}$$

$$B_c = \frac{\dfrac{J_w}{r^2} + \dfrac{mL}{r} m_w + m}{\left(\dfrac{J_w}{r^2} + m_w\right) m L^2}, \quad B_d = \frac{-\left(\dfrac{1}{L} + \dfrac{1}{R}\right)}{\dfrac{J_w}{r^2} + m_w}$$

(3.63)

则状态方程为

$$\dot{\boldsymbol{X}} = \begin{bmatrix} 0 & 1 & 0 & 0 \\ A_a & 0 & 0 & 0 \\ 0 & 0 & 0 & 1 \\ A_b & 0 & 0 & 0 \end{bmatrix} \boldsymbol{X} + \begin{bmatrix} 0 \\ B_c \\ 0 \\ B_d \end{bmatrix} \cdot \boldsymbol{U}$$

(3.64)

输出方程为

$$\boldsymbol{Y} = \begin{bmatrix} 1 & 0 & 0 & 0 \\ 0 & 1 & 0 & 0 \\ 0 & 0 & 1 & 0 \\ 0 & 0 & 0 & 1 \end{bmatrix} \cdot \boldsymbol{X}$$

(3.65)

系统的可控性矩阵为

$$\boldsymbol{Q}_c = (B \quad AB \quad A^2 B \quad A^3 B) = \begin{bmatrix} 0 & B_c & 0 & A_a B_c \\ B_c & 0 & A_a B_c & 0 \\ 0 & B_d & 0 & A_b B_c \\ B_d & 0 & A_b B_c & 0 \end{bmatrix}$$

(3.66)

由上式(3.66)可以看出,系统的可控性矩阵满秩,系统可控,因此可以采用极点配置的方法设计控制器。与足式机器人相似,轮足机器人是一个将腿和腿末端的轮子视为末端执行器的浮动机构模型,轮足机器人左、右每条腿各有 3 个电机,共 6 个自由度。将机器人身体坐标系的原点在世界坐标系中的位置、姿态、平移速度、角速度分别表述为 ${}^w r_b \in \mathbf{R}^3$、${}^w \Omega_b \in \mathrm{SE}(3)$、${}^w v_b \in \mathbf{R}^3$、${}^w \omega_b \in \mathbf{R}^3$,其中姿态的表示有多种方法,包括欧拉角、四元数、RPY 角度等。将广义的关节角度向量、广义的关节速度向量分别表示为

$$\boldsymbol{q} = \begin{bmatrix} {}^w r_b \\ {}^w \Omega_b \\ q_j \end{bmatrix} \in \mathrm{SE}(3) \times \mathbf{R}^{n_j}, \quad \dot{\boldsymbol{q}} = \begin{bmatrix} {}^w v_b \\ {}^w \omega_b \\ \dot{q}_j \end{bmatrix} \in \mathbf{R}^{6 + n_j}$$

(3.67)

式中　q_j——关节角度;

　　　n_j——关节数目,$j = 1, 2, \cdots, 6$。

在这种关节角度、角速度变量的表示形式下,双足轮腿机器人的全刚体动力

学方程可以表述为

$$\boldsymbol{M}(\boldsymbol{q})\dot{u}+\boldsymbol{C}(\boldsymbol{q},u)+\boldsymbol{G}(\boldsymbol{q})=\boldsymbol{S}^{\mathrm{T}}\boldsymbol{\tau}+\boldsymbol{J}_s^{\mathrm{T}}\lambda \tag{3.68}$$

式中　$\boldsymbol{M}(\boldsymbol{q})\in\mathbf{R}^{(6+n_j)\times(6+n_j)}$——等效惯性矩阵；

　　　$\boldsymbol{C}(\boldsymbol{q},u)$——科里奥利力与向心力；

　　　$\boldsymbol{G}(\boldsymbol{q})$——重力；

　　　τ——驱动力向量，$\tau\in n_j$；

　　　$\boldsymbol{S}$——选择矩阵；

　　　$\boldsymbol{J}_s$——地面接触力的雅可比矩阵；

　　　λ——地面接触力，$\lambda\in\mathbf{R}^3$。

　　驱动力向量用于表示关节电机的输出力矩或直线驱动器的输出力，选择矩阵用于将关节驱动器的力矩映射到广义关节力矩上。由式（3.68）可见，机器人动力学模型的惯性矩阵 $\boldsymbol{M}$ 为机器人广义关节角度的函数，科里奥利力与向心力则是广义关节角度与广义关节角速度的函数，动力学模型是非线性、高度耦合的。在实际的机器人运动规划及运动控制中，若采用未简化的动力学模型，其非线性及高度耦合特性将导致规划问题的求解时间长、容易陷入局部最优等各种问题，往往不能做到在线求解，因而降低了控制器的鲁棒性、减弱了抗干扰能力。

　　双足轮腿机器人因为需要通过不断地动态调节来实现平衡，传统的做法是在运动规划中加入使机器人保持平衡的限定条件，然后通过控制器来实现对平衡限制条件的跟踪，这无疑增加了机器人运动规划与控制的难度与工作量。

　　在实际机器人系统中，往往采用膝关节电机上置的方法来减少腿部连杆质量，在实际的足式机器人样机中，通常大腿和小腿连杆的质量和不超过双足轮腿机器人样机总质量的 10%，因此腿部连杆的科里奥利力、向心力、重力的大小相比于躯干是很小的。本书基于腿部连杆的质量相比于整机质量很小的前提，忽略机器人腿部连杆的科里奥利力与向心力，并将机器人保持平衡的条件写入机器人动力学模型，从而实现减小模型规模并尽可能多地保留机器人运动灵活性。

　　根据理论力学相关知识，分析双足轮腿机器人的全刚体动力学模型，将机器人的每一个连杆分别拿出来做受力分析，分析其平衡要求，进而建立双足轮腿机器人的各关节驱动力矩与机器人运动之间的关系，这也是机器人能够完成复杂运动的前提。因为双足轮腿机器人在结构上左右对称，所以只需分析机器人左腿的受力关系，右腿的受力关系与左腿的推导类似。双足轮腿机器人单侧模型如图 3.17 所示。其中，θ_1 为大腿连杆与竖直方向的夹角；θ_2 为大腿连杆延长线与小腿连杆的夹角。分别对躯干、大腿连杆、小腿连杆、驱动轮做受力分析，各部分的受力分析如图 3.18 所示。

　　大腿连杆受到的力和力矩包括髋关节轴处来自于躯干的 f_x、f_z 的反作用力和髋关节电机的驱动力矩，其方向均与施加于躯干相关力的方向相反。因为本

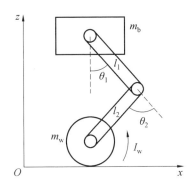

图 3.17　双足轮腿机器人单侧模型

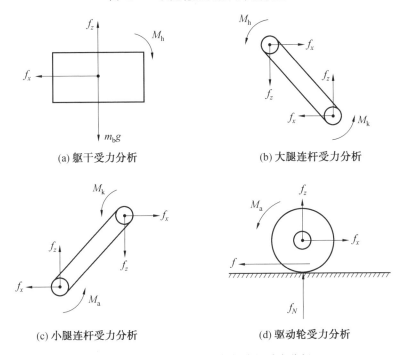

图 3.18　双足轮腿机器人各部分的受力分析

书假设大腿连杆和小腿连杆均为轻质杆,所以所有外力必须处于静态平衡状态。同时,由于水平力和竖直力分别仅由两个分力组成,其大小相等、方向相反,力平衡方程不再列出,只列出力矩平衡方程。大腿连杆的力矩平衡方程为

$$f_z l_1 \sin \theta_1 - f_x l_1 \cos \theta_1 + M_h - M_k = 0 \tag{3.69}$$

小腿连杆的力矩平衡方程为

$$-f_z l_2 \sin(\theta_2 - \theta_1) - f_x l_2 \cos(\theta_2 - \theta_1) + M_k - M_a = 0 \tag{3.70}$$

根据轮关节电机的驱动力矩和小腿给轮子施加的力,可以写出轮子的运动方程。

① x 方向移动：

$$f - f_x = m_w \ddot{x}_w \tag{3.71}$$

② 转动：

$$M_a - fr = I_w \ddot{\varphi} \tag{3.72}$$

③ 滚动约束：

$$\ddot{\varphi} r = \ddot{x}_w \tag{3.73}$$

将式(3.69)~(3.73)联立求解,消去中间变量,可表示为躯干 x、z 轴方向上的力以及 y 轴方向上的力矩,轮子的 x 轴方向移动随髋关节、膝关节、轮关节驱动力矩 M_h、M_k、M_w 之间的关系。设向量 $\boldsymbol{X} = [F_x, F_y, M_y, \ddot{x}_w]^T$, $\boldsymbol{Y} = [M_h, M_k, M_w]^T$ 可将二维空间下的单腿动力学方程整理成矩阵的形式：

$$\begin{pmatrix} M_y \\ F_x \\ F_z \\ \ddot{x}_w \end{pmatrix} = \frac{1}{l_2 l_1 \sin\theta_2} \cdot M_{4x3} \cdot \begin{pmatrix} M_h \\ M_k \\ M_a \end{pmatrix} \tag{3.74}$$

其中, M_{4x3} 为

$$\begin{pmatrix} -l_2 l_1 \sin\theta_2 & 0 & 0 \\ l_2 \sin(\theta_2 - \theta_1) & l_1 \sin\theta_1 - l_2 \sin(\theta_2 - \theta_1) & -l_1 \sin\theta_1 \\ -l_2 \cos(\theta_2 - \theta_1) & l_2 \cos(\theta_2 - \theta_1) + l_1 \cos\theta_1 & -l_1 \cos\theta_1 \\ \dfrac{-l_2 r^2 \sin(\theta_2 - \theta_1)}{I + m_w r^2} & \dfrac{r^2 [l_2 \sin(\theta_2 - \theta_1) - l_1 \sin\theta_1]}{I + m_w r^2} & \dfrac{r l_2 l_1 \sin\theta_2 + r^2 l_1 \sin\theta_1}{I + m_w r^2} \end{pmatrix} \tag{3.75}$$

躯干的运动受到左腿和右腿在髋关节处所受力的作用,当把模型转换到三维空间中时,施加于躯干的力 F_x、F_z 作用点并不位于躯干中央,而是位于髋关节处,这不仅会引起躯干的移动,还会引起躯干的转动。因此需要把二维平面中的单腿动力学模型,通过两腿在躯干髋关节处的耦合作用,转换到三维空间中,从而建立双足轮腿机器人的全身动力学模型。

髋关节处来自于单腿的力引起躯干绕其质心旋转的力矩为

$$M_f = {}^p\boldsymbol{P}_h \otimes f_h \tag{3.76}$$

式中　f_h——大腿给躯干在髋关节处的耦合力;

　　　$\otimes$——叉乘;

　　　${}^p\boldsymbol{P}_h$——髋关节在规划坐标系中的位置。

若 ${}^p\boldsymbol{P}_h = [p_x, p_y, p_z]^T$,则

$${}^p\boldsymbol{P}_h \otimes = \begin{pmatrix} 0 & -p_z & p_y \\ p_z & 0 & -p_x \\ p_x & -p_y & 0 \end{pmatrix} \tag{3.77}$$

为了将模型预测控制的求解问题转化成二次规划的寻优问题,需要将线性化后的全身动力学方程用状态方程的方式描述。因为前面建立的单腿动力学模型直接建立起了从关节力矩到髋关节处耦合力和力矩之间的映射关系,能够做到在笛卡儿坐标系中进行期望运动的规划,然后经过求运动学逆解过程直接得到各关节的驱动力矩,从而直接将力矩指令发送给各关节驱动器,避免了中间过程。

选定状态变量:

$$\boldsymbol{X} = [\boldsymbol{\Omega}, \boldsymbol{P}, \boldsymbol{\omega}, \boldsymbol{v}, \boldsymbol{x}_{\mathrm{w}}, \dot{\boldsymbol{x}}_{\mathrm{w}}, -g]^{\mathrm{T}} \tag{3.78}$$

式中　$\boldsymbol{\Omega}$ ——躯干在规划坐标系 Σ_{p} 中的姿态;

　　$\boldsymbol{P}$ ——躯干在规划坐标系 Σ_{p} 中的位置;

　　$\boldsymbol{\omega}$ ——躯干在规划坐标系 Σ_{p} 中的角速度;

　　$\boldsymbol{v}$ ——躯干在规划坐标系 Σ_{p} 中的线速度;

　　$\boldsymbol{x}_{\mathrm{w}}$ ——轮子在规划坐标系 Σ_{p} 中的位置;

　　$\dot{\boldsymbol{x}}_{\mathrm{w}}$ ——轮子在规划坐标系 Σ_{p} 中的速度;

　　g ——重力加速度。

将其中的每一项展开为:$\boldsymbol{\Omega} = [\mathrm{roll}, \mathrm{pitch}, \mathrm{yaw}]^{\mathrm{T}}$,$\boldsymbol{P} = [x, y, z]^{\mathrm{T}}$,$\boldsymbol{\omega} = [\omega_x, \omega_y, \omega_z]^{\mathrm{T}}$,$\boldsymbol{v} = [v_x, v_y, v_z]^{\mathrm{T}}$,$\boldsymbol{x}_{\mathrm{w}} = [x_{\mathrm{wl}}, x_{\mathrm{wr}}]^{\mathrm{T}}$ 和 $\dot{\boldsymbol{x}}_{\mathrm{wr}} = [\dot{x}_{\mathrm{wl}}, \dot{x}_{\mathrm{wr}}]^{\mathrm{T}}$。

建立系统的状态方程为

$$\dot{\boldsymbol{X}} = \boldsymbol{A}\boldsymbol{X} + \boldsymbol{B}\boldsymbol{u} \tag{3.79}$$

其中系统矩阵 $\boldsymbol{A}$ 为

$$\boldsymbol{A} = \begin{pmatrix} 0_{3\times3} & 0_{3\times3} & E_{3\times3} & 0_{3\times3} & 0_{3\times2} & 0_{3\times2} & 0_{3\times1} \\ 0_{3\times3} & 0_{3\times3} & 0_{3\times3} & E_{3\times3} & 0_{3\times2} & 0_{3\times2} & 0_{3\times1} \\ 0_{3\times3} & 0_{3\times3} & 0_{3\times3} & 0_{3\times3} & 0_{3\times2} & 0_{3\times2} & 0_{3\times1} \\ 0_{3\times3} & 0_{3\times3} & 0_{3\times3} & 0_{3\times3} & 0_{3\times2} & 0_{3\times2} & \begin{pmatrix} 0 \\ 0 \\ 1 \end{pmatrix} \\ 0_{2\times3} & 0_{2\times3} & 0_{2\times3} & 0_{2\times3} & 0_{2\times2} & E_{2\times2} & 0_{2\times1} \\ 0_{2\times3} & 0_{2\times3} & 0_{2\times3} & 0_{2\times3} & 0_{2\times2} & 0_{2\times2} & 0_{2\times1} \\ 0_{1\times3} & 0_{1\times3} & 0_{1\times3} & 0_{1\times3} & 0_{1\times2} & 0_{1\times2} & 0 \end{pmatrix} \tag{3.80}$$

控制矩阵 $\boldsymbol{B}$ 为

$$\boldsymbol{B} = \begin{bmatrix} \boldsymbol{0}_{3\times3} & \boldsymbol{0}_{3\times3} \\ \boldsymbol{0}_{3\times3} & \boldsymbol{0}_{3\times3} \\ \boldsymbol{I}_b^{-1} \cdot ({}^p\boldsymbol{P}_{hl}\otimes\boldsymbol{T}_{Mf}+\boldsymbol{T}_{MM}) & \boldsymbol{I}_b^{-1} \cdot ({}^p\boldsymbol{P}_{hr}\otimes\boldsymbol{T}_{Mf}+\boldsymbol{T}_{MM}) \\ -\dfrac{1}{m_b} \cdot \boldsymbol{T}_{Mf} & -\dfrac{1}{m_b} \cdot \boldsymbol{T}_{Mf} \\ \boldsymbol{0}_{2\times3} & \boldsymbol{0}_{2\times3} \\ \boldsymbol{Z}_{l2\times3} & \boldsymbol{Z}_{r2\times3} \\ \boldsymbol{0}_{1\times3} & \boldsymbol{0}_{1\times3} \end{bmatrix} \tag{3.81}$$

式中　$\boldsymbol{I}_b$——躯干在规划坐标系 Σ_p 的惯性张量矩阵;

　　　${}^p\boldsymbol{P}_{hr}$——左、右腿髋关节在规划坐标系 Σ_p 中的位置向量;

　　　$\boldsymbol{T}_{Mf}$——单腿关节驱动器力矩到髋关节处耦合力的映射;

　　　$\boldsymbol{T}_{MM}$——单腿关节驱动器力矩到髋关节力矩的映射;

　　　$\boldsymbol{Z}_{l2\times3}$——关节驱动力矩到左轮前向加速度之间的映射;

　　　$\boldsymbol{Z}_{r2\times3}$——关节驱动力矩到右轮前向加速度之间的映射。

其中左腿和右腿的 $\boldsymbol{T}_{Mf}$、$\boldsymbol{T}_{MM}$ 均相同,两者的具体表达式为

$$\boldsymbol{T}_{Mf} = \frac{1}{l_2 l_1 \sin\theta_2} \cdot \begin{bmatrix} l_2\sin(\theta_2-\theta_1) & l_1\sin\theta_1-l_2\sin(\theta_2-\theta_1) & -l_1\sin\theta_1 \\ 0 & 0 & 0 \\ -l_2\cos(\theta_2-\theta_1) & l_2\cos(\theta_2-\theta_1)+l_1\cos\theta_1 & -l_1\cos\theta_1 \end{bmatrix}$$
$$\tag{3.82}$$

$$\boldsymbol{T}_{MM} = \begin{bmatrix} 0 & 0 & 0 \\ -1 & 0 & 0 \\ 0 & 0 & 0 \end{bmatrix} \tag{3.83}$$

关节驱动力矩到左轮和右轮的前向加速度之间的映射 $\boldsymbol{Z}_{l2\times3}$,$\boldsymbol{Z}_{r2\times3}$ 具体表达式为

$$\boldsymbol{Z}_{l2\times3} = \frac{1}{(I+m_w r^2)l_2 l_1 \sin\theta_2} \cdot$$
$$\begin{bmatrix} -l_2 r^2\sin(\theta_2-\theta_1) & r^2[l_2\sin(\theta_2-\theta_1)-l_1\sin\theta_1] & rl_2 l_1\sin\theta_2+r^2 l_1\sin\theta_1 \\ 0 & 0 & 0 \end{bmatrix}$$
$$\tag{3.84}$$

$$\boldsymbol{Z}_{r2\times3} = \frac{1}{(I+m_w r^2)l_2 l_1 \sin\theta_2} \cdot$$
$$\begin{bmatrix} 0 & 0 & 0 \\ -l_2 r^2\sin(\theta_2-\theta_1) & r^2[l_2\sin(\theta_2-\theta_1)-l_1\sin\theta_1] & rl_2 l_1\sin\theta_2+r^2 l_1\sin\theta_1 \end{bmatrix}$$
$$\tag{3.85}$$

由此,便得到在满足双足轮腿机器人的平衡条件的前提下,从轮足机器人的
6 个关节驱动器力矩到机器人躯干的运动之间的映射,建立起集成机器人平衡条
件的动力学模型。

第 4 章

智能机器人感知技术

移动机器人最重要的任务之一是获取环境的知识，而传感器犹如人类的感知器官，是移动机器人感知环境的媒介，通过传感器的感知作用，将移动机器人自身的相关特性或相关物体的特性转化为移动机器人执行某项功能时需要的信息。传感器技术在移动机器人定位、导航和控制中发挥着不可替代的作用。

本章主要介绍移动机器人常用的内部传感器、外部传感器及多传感器信息融合技术的基本原理，讨论移动机器人传感器的性能指标以及多传感器信息融合技术的关键问题与具体方法，并对移动机器人传感器技术的研究和发展进行了展望。

移动机器人作为一个智能综合系统,已有半个世纪的发展历史,它实现了感知环境、实时决策、动态运动控制执行的高度集成。按其发展阶段,移动机器人已经发展到第三代。传感器在移动机器人发展过程中起着举足轻重的作用。第一代移动机器人是一种进行重复操作的机械,主要是液压机械手,它虽配有电子储存装置,能记忆重复动作,但因其未采用感知外部环境的传感器,所以不具备适应外界环境变化的能力。第二代移动机器人已经初步具有感觉和反馈控制的能力,能进行识别、选取和判断,配备的传感器使移动机器人具备了初步的智能。因而传感器的使用与否已成为判别第二代移动机器人的重要特征。第三代移动机器人为高一级的智能机器人,"智能化"是这一代机器人的重要标志。机器人处理器在处理感知—判断—执行这个循环过程时,必须通过各种传感器来获取信息,因而这一代机器人需要更多、性能更好、功能更强、集成程度更高的传感器。由此得到,智能化是建立在大量的传感器所采集的信息基础之上的,因此传感器在智能机器人的研究和发展中起着举足轻重的作用。

移动机器人传感器是指一种能把机器人目标物特性(或参量)变换为电量输出的装置。移动机器人通过传感器实现类似于人类知觉的功能。

移动机器人传感器可分为内部传感器和外部传感器两大类。

①内部传感器。用于检测机器人本身状态,以调整和控制机器人。内部传感器通常由位置、加速度、速度及压力传感器构成。

②外部传感器。用于检测机器人所处环境和目标物的状态特征,使机器人和环境发生交互作用,从而使机器人对环境具备自然校正和自适应能力。移动机器人外部传感器分类见表 4.1。

表 4.1　移动机器人外部传感器分类

传感器	检测内容	检测器件	应用
触觉 传感器	接触	限制开关	动作顺序控制
	把握力	应变计、半导体感压元件	把握力控制
	分布压力	导电橡胶、感压高分子材料	张力控制
	多元力	应变计、半导体感压元件	姿势、形状判别
	力矩	压阻元件、马达电流计	协调控制
	滑动	光学旋转检测器、光纤	滑动力判定、控制力

续表 4.1

传感器	检测内容	检测器件	应用
接近觉/距离传感器	接近 间隔 倾斜	光电开关、LED、红外激光传感器 光电晶体管、光电二极管 电磁线圈、超声波传感器 雷达、激光雷达	动作顺序控制 障碍物躲避 轨迹移动控制、探索
视觉传感器	平面位置 距离 形状 缺陷	深度传感器、三维激光传感器 红外、超声波、激光传感器 CCD、CMOS 传感器	位置决定、控制 移动控制 物体识别、判别 检查、异常检测
听觉传感器	声波 超声波	麦克风、麦克风阵列 超声波传感器	语言控制 （人机接口）
嗅觉传感器	气体成分	气体传感器、射线传感器	化学成分探测
味觉传感器	味道	离子敏感器、pH 计	化学成分探测
动作姿态传感器	动作姿态	加速度计 陀螺仪 相机、深度相机	捕捉动作、姿态 空间感知

　　未来机器人传感技术的研究,除不断改善传感器的精度、可靠性和降低成本等外,还会随着机器人技术转向微型化、智能化,以及应用领域从工业结构环境拓展至深海、空间和其他人类难以进入的非结构环境,机器人传感技术与微电子机械系统、虚拟现实技术的密切结合也成为未来研究和发展的关键技术。同时,对传感器信息的高速处理、多传感器信息融合和完善的静/动态标定测试技术也将成为机器人传感器研究和发展的关键技术。

4.1　智能机器人内部传感器

　　内部传感器以机器人本身的坐标轴来确定位置,安装在机器人上,用于感知机器人自身状态,以调整和控制机器人自身行动。内部传感器通常由位置传感器、姿态传感器、惯性传感器、加速度传感器、速度传感器及压力传感器等组成。

4.1.1　位置传感器

1. 电位器

电位器是最简单的位置传感器,如图 4.1 所示。电位器通过电阻变化把位置信息转换为随位置变化的电压,通过检测输出电压的变化确定以电阻中心为基准位置的移动距离。当电阻器上的滑动触头随位置变化在电阻器上滑动时,触头接触点变化前后的电阻阻值与总阻值之比就会发生变化,在功能上电位器充当了分压器的作用,因此输出电压将与电阻成比例,即

$$U_{\text{out}} = \frac{r}{R} U_{\text{s}} \tag{4.1}$$

电位器通常用作内部反馈传感器,以检测关节和连杆的位置。

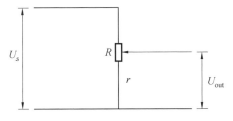

图 4.1　电位器示意图

2. 光电编码器

光电编码器是一种能检测细微运动和输出数字信号的装置,它将圆光栅莫尔条纹和光电转换技术相结合,将机械轴向转动的角度转换成数字电信息量输出。

光电编码器是现在比较流行的传感器,可分为增量式(单通道)光电编码器和绝对式(多通道)光电编码器。

(1)增量式光电编码器。

增量式光电编码器结构示意图如图 4.2(a)所示,主要由光源、码盘、光敏晶体管组成,码盘上有透光和不透光的弧段,尺寸相同且交替出现。由于所有的弧段尺寸相同,因此每段弧所表示的旋转角相同,码盘上的弧段越多,精度越高,分辨率也越高。当光通过旋转码盘这些弧段,输出连续的脉冲信号,如图 4.2(b)所示,对应这些信号计数,就能计算出码盘转过的距离。

增量式光电编码器仅检测转角位置或直线位置的变化,不能判断实际位置。机器人的起点不同,最终的位置不同。因此,要确定机器人的位置还要知道起始位置。一种解决方法是在每次控制时进行复位,使编码器的输出为 0,这样编码盘读出的数据就等于机器人移动的距离。另一种解决方法是使用绝对式光电编

码器。

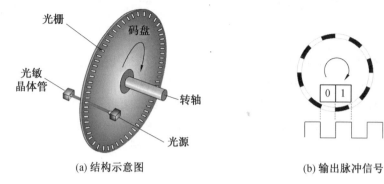

(a) 结构示意图　　　　　　　　　(b) 输出脉冲信号

图 4.2　增量式光电编码器

(2)绝对式光电编码器。

绝对式光电编码器码盘的每个位置都对应着透光与不透光弧段的唯一确定组合。通过唯一确定组合中的唯一信号特征,无须已知起始位置,在任意时刻都可确定码盘的精确位置。在起始时刻,控制器通过判断码盘所在位置的唯一信号特征,就能够确定其所在的初始位置。

如图 4.3 所示,以四位(4 bit)绝对值编码器为例,四圈每个位置对应着透光与不透光弧段,由多圈弧段组成,透光与不透光的不同组合图案是码盘的编码方式,最常见的包括二进制码和格雷码两种。在二进制码中,经常会发生多于两位同时改变状态的情况,而对于格雷码,每次只有一位向前或向后变化,在数字测量中,测量系统并非始终读取信号值,而是要到下一个采样点才读取信号值,在此期间信号保持不变。例如,从十进制的 7 转换成 8 时,二进制码的每一位都要变,使数字电路产生很大的尖峰电流脉冲。而在格雷码中,则不会产生这一现象。格雷码是一种具有反射特性和循环特性的单步自补码,大大地减少了由一个状态到下一个状态时逻辑的混淆,也是实际绝对值编码器使用的编码方式。

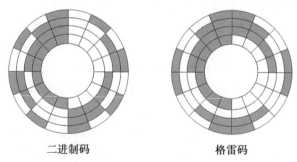

二进制码　　　　　　　　　格雷码

图 4.3　绝对式光电编码器示意图

码盘上每圈由数量不等的弧段组成,且均有一个独立的光源和光敏传感器组件,每个光敏传感器组件都输出信号,因此四位绝对值编码器需要控制器具有两位输入,N 位绝对值编码器需要控制器具有 N 位输入,依此类推。

　　绝对式光电编码器除了测位移外,还可测速度,对于任意给定的角位移,编码器将产生确定的脉冲数。通过计数一定时间的脉冲数,就能计算出相应的平均角速度,时间越短,得到的速度值越接近真实值,即瞬时速度。但是当编码器转动很慢时,测得的速度可能会变得不准确。同样,也可用其测线速度。

　　此外,光电编码器按结构形式可分为直线型和旋转型两种类型,旋转型一般用在轮式机器人的左右轮上。

4.1.2　姿态传感器

1.电子磁罗盘

　　几个世纪以来,人们一直使用磁罗盘导航。早在 2 000 多年前我国人民就开始使用天然磁石——一种指示水平方向的磁铁矿。电子磁罗盘(数字罗盘、电子指南针、数字指南针)是测量方位角(航向角)比较经济的一种电子仪器。如今电子磁罗盘已广泛应用于手持电子罗盘、手表、手机、对讲机、雷达探测器、望远镜、探星仪、寻路器、武器/导弹导航(航位推测)、位置/方位系统、安全/定位设备、汽车、航海和航空的高性能导航设备、移动机器人设备等需要方向或姿态传感的设备中。

　　电子磁罗盘的原理是利用磁传感器测量地磁场。地球的磁场强度为 0.5~0.6 Gs(即 50~60 μT),方向与地平面平行,永远指向磁北极,磁场大致为双极模式:在北半球,磁场指向下;赤道附近指向水平;在南半球,磁场指向上。无论在何地,地球磁场方向的水平分量,永远指向磁北极,由此可以用电子磁罗盘系统确定方向。

　　电子磁罗盘有以下几种传感器组合:

　　①双轴磁传感器系统。由两个磁传感器垂直安装于同一平面组成,测量时必须持平,适用于手持、低精度设备。

　　②三轴磁传感器双轴倾角传感器系统:由三个磁传感器构成 x、y、z 轴磁系统,加上双轴倾角传感器进行倾斜补偿,除了测量航向,还可以测量系统的俯仰角和横滚角,适用于需要方向和姿态显示的精度要求较高的设备。

　　③三轴磁传感器三轴倾角传感器系统:由三个磁传感器构成 x、y、z 轴磁系统,加上三轴倾角传感器(加速度传感器)进行倾斜补偿,除了测量航向,还可以测量系统的俯仰角和横滚角,适用于需要方向和姿态显示的精度要求较高的设备。

2.角速率陀螺仪

　　移动机器人在行进时可能会遇到各种地形或者各种障碍。此时即使机器人的驱动装置采用闭环控制,也会由于轮子打滑等原因造成机器人偏离设定的运动轨迹,并且这种偏移是旋转编码器无法测量到的。此时就必须依靠电子磁罗盘或者角速率陀螺仪来测量这些偏移,并做必要的修正,以保证机器人行进的方向不至于偏离。

商用的电子磁罗盘传感器精度通常为 $0.5°$ 或者更差。而如果机器人运动距离较长,$0.5°$ 的航向偏差可能导致机器人运动的线位移偏离值超出可接受的范围。极高精度的电子磁罗盘价格昂贵且不容易买到,而角速率陀螺仪可以提供极高精度(16 位精度,甚至更高)的角速率信息,通过积分运算可在一定程度上弥补电子磁罗盘的误差。

绕一个支点高速转动的刚体称为陀螺。通常所说的陀螺特指对称陀螺,是一个质量均匀分布的、具有轴对称形状的刚体,其几何对称轴就是它的自转轴。在一定的初始条件和一定的外力矩作用下,陀螺会在不停自转的同时,还绕着另一个固定的转轴不停地旋转,这就是陀螺的旋进(Precession),又称为回转效应(Gyroscopic Effect)。陀螺旋进是日常生活中常见的现象,如许多人小时候都玩过的抽陀螺。人们利用陀螺的力学性质所制成的具备各种功能的陀螺装置称为陀螺仪(Gyroscope),在教育、工业、军事等各个领域有着广泛的应用。如回转罗盘、定向指示仪、炮弹的翻转、陀螺的章动、地球在太阳(月球)引力矩作用下的旋进(岁差)等。利用陀螺仪的回转效应,可以制成测量角速率的传感器,即角速率陀螺仪。

4.1.3 惯性传感器

惯性传感器包括加速度传感器和角速度传感器,以及它们的单轴、双轴、三轴组合的惯量测量单元。加速度传感器是一种能够测量加速力的电子设备。加速力就是物体在加速过程中作用在物体上的力,如重力。加速度可以是常量,如当前环境下的重力加速度,也可以是变量。加速度传感器可以使机器人了解它现在身处的环境,是在走上坡,还是在走下坡?倾翻了没有?或者对于飞行类的机器人(无人机)来说,加速度传感器对于控制飞行姿态也是至关重要的。由于加速度传感器可以测量重力加速度,因此可以利用这个绝对基准为陀螺仪等其他没有绝对基准的惯性传感器进行校正,消除陀螺仪的漂移现象。

加速度传感器可以测量牵引力产生的加速度。

1. 加速度传感器工作原理

线加速度传感器的工作原理是惯性原理,也就是力的平衡,即 a(加速度)$=F$(惯性力)$/m$(质量),只需测量 F。怎样测量 F?可以用电磁力平衡这个力,随即得到 F 对应于电流的关系,再用实验标定所得到的比例系数即可。中间的信号传输、放大、滤波是在电路中需要考虑的问题。

技术成熟的加速度传感器分为三种:压电式、容感式、热感式。压电式加速度传感器利用压电效应,在其内部有一个刚体支撑的质量块,在运动的情况下质量块会产生压力,刚体产生应变,把加速度转变成电信号输出。容感式加速度传感器内部也存在一个质量块,它是标准的平板电容器,加速度的变化将带动活动质量块的移动从而改变平板电容两极的间距和正对面积,通过测量电容变化量来计算加速度。而热感式加速度传感器内部没有任何质量块,它的中央有一个加热体,周边是温度传感器,内部是密闭的气腔,工作时在加热体的作用下,气体在内部形成一个热气团,热气团的密度和周围的冷气有差异,通过惯性使热气团移动形成热场变化,让感应器感应到加速度值。

多数加速度传感器是根据压电效应的原理来工作的。

所谓的正压电效应就是由于形变而产生电极化的现象,具体是对于不存在对称中心的异极晶体,加在晶体上的外力除了使晶体发生形变以外,还将改变晶体的极化状态,在晶体内部建立电场,这种由于机械力作用使介质发生极化的现象称为正压电效应。

一般加速度传感器利用了加速度造成的内部晶体变形的特性。由于此变形会产生电压,只要计算出产生的电压和所施加加速度之间的关系,就可以将加速度转化成电压输出。当然,还有很多其他方法用于制作加速度传感器,如压阻技术、电容效应、热气泡效应、光效应,但其最基本的原理都是基于加速度使某个介质产生变形,再通过测量其变形量并用相关电路转化成电压输出。

2. 加速度传感器的选择

为机器人项目选择加速度传感器时需考虑的参数如下。

(1)模拟输出或数字输出。

模拟输出或数字输出决定于机器人系统和加速度传感器之间的接口。一般模拟输出的电压和加速度是成比例的,如 2.5 V 对应 0 的加速度,2.6 V 对应 $0.5g$ 的加速度。数字输出一般使用脉宽调制(PWM)信号。

(2)轴的数量。

对于多数地面机器人项目来说,两轴加速度传感器已经能满足多数应用了。如果机器人上配备三轴加速度传感器,通过测量 x、y、z 三个正交轴上的角速度,可以得到机器人的当前姿态。例如,通过测量由于重力引起的加速度在 x、y、z 三个轴上的分量,可以计算出机器人相对于水平面的俯仰角度和滚转角度。通过分析动态加速度,还可以得出机器人移动的方式。

(3)最大量程。

如果只需要测量机器人相对于地面的倾角,那么具备一个 $\pm1.5g$ 加速度传感器就足够了。但是如果需要测量机器人的动态性能，±2g 加速度传感器也应该足够了。如机器人出现突然启动或者停止的情况，那可能需要一个 ±5g 加速度传感器甚至更大量程的传感器才能够准确测量这些高动态过程中的加速度。

（4）带宽。

这里的带宽实际上指的是刷新率，即每秒钟传感器会产生多少次读数。对于一般只要测量姿态的应用，100 Hz 的带宽应该足够了，也就是说机器人的姿态传感信息会每秒钟更新 100 次。但是对于需要测量动态性能，如振动，具有500 Hz以上带宽的传感器会测量得更精确。

（5）输出阻抗。

对于有些微控制器上的 A/D 转换器来说，其输入阻抗有限制。例如，其连接的传感器阻抗必须小于 10 kΩ。

4.2　智能机器人外部传感器

外部传感器用于机器人获取周围环境、目标物的状态特征信息，使机器人和环境发生相互作用，从而使机器人对环境有自校正和自适应能力。外部传感器通常包括接近觉、距离、触觉、力觉、温度、听觉、视觉、嗅觉和味觉等传感器及深度传感器。在机器人感知外部环境时也逐步从二维向三维空间感知的方向发展。

4.2.1　接近觉传感器

接近觉传感器用于判断机器人是否接触物体，并可感知机器人与周围障碍物的接近程度。在机器人的研究和应用中，接近觉传感器是机器人获得有关物体信息和作业环境信息的重要感觉"器官"。

接近觉传感器介于触觉传感器与视觉传感器之间，不仅可以测量距离和方位，而且可以融合触觉和视觉传感器的信息。接近觉传感器可辅助视觉系统，来判断对象物体的方位、外形，同时识别其表面的形状。因此，为准确定位抓取部件，对机器人的接近觉传感器的精度要求比较高。接近觉传感器的作用如下：

①发现前方障碍物，限制机器人的运动范围，以避免发生碰撞。

②在接触对象前得到必要信息，如与物体的相对距离、相对倾角，以便为后续动作做准备。

③获取对象物表面各点间的距离，从而得到有关对象物表面形状的信息。

机器人接近觉传感器按测量方法分为接触式和非接触式，用以测量周围环境的物体或被操作物体的空间位置。接触式接近觉传感器主要采用机械机构完成相应工作;非接触式接近觉传感器的测量根据原理不同,采用的装置各异。根据所采用的原理可将机器人非接触式接近觉传感器分为感应式、电容式、超声波、光电式等。

1. 接触式接近觉传感器

接触式接近觉传感器采用最可靠的机械检测方法,用于检测接触与确定位置。机器人通过微动开关和相应机械装置(如探针、探头)结合实现接触检测。

接触式接近觉传感器的输出信号有如下几种形式:物体接触或不接触所引起的开关接通或断开,物体与触点电流的有无,弹性变形产生的应变片电阻的变化等。图4.4所示为接触式接近觉传感器示意图。

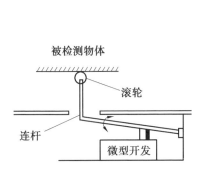

(a) 微型开发和连杆构成的接近觉传感器

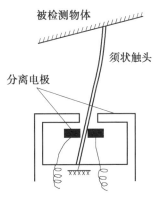

(b) 须状接触式接近觉传感器

图 4.4　接触式接近觉传感器示意图

2. 感应式接近觉传感器

感应式接近觉传感器主要有三种类型:电涡流式、电磁感应式及霍尔效应式。

(1)电涡流式接近觉传感器。

导体在一个不均匀的磁场中运动或处于一个交变磁场中时,其内部会产生感应电流。这种感应电流称为电涡流,这一现象称为电涡流现象,利用这一原理可以制作电涡流式接近觉传感器。电涡流式接近觉传感器的工作原理如图4.5所示。电涡流式接近觉传感器通过通有交变电流的线圈向外发射高频变化的电磁场,处在磁场周围的被测导电物体就产生了电涡流。由于传感器的电磁场方向相反,两个磁场相互叠加削弱了传感器的电感和阻抗。用电路把传感器电感和阻抗的变化转换成转换电压,则能计算出目标物与传感器之间的距离。该距离正比于转换电压,但存在一定的线性误差。对于钢或铝等材料的目标物线性误差为±0.5%。

电涡流式接近觉传感器外形尺寸小，价格低廉，可靠性高，抗干扰能力强，而且检测精度也高，能够检测到 0.02 mm 的微量位移。但是该传感器检测距离短，一般只能测到 15 mm 以内，且只能对固态导体进行检测。

（2）电磁感应式接近觉传感器。

如图 4.6(a)所示，电磁感应式接近觉传感器的核心由线圈和永久磁铁构成。当传感器远离铁磁性材料时，永久

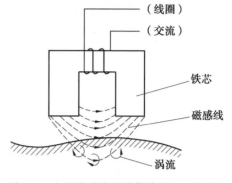

图 4.5 电涡流式接近觉传感器的工作原理

磁铁的原始磁感线如图 4.6(a)所示；当传感器靠近磁铁性材料时，引起永久磁铁磁感线的变化，如图 4.6(b)所示，从而在线圈中产生电流。这种传感器在与被测物体相对静止条件下，由于磁感线不发生变化，因而线圈中没有电流，因此电磁感应式接近觉传感器只有在外界物体与之产生相对运动时，才能产生输出。同时，随着距离的增大，输出信号明显减弱，因而这种类型的传感器只能用于较短距离（一般仅为零点几毫米）测量。

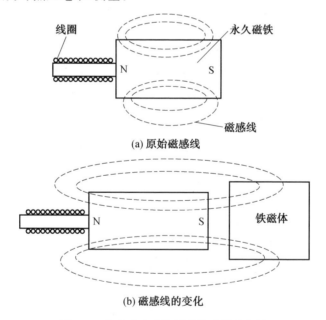

图 4.6 电磁感应式接近觉传感器示意图

（3）霍尔效应式接近觉传感器。

保持霍尔元件的激励电流不变，使其在一个均匀梯度的磁场中移动时，则其输出的霍尔电动势取决于它在磁场中的位移量。根据这一原理，可以对磁性体微位移进行测量。霍尔效应式接近觉传感器的工作原理如图4.7所示，其由霍尔元件和永久磁体以一定方式联合构成，可对铁磁体进行检测。当附近没有铁磁体时，霍尔元件感受一个强磁场；当铁磁体靠近接近觉传感器时，磁感线被旁路，霍尔元件感受的磁场强度减弱，引起输出的霍尔电动势发生变化。

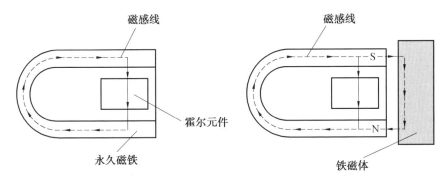

图 4.7　霍尔效应式接近觉传感器的工作原理

4.2.2　距离传感器

1. 超声波传感器

超声波传感器利用超声波测量距离。声波传输需要一定的时间，其时间与距离成正比，故只要测出超声波到达物体的时间，就能得到距离值。

超声波传感器利用超声波发射和反射接收的时间间隔进行测量。由于声源与目标之间的距离和声波在声源与目标之间往返传播所需的时间成正比，通过测量声波往返传播时间就可间接求得距离。

在这种传感器中，超声波发射器能够间断地发出高频声波（通常在 200 kHz 范围内）。超声波传感器有两种工作模式，即对置模式和回波模式。在对置模式中，接收器放置在发射器对面，在回波模式中接收器放置在发射器旁边或与发射器集成在一起，负责接收反射回来的声波。如果接收器在其工作范围内（对置模式）或声波被靠近传感器的物体表面反射（回波模式），则接收器就会检测出声波，并产生相应的信号。否则，接收器接收不到声波，也没有信号。

超声波传感器测距原理如图 4.8 所示。传感器由超声波发射器、超声波接收器、定时电路及控制电路组成。待超声波发射器发出脉冲式超声波后关闭超声波发射器，同时打开超声波接收器。该脉冲到达物体表面后返回到超声波接收器，定时电路测出从超声波发射器发射到超声波接收器接收的时间。该时间

设为 T,而超声波的传输速度为 v,被测距离 L 为

$$L = \frac{vT}{2} \tag{4.2}$$

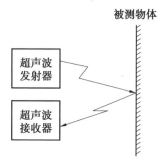

图 4.8　超声波传感器测距原理

超声波的传输速度与其波长或频率成正比,只要波长和频率不变,速度就为常数,但随着环境温度的变化,波速会有一定变化。

2. 毫米波雷达

无线电探测与定位(Radio Detection and Ranging)简称雷达(Radar),雷达将电磁波信号发射到自由空间中,由电磁波的特性可知,发射信号到达物体后会形成回波信号,雷达对回波信号进行分析可得到目标物体相对于雷达的距离、速度及方位等信息,同时雷达还可以对目标的形状进行探测。雷达的出现对人类无线探测远程、隐匿性较强的目标具有里程碑式的意义。雷达自从被应用到实际工程之后就引起学者的极大关注,目前已出现种类丰富、用途各异的雷达,按雷达信号体制分类包括脉冲雷达、连续波雷达等;按雷达工作波段分类包括毫米波雷达、激光雷达等。

毫米波(mmWave)是指波段在 30～300 GHz 范围内的电磁波,其对应电磁波波长范围为 1～10 mm,毫米波波段有着较大的频带宽度,同可见光、红外波及短波段相比,毫米波抗干扰能力较强,工作时基本不受雪、雾霾和烟尘环境的影响,拥有不间断工作的能力。同时,与微波低频频段对比,毫米波波长较短,因此天线尺寸相较低频段雷达有一定的缩小,毫米波雷达整机更易做到小型化,同时使用范围也更加广泛。

毫米波雷达具有最基础且最重要的三项系统功能:距离测量、速度测量和角度测量。毫米波在以上三项系统功能指标上均有良好的表现。毫米波雷达具有较高的距离分辨率和测距精度,可以通过后端算法实现毫米级的精确测距,此外,毫米波相干性较强,多径效应对其影响较小;在速度测量中,毫米波雷达依靠多普勒效应对目标物体的速度进行测量,进而提高雷达的探测能力;在角度测量中,毫米波雷达可以通过多输入多输出(Multiple-Input Multiple-Output,

MIMO)天线阵列增加系统虚拟孔径,进而获得更高的分辨率。

　　调频连续波(FMCW)是指输出信号随频率线性变化的信号,即发射频率受特定信号调制的信号。FMCW 雷达指的是使用调频连续波作为发射和反射信号的雷达。FMCW 雷达通过硬件并辅以相关算法实现测量功能,硬件一般由收发天线(接收天线和发射天线)、射频前端和信号处理后端三部分组成。小型 FMCW 系统收发天线一般使用贴片天线去实现接收信号和发射信号的功能,射频前端实现调频连续波的发射和接收,信号处理后端对接收的信号进行分析处理,最终得到相应的距离、速度及角度等信息。调频连续波雷达硬件框架如图 4.9 所示。

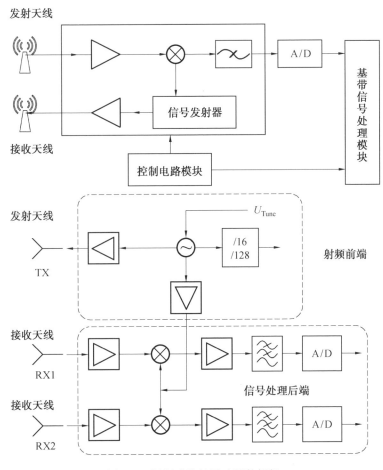

图 4.9　调频连续波雷达硬件框架

3. 2D 激光传感器

　　激光雷达是一种能够直接获取环境距离数据的测量方法,其优点有:成本相对较低、功耗小、测距精度及角度分辨率较高、受环境的影响小等,广泛应用于机器人领域,尤其是智能移动机器人导航等。

从维度上分,激光雷达主要分为 2D 激光传感器(2D 激光雷达)和 3D 激光传感器(3D 激光雷达);从线型来分,又可分为单线型激光雷达、多线型激光雷达和面阵型激光雷达等。单线型激光测距仪配合转动装置的方式,多线型激光测距仪配合移动机器人平台的方式等。

激光雷达测距从测距原理上分为空间几何法和飞行时间法(图 4.10)。其中,空间几何法又分为三角测距法和干涉法;飞行时间法又分为直接飞行时间法(Direct Time of Flight,dToF)和间接飞行时间法(Indirect Time of Flight,iToF)。

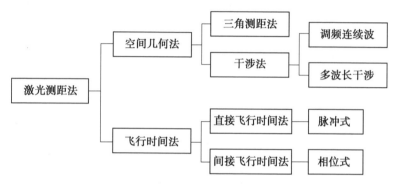

图 4.10 激光雷达测距基本原理分类

移动机器人激光传感器的主要提供商包括德国 SICK、日本 Hokuyo,以及我国发展很快的思岚科技有限公司、速腾聚创科技有限公司、镭神技术有限公司等。RPLiDAR 是由思岚科技 RoboPeak 团队开发的低成本二维激光扫描测距(LiDAR)解决方案(图 4.11)。它可以实现 360°、6 m 范围内的激光测距扫描,产生所在空间的平面点云地图信息用于地图测绘、机器人定位导航、物体/环境建模等方面。随着技术的发展,常见的 360°RPLiDAR 扫描频率有 5.5 Hz、10 Hz 两种,采样频率分别为 8 000 次/s、32 000 次/s。

RPLiDAR 可在各类室内环境及无日光直接照射的室外环境下工作,它采用了激光传感器三角测距法(图 4.12),配合高速视觉采集处理机构,每秒可完成 2 000 次以上的测距动作。每次测距过程中,RPLiDAR 发射经过调制的红外激光信号,该激光信号照射到目标物体后,产生的反射光被 RPLiDAR 的视觉采集系统接收。经过嵌入 RPLiDAR 内部的 DSP 处理器实时解算,被照射的目标物体与 RPLiDAR 之间的距离值及当前的夹角信息将从通信接口中输出。在电机机构的驱动下 RPLiDAR 的测距核心进行顺时针旋转,从而实现 360°全方位环境的扫描测距。

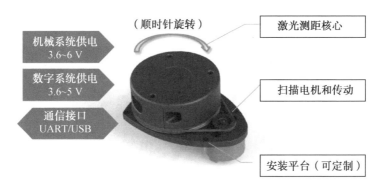

图 4.11　二维激光传感器构成示意图

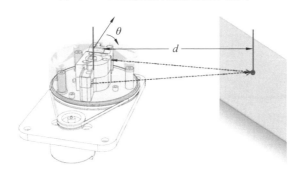

图 4.12　2D 激光传感器三角测距法示意图

RPLiDAR 主要分为激光测距核心以及使激光测距核心高速旋转的机械部分。在给各子系统供电后,测距核心开始顺时针旋转扫描。用户可以通过RPLiDAR 的通信接口(UART 串口/USB 等)获取 RPLiDAR 的扫描测距数据。这个测量过程称为三角测距。激光三角测距法主要是通过一束激光以一定的入射角度照射被测目标,激光在目标表面发生反射和散射,在另一角度利用透镜对反射激光汇聚成像,光斑成像在 CCD 或者 CMOS 成像器件上。当被测物体沿激光方向发生移动时,位置传感器上的光斑也随之产生移动,其位移大小对应被测物体的移动距离,因此可通过算法设计,由光斑位移距离计算出被测物体与基线的距离值。由于入射光和反射光构成一个三角形,对光斑位移的计算运用了几何三角定理,故该测量法被称为激光三角测距法,其直射式光路如图 4.13 所示。

dToF 是一种脉冲式激光测距方法,其通过直接测量发射光与接收光脉冲之间的时间间隔,获取目标距离的信息,其原理如图 4.14 所示。测量距离可表示为: $D = c\Delta t/2$,其中,D 为测量的距离,c 为光在空气中传播的速度,Δt 为激光束从发射到接收的往返时间。

在大部分的场景下 dToF 激光雷达的性能是优于三角激光雷达的。激光雷达扫描环境时,输出的是点云图像,每秒能够完成的点云测量次数,就是测距频

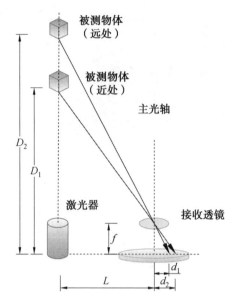

图 4.13 激光三角测距法直射式光路

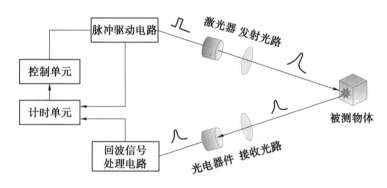

图 4.14 dToF 原理

率。三角激光雷达的测距频率一般都在 3 000 Hz 以下,dToF 雷达可达 4 500 Hz。究其原因,dToF 完成一次测量只需要一个光脉冲,实时时间分析会很快响应;但是三角激光雷达需要的运算过程耗时则稍长。

从精度上说,三角激光雷达在近距离下的精度很高,但是随着距离越来越远,其测量的精度会越来越低,这是因为三角测距法的测量和角度有关,而随着距离增加,角度差异会越来越小。所以三角激光雷达在标注精度时往往都是采用百分比(常见的如 1%,那么在 20 m 的距离时最大误差为 20 cm)。而 dToF 雷达的距离测量依赖于飞行时间的测量,但时间测量精度并不随着距离增加有明显变化,因此大多数 dToF 雷达在几十米的测量范围内都能保持几厘米的精度。

4. 3D 激光传感器

2D 激光雷达仅能扫描一个平面,建立的 2D 地图特征信息少,而 3D 激光雷达可以较为全面地获取环境的 3D 信息。基于激光雷达的三维激光测距系统常用多线激光雷达,常见的包括 16 线、32 线等激光雷达,线数越高的产品扫描立体空间时输出的三维点云越密集,环境物体与立体轮廓就越清晰。另外,3D 激光雷达具有对低反射率物体探测能力强、抗环境光干扰能力强、雨雾雪尘穿透能力强等优势,通常用于室内与室外复杂场景,相较 2D 激光雷达优势显著。32 线激光雷达 RS－Helios 成像效果如图 4.15 所示。

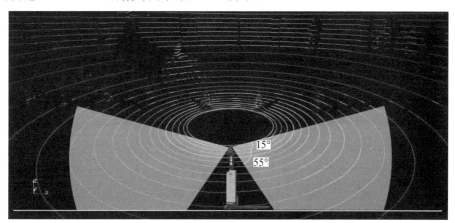

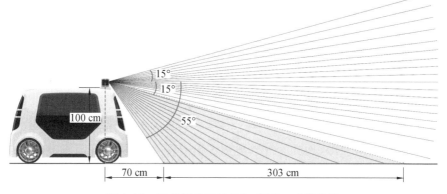

图 4.15 32 线激光雷达 RS－Helios 成像效果

从实现形式上,3D 激光雷达可以分为机械旋转式和固态两类,机械旋转式激光雷达采用机械旋转部件作为光束扫描的实现方式,可以实现大角度扫描,但是装配困难、扫描频率低。固态激光雷达通常指完全没有移动部件的雷达,目前的实现方式有微机电系统(Micro-Electro-Mechanical System,MEMS)、面阵闪光(Flash)技术和光学相控阵(Optical Phased Array,OPA)技术。

MEMS 采用微扫描振镜,达到一定的集成度,但是受限于振镜的偏转范围。二维扫描的 MEMS 振镜是激光雷达的关键器件,主要通过电热效应、静电效应、电磁效应和压电效应驱动以实现垂直方向上的一维扫描和整机水平扫描,进而实现三维成像,其原理如图 4.16 所示。

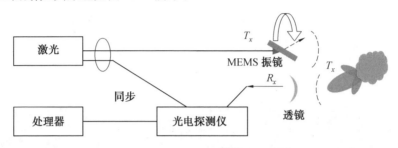

图 4.16　MEMS 激光成像原理示意图

Flash 技术也通过垂直方向上的一维扫描和整机水平扫描,进而实现三维成像,目前已有商用,但是其视场角受限,扫描速率较低。

OPA 技术是基于微波相控阵扫描理论和技术发展起来的新型光束指向控制技术,具有无惯性器件、精确稳定、方向可任意控制等优点。OPA 技术采用数个发光单元组成阵列,通过控制各光源的发光时间和各单元的电压,调节光学特性,从而调制单元波束;再经电控元件协同控制,实现主波束方向的控制,进而完成扫描。该技术的难点在于对扫描速度和数据记录速度的控制。

4.2.3　触觉传感器

触觉是机器人获取环境信息的一种仅次于视觉的重要知觉形式,是机器人实现与环境直接作用的必需媒介。与视觉不同,触觉本身具有很强的敏感能力,可直接测量对象和环境的多种性质特征,因此触觉不仅仅是视觉的一种补充。触觉的主要任务是为获取对象与环境信息和为完成某种作业任务而对机器人与对象、环境相互作用时的一系列物理特征量进行检测或感知。

触觉是接触、冲击、压迫等机械刺激感觉的综合,可用于完成机器人抓取动作,利用触觉可进一步感知物体的形状、软硬等物理性质。

触觉传感器在机器人中有以下几方面的作用:

①感知操作手指与对象物之间的作用力,使手指动作适当。

②识别操作物的大小、形状、质量及硬度等特征。

③躲避危险,以防碰撞障碍物引起事故。

触觉信息是通过传感器与目标物体的实际接触获取的,因此触觉传感器的输出信号基本上是由两者接触而产生的力及位置偏移的函数。一般来说,触觉传感器可分为简单的接触觉传感器和复杂的触觉传感器。前者只能探测是否和周围物体接触,只能传递一种信息,如限位开关、接触开关等;后者不仅能够探测是否和周围物体接触,而且能够感知被探测物体的外轮廓。

1. 接触觉传感器

接触觉传感器检测机器人是否接触目标或环境,用于寻找物体或感知碰撞,由商品化的微型开关构成。为了减轻质量、缩小体积并检测轻微的碰撞,设计了各种结构的接触觉传感器,如图 4.17 所示。

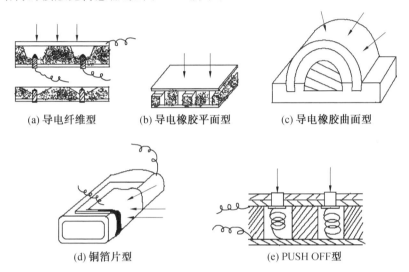

(a) 导电纤维型　　(b) 导电橡胶平面型　　(c) 导电橡胶曲面型

(d) 铜箔片型　　　　　(e) PUSH OFF 型

图 4.17　接触觉传感器

接触觉传感器基本上分为 PUSH ON 型和 PUSH OFF 型,这两种类型的传感器都由弹性元件、导电接点和绝缘体构成。图 4.17(a)～(d)所示为 PUSH ON 型传感器。图 4.17(a)所示传感器由导电性石墨化碳纤维、氨基甲酸乙酯泡沫、印刷电路板和金属触点构成。碳纤维被压后与金属触点接触,触点由断开变成接通,由此得到信息。图 4.17(b)所示传感器由弹性海绵、导电橡胶和金属触点构成。导电橡胶受压后使海绵变形,导电橡胶和金属触点接触,开关接通,以此获取信息。图 4.17(c)中的接点由金属和覆盖它的导电橡胶构成,两者间有缝隙。导电橡胶受压变形后,与金属接触,接点闭合,以此获取信息。图 4.17(d)所示传感器的接点由金属和青铜箔片构成。被绝缘体覆盖的青铜箔片被压后与金属接触,接点闭合,以此获取信息。图 4.17(e)所示为 PUSH OFF 型传感器。金属被弹簧挤压,与印刷电路板上的导电部分接触,接点处于常闭状态,如果物体和销相碰,销被压后,接点断开,由此得到接触信号。

2. 柔性触觉传感器

(1)柔性薄层触觉传感器。

柔性传感器有获取物体表面形状二维信息的潜在能力,是采用柔性聚氨基甲酸酯泡沫材料制成的传感器。柔性薄层触觉传感器如图 4.18 所示,泡沫材料由硅橡胶薄层覆盖,导电橡胶应变计连到薄层内表面,拉紧或压缩应变计时薄层的形变被记录下来。这种传感器结构与其他物体周围的轮廓相吻合,移去物体时,传感器恢复到最初形状。

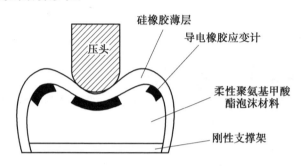

图 4.18　柔性薄层触觉传感器

(2)电流变流体触觉传感器。

图 4.19 所示为电流变流体触觉传感器,此传感器共分为三层。上层是带有条形导电橡胶电极的柔顺硅胶板,它决定触觉传感器空间分布率。导电橡胶与硅胶基体集成为橡胶薄膜,具有很好的弹性,柔顺硅胶板上有多条导电橡胶电极。中间层是充满 ERF 的聚氨酯泡沫,是一种充满电流变流体的泡沫结构,充当上下电极形成的电容器的介电材料,同时防止极板短路。下层是带有下栅极的印刷电路板,电路板中间部分有电极和双列直插式封装技术(Dual Inline-pin Package,DIP)插座,可与测试采集电路连接。上层导电橡胶行电极与下层印刷电路板的列电极在空间上相互垂直放置,以便形成电容触觉单元阵列。

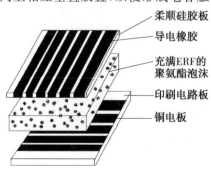

图 4.19　电流变流体触觉传感器

3. 触觉传感器阵列

(1)成像触觉传感器。

成像触觉传感器由若干个感知单元组成阵列结构,主要用于感知目标物体的形状。成像触觉传感器单元的转换原理如图 4.20 所示。当弹性材料制作的触头(弹性触头)受到法向压力作用时,触杆下伸,挡住发光二极管射向光敏二极管的部分光,于是光敏二极管输出随压力大小变化的电信号。阵列中感知单元的输出电流由多路模拟开关选通检测,经过 A/D 转换变为不同的触觉数字信号,从而感知目标物体的形状。

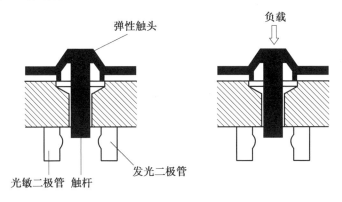

图 4.20　成像触觉传感器单元的转换原理

(2)基于光学全内反射原理的触觉传感器。

基于光学全内反射原理的触觉传感器(TIR 触觉传感器)如图 4.21 所示。传感器由白色弹性膜、光学玻璃波导板、微型光源、透镜组、CCD 成像装置和控制电路组成。微型光源发出的光从光学玻璃波导板的侧面垂直入射,当物体未接触敏感面时,光学玻璃波导板与白色弹性膜之间存在空气间隙,进入光学玻璃波导板均匀显示。当物体与敏感面贴近时,光学玻璃波导板内的光线从光疏媒质(光学玻璃波导板)射向光密媒质(白色弹性膜),同时光学玻璃波导板表面发生不同程度的变形,有光线从紧贴部位泄漏,在白色弹性膜上产生漫反射。漫反射光经光学玻璃波导板与三棱镜射出来,形成物体的触觉图像。触觉图像经自聚焦透镜、传像光缆和显微物镜进入 CCD 成像装置。

(3)超大规模集成传感器阵列。

超大规模集成传感器阵列(VLSI)是一种新型的触觉传感器。在这种触觉传感器的同一个基体上集成若干个传感器及其计算逻辑控制单元,触觉信息由导电塑料压力传感器检测输入。每一个传感器都有单独的逻辑控制单元,接触信息的处理和通信等功能都由基体上的逻辑控制单元完成;每个传感器单元上都配备微处理芯片。VLSI 计算逻辑控制单元功能框图如图4.22所示。它包括

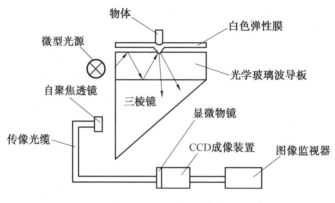

图 4.21　TIR 触觉传感器

A/D转换器、1位锁存器、加法器、进位器、清零 6 位位移寄存器和累加器、指令寄存器和双向时钟发生器等。由外部控制计算机通过总线向每个传感器单元发出命令,用于控制所有传感器及其计算单元,包括控制相邻寄存器的计算单元之间的通信。

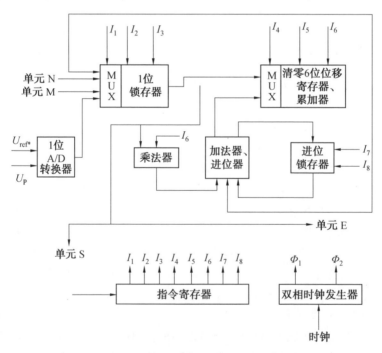

图 4.22　VLSI 计算逻辑控制单元功能框图

　　每个 VLSI 计算单元可以并行对感觉数据进行各种分析计算,如卷积计算以及与视觉图像处理相类似的各种计算处理。因此,VLSI 触觉传感器具有较高的感觉输出速度。要获得较满意的触觉能力,触觉传感器阵列在每个方向上至少应该装有 25 个触觉元件,每个元件的尺寸不超过 1 mm^2,其具有接近人手指感觉的能力,可以完成定位、识别,以及小型物件搬运等复杂任务。

4. 滑觉传感器

机器人在抓取不知属性的物体时,其自身应能确定最佳握紧力的给定值。当握紧力不够时,要检测被握紧物体的滑动,利用该检测信号,在不损害物体的前提下,实现可靠的夹持,实现此功能的传感器称为滑觉传感器。滑觉传感器有滚轮式、球式,还有一种基于振动原理的滑觉传感器。

图 4.23 所示是滚轮式滑觉传感器的典型结构。物体在传感器表面上滑动时,和滚轮相接触,把滑动变成转动。在此类传感器中,滑动物体引起滚轮转动,用磁铁和静止的磁头(图 4.23(a))或用光传感器进行检测(图 4.23(b)),这类传感器只能检测一个方向的滑动。

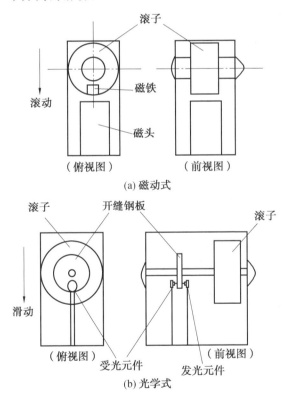

图 4.23 滚轮式滑觉传感器

若用球代替滚轮,传感器的球面凸凹不平,球转动时碰撞一个触针,使导电圆盘振动,从而可知接点的开关状态,检测各个方向的滑动。图 4.24 是球式滑觉传感器的典型结构。传感器的球面有黑白相间的图形,黑色为导电部分、白色为绝缘部分,两个电极和球面接触,根据电极间导通状态的变化,就可以检测球的转动,即检测滑觉。传感器表面伸出的触针能和物体接触,物体滑动时,触针与物体接触,通过触针运动输出脉冲信号,脉冲信号的频率反映了滑动速度,脉冲信号的个数对应滑动距离。

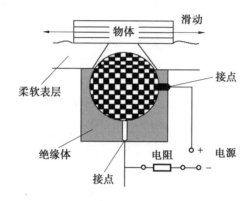

图 4.24　球式滑觉传感器的典型结构

图 4.25 所示是基于振动原理的滑觉传感器。钢球指针伸出传感器表面,可与被抓物体接触。若工件滑动,则指针振动,线圈输出信号。使用橡胶和油两种阻尼器可降低传感器对机械手本身振动的敏感性。

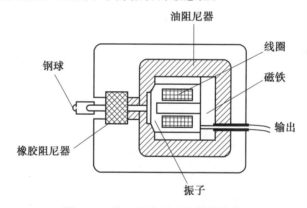

图 4.25　基于振动原理的滑觉传感器

5. 仿生皮肤传感器

仿生皮肤传感器是集触觉、滑觉和温度传感器于一体的多功能复合传感器,具有类似人类皮肤的多种感觉功能。仿生皮肤采用具有压电效应和热释电效应的 PVDF 敏感材料,具有温度范围宽、体电阻高和频率响应宽等特点,容易热成形加工成薄膜、细管或微粒。

PVDF 仿生皮肤传感器结构剖面如图 4.26 所示。传感器表层为保护层(橡胶包封表皮),上层为两面镀银的整块 PVDF,分别从两面引出电极。下层 PVDF 由特种镀膜形成条状电极,引线由导电胶粘接后引出。在上下两层 PVDF 之间,由电加热层和柔性隔热层(软塑料泡沫)形成两个不同的物理测量空间。上层 PVDF 获取温度和触觉信号,下层条状 PVDF 获取压觉和滑觉信号。

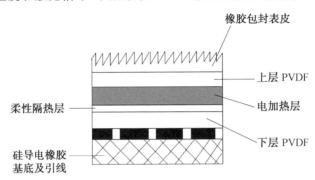

图 4.26　PVDF 仿生皮肤传感器结构剖面

为了使 PVDF 具有温度感知功能,电加热层维持上层 PVDF 温度在 55 ℃左右,当待测物体接触传感器时,其与上层 PVDF 存在温差,导致热传递的产生,使 PVDF 的极化面产生相应数量的电荷,从而输出电压信号。

采用阵列 PVDF 可形成多功能复合仿生皮肤,模拟人类用触摸识别物体形状的机能。阵列式仿生皮肤传感器结构剖面如图 4.27 所示。

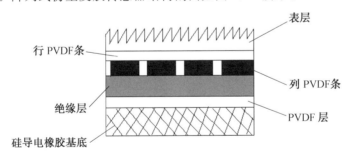

图 4.27　阵列式仿生皮肤传感器结构剖面

其层状结构主要由表层、行 PVDF 条、列 PVDF 条、绝缘层、PVDF 层和硅导电橡胶基底构成。行、列 PVDF 条两面镀银,用微细切割方法制成细条,分别粘贴在表层和绝缘层上,由 33 根导线引出。行、列 PVDF 导线各 16 条,以及 1 根公共导线形成 256 个触点单元。PVDF 层也采用两面镀银,引出 2 根导线。当 PVDF 层受到高频电压激发时,发出超声波使行、列 PVDF 条共振,输出一定幅值的电压信号。仿生皮肤传感器接触物体时,表面会受到一定压力,相应受压触点单元的电压幅值随之降低。根据这一机理,通过行、列采样数据处理,可以检测物体的重心、形状和压力值,以及物体相对于传感器表面的滑移位移。

6.触觉传感器的选择

选择机器人触觉传感器时应达到如下要求:

①传感器有很好的顺应性,并且耐磨。

②空间分辨率达到1～2 mm,因为这种分辨率接近一般人手指的分辨率(指上皮肤敏感分离两点的距离为1 mm)。

③每个指尖有50～200个触觉单元(即5×10～10×20个阵列单元数)。

④触源的力灵敏度小于0.05 N,尽量达到0.01 N左右。

⑤输出动态范围最好能达到1 000∶1。

⑥传感器的稳定性、重复性好,无滞后。

⑦输出信号单值,线性度良好。

⑧输出频响为100～1 000 Hz。

4.2.4 力觉传感器

1.力觉传感器的分类

力觉是指机器人的指、腕、肢和关节等在运动中所受力的感觉。根据被测对象的负载,市场上流行的力觉传感器有单轴力传感器、单轴力矩传感器、手指传感器(检测机器人手指作用力的超小型单轴力传感器)和六轴力觉传感器。

其中,前三种传感器只能测量单轴力,而且必须在没有其他负载分量作用的条件下使用,除了手指传感器之外,其他2种都不适用于机器人。但有人通过巧妙地安装轴承,仅在机器人驱动电机力矩起作用的部位安装单轴力矩传感器并测量力矩,实现了对机器人的控制。

机器人的力控制主要控制机器人末端的任意方向的负载分量,因此需要六轴力觉传感器。在机器人研制中,常常在结构部件的某一部位贴上应变片,校准其输出和负载的关系后,把它当作多轴力传感器使用。但是这样往往忽视了其他负载分量的影响。力控制本来就比位置和速度控制难,由于上述测量上的原因,实现力控制就更难了。为了使负载测量结果准确可信,宜用六轴力觉传感器。

六轴力觉传感器一般安装在机器人手腕上,测量作用在机器人末端的负载,因此也称之为腕力传感器。

2.力觉传感器的工作原理

力觉传感器根据力的检测方式不同,可分为以下几类:应变片式(应变或应力);压电原件式(压电效应);差动变压器、电容位移计式(位移计测量负载产生的位移)。

其中,应变片式压力传感器最普遍,商品化的力传感器大多采用这种。压电原件式很早就用于刀具的受力测量中,但它不能测量静态负载。电阻应变片式压力传感器是利用金属拉伸时电阻变大的现象,将它粘贴在加力方向上,可根据输出电压检测出电阻的变化,如图 4.28 所示。电阻应变片在左、右方向上加力,用导线接到外部电路,如图 4.29 所示。

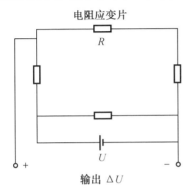

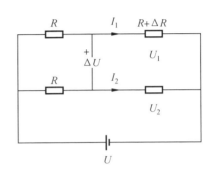

图 4.28　电阻应变片式压力传感器电桥电路　　图 4.29　电阻应变片电桥电路

在不加力时,电桥上的电阻都是 R,当加左、右方向力时,电阻应变片电阻很小,为 ΔR,则输出电压为

$$\Delta U = U_1 - U_2 = \frac{(U/2)(\Delta R/2R)}{1 + \Delta R/2R} \approx \frac{U\Delta R}{4R} \tag{4.3}$$

电阻变换为

$$\Delta R \approx \frac{4R\Delta U}{U} \tag{4.4}$$

3. 六轴力觉传感器

虽然六轴力觉传感器各个轴具有不同的结构,但它们的基本部分大致相同,如图 4.30 所示。图中的两个法兰 A 和 B 传递负载,承受负载的结构体 K(传感器部件)具有足够强度,将 A、B 连接起来。结构体 K 上贴有多个应变检测元件 S。根据应变片检测元件 S 输出的信号,计算出作用于传感器基准点 O 的各个负载分量 F。

常用的并联结构型力传感器,就是用贴有应变片的几个梁并列地将上下或左右放置的两个环形法兰连接起来。这种结构的代表就是美国查尔斯·斯塔克·德雷珀实验室(Charles Stark Draper Laboratory)研究所开发的六轴力觉传感器,如图 4.31(a)所示,上、下两个环由 3 个片状梁连接起来。3 个梁的内侧贴着测拉伸、压缩的应变片,外侧贴着测剪切的应变片。图 4.31(b)所示是美国 Scheinman 的设计方案。外围和中心体用组成十字形的 4 个棱梁柱连接起来。

各梁的各个面上贴有应变片,共构成 8 个应变电桥。图 4.31(c)所示是并联结构型力觉传感器的另一种结构形式。在中空的圆筒中段开若干孔,形成几个梁,梁上贴有剪切应变片,构成了测量大负载的力觉传感器。

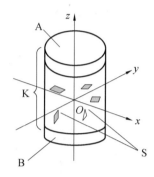

图 4.30　六轴力觉传感器基本结构

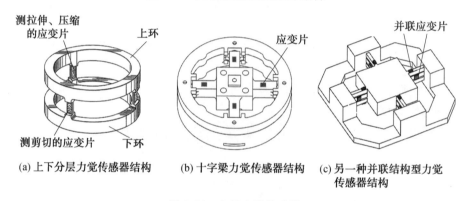

(a)上下分层力觉传感器结构　(b)十字梁力觉传感器结构　(c)另一种并联结构型力觉
传感器结构

图 4.31　六轴力觉传感器

4.力觉传感器的选择

应用应变片的力觉传感器中,应变片的品质与传感器结构同样重要,有时甚至比结构更为重要。多轴力觉传感器的应变片检测部分应该具有如下特性:至少能获取 6 个以上独立的应变测量数据;由黏结剂或涂料引起的滞后现象或输出的非线性现象尽量小;不易受温度和湿度影响。

选用力觉传感器时,首先要特别注意额定值。用户往往只注意作用力的大小,而容易忽视作用力到力觉传感器基准点的横向距离,即忽视作用力矩的大小。一般力觉传感器力矩额定值的裕量比力额定值的裕量小。因此,虽然控制对象是力,但是在关注力的额定值的同时,也需注意检查力矩的额定值。

其次,在机器人通常的力控制中,力的精度意义不大,重要的是分辨率。为了实现平滑控制,力觉信号的高分辨率非常重要。高分辨率和高精度并非是统一的,在机器人负载测量中,一定要分清分辨率和测量精度究竟哪一个更重要。

力控制技术尚未实用化的主要原因:现有的机器人技术还尚未完全达到实现力控制的水平;力控制的理论体系尚未完善;从理论上掌握机器人动作和环境的系统配置及相应的通用机器人语言还有待于进一步研究。这一系列研究开发工作需要实现传感器反馈控制,以及具有通用硬件和软件的机器人控制系统。而现在商品化的机器人主要采用的是以位置控制为基础的控制或示教方式。

4.2.5　温度传感器

温度传感器被广泛用于工农业生产、科学研究和生活等领域,生产数量高居各种传感器之首。近百年来,温度传感器的发展大致经历了以下 3 个阶段:传统的分立式温度传感器,含敏感元件;模拟集成温度传感器/控制器;智能温度传感器。目前,国际上新型温度传感器正从模拟式向数字式、由集成化向智能化、网络化的方向发展。

集成温度传感器的分类如下。

(1)模拟集成温度传感器。

模拟集成温度传感器是采用硅半导体集成工艺制成的,因此也称为硅传感器或单片集成温度传感器。模拟集成温度传感器于 20 世纪 80 年代问世,它将温度传感器集成在一个芯片上,可实现温度测量及模拟信号输出功能。模拟集成温度传感器的主要特点包括功能单一(仅测量温度)、测温误差小、价格低、响应速度快、传输距离远、体积小、微功耗等,适合远距离测温、控温,不需要进行非线性校准,外围电路简单。它是目前在国内外应用最为普遍的一种集成传感器。

(2)模拟集成温度控制器。

模拟集成温度控制器主要包括温控开关、可编程温度控制器,典型产品有 LM56、AD22105 和 MAX6509。某些增强型集成温度控制器(如 TC652/653)中还包含了 A/D 转换器及固化好的程序,这与智能温度传感器有某些相似之处。但它自成系统,工作时并不受微处理器的控制,这是二者的主要区别。

(3)智能温度传感器。

智能温度传感器(数字温度传感器)是在 20 世纪 90 年代中期问世的。它是微电子技术、计算机技术和自动测试技术(ATE)的结晶。目前,国际上已开发出多种智能温度传感器系列产品。智能温度传感器内部包含温度传感器、A/D 转换器、信号处理器、存储器(或寄存器)和接口电路。有的产品还带多路选择器、中央控制器(CPU)、随机存取存储器(RAM)和只读存储器(ROM)。智能温度传感器的特点是能输出温度数据及相关的温度控制量,适配各种微控制器(MCU);它是在硬件的基础上通过软件来实现测试功能的,其智能化程度取决于软件的开发水平。

4.2.6　听觉传感器

听觉传感器是将声音源通过空气振动产生的声波转换成电信号的换能设备,机器人的听觉传感器功能相当于机器人的"耳朵",具有接收声音信号的功能。机器人上最常用的听觉传感器就是传声器,常见的传声器包括动圈式传感器、驻极体电容式传感器和 MEMS 电容式传感器。

1. 动圈式传感器

动圈式传感器可将声信号转换为电信号。麦克风的振膜可以随声音振动,振膜非常薄,动圈贴于振膜上并悬浮在磁场中,可随振膜的振动而运动,当动圈在磁场中运动时,动圈中可产生感应电动势。此电动势与振膜振动的振幅和频率相对应,因而动圈输出的电信号与声音的强弱、频率的高低相对应。由此传感器就将声音转换成了音频电信号输出。动圈式传感器的主要特点是音质好,不需要电源供给,但价格相对较高,而且体积庞大。

2. 驻极体电容式传感器

驻极体电容式传感器的工作原理如图 4.32 所示,它是由固定电极和振膜构成电容,经过电阻将极化电压加到电容的固定电极上。当声音传入时,振膜可随声音发生振动,此时振膜与固定电极间的电容量也随声音变化而发生变化。此电容的阻抗也随之发生变化,将变化的信号输入前置放大器,经放大器输出音频信号。

驻极体电容式传感器具有尺寸小、功耗低、价格低廉而性能不错的特点,是手机、电话机等常用的听觉传感器。大量具有声音交互功能的机器人,如索尼 AIBO、本田 ASIMO 均采用驻极体电容式传感器作为听觉传感器。

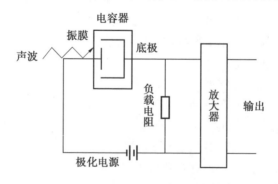

图 4.32　驻极体电容式传感器的工作原理

3. MEMS 电容式传感器

图 4.33 所示为 MEMS 电容式传感器的结构原理,背极板与声学薄膜共同

组成一个平行板电容器。在声压的作用下,声学薄膜将向背极板移动,两极板之间的电容值随之发生相应的改变,从而实现声信号向电信号的转换。对于硅基电容式微传感器来说,由于狭窄气隙中空气流阻抗的存在,引起高频情况下灵敏度的降低,可采用在背极板上开大量声孔以降低空气流阻抗的方法来解决此问题。

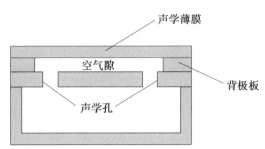

图 4.33　MEMS 电容式传感器的结构原理

4.声传感器的选择

选择声传感器的关键参数:

①灵敏度。声传感器的灵敏度是指在一定的音压作用下输出端上能产生输出电压的值,一般以 V/Pa 为单位,0 dB＝1 V/Pa。

②输出阻抗。声传感器重要的特性之一是输出阻抗,指回流至传声器的 AC 阻抗的计算。一般来说,传声器可分为低阻抗(50～1 000 Ω)、中阻抗(5 000～15 000 Ω)及高阻抗(20 000 Ω 以上)。

③频率响应。对于特定应用的机器人,应该选择对它需要采集的那一段频率响应好的声传感器。例如,如果主要用于人机对话的传声器,就应该选择频率响应为 20～20 000 Hz 的传声器;如果采集超声波,应该选择频率响应在 20 kHz 以上的传声器。

④信噪比。信噪比是表示传感器检测微弱信号能力的一种评价指标,指的是传感器接收的被测信号量与噪声量的比值。

⑤功耗。功耗即功率的损耗,指设备、器件等输入功率和输出功率的差额。

⑥指向性。一般声传感器的指向性有三种类型:a. 全指向性(Omni-Directional):任一方向的音源能量均被拾取转为电能。b. 单指向性(Uni-Directional):正前方(0°)的音源能量被拾取的比例最大。c. 双指向性(Bi-Directional):前后方(0°与180°)的音源能量被拾取的比例最大。

4.2.7　视觉传感器

视觉传感器通常是一个摄像头或者摄像机,有的还包括云台等辅助设施。

有些视觉传感器可对采集到的视觉信号进行预先处理,把采集的图像中的颜色、物体坐标、方位等信息直接提供给控制器。视觉传感器根据感光元件、接口类型、镜头数量、特性和获取图像信息内容的不同主要包括以下分类。

1. 根据感光元件分类

根据感光元件的不同,可将视觉传感器主要分为 CMOS 摄像头和 CCD 摄像头。

(1)CMOS 摄像头。

CMOS 摄像头主要以 CMOS 为感光元件,制作时 CMOS 是集成在金属氧化物的半导体材料上。CMOS 摄像头具有低成本、低耗电及高整合度等特性,受到不少厂家的青睐。但是 CMOS 摄像头的成像通透性、明锐度、色彩还原、曝光等方面略逊于 CCD 摄像头。经过技术的改进,通过影像光源自动增益补强技术、自动亮度、白平衡控制技术,色饱和度、对比度、边缘增强等先进的影像控制技术,目前两种摄像头之间的实际效果差距已经减小了不少。所以,目前市场销售的摄像头中以采用 CMOS 感光器件的为主。

(2)CDD 摄像头。

CCD 摄像头是以电子耦合组件(Charge-Coupled Device,CCD)为感光元件的摄像头,主要应用于相对高档的数码设备中。CCD 类似于传统相机的底片,是感应光线的电路装置,当光线与图像从镜头透过,投射到 CCD 表面时,CCD 就会产生电流,将感应的内容转换成数码资料储存起来。CCD 像素数目越多、单一像素尺寸越大,收集的图像就会越清晰。CCD 摄像头在单位成像效果、颜色还原方面及分辨率方面均要优于 CMOS 摄像头,但是 CCD 摄像头的价格较高,所以目前摄像头采用 CCD 图像传感器的厂商为数不多。

2. 根据接口类型分类

根据接口类型的不同,可将视觉传感器主要分为 USB 接口、1394 接口和千兆网接口 3 种类型。

(1)USB 接口。

USB 接口摄像头是只需通过 USB 接口与计算机连接使用的摄像头,即插即用,操作简单方便,结构设计灵活多变。USB 摄像头只负责图像的采集和数据的传输,数据的处理通过电脑来完成。处理数据时需占据电脑的一部分内存进行运算,再把运算结果传给显卡,因此当电脑运行大的软件或者 CPU 资源被占用时,显示器上显示的图像画面不流畅。

(2) 1394 接口。

1394 接口摄像头是通过 1394 接口与计算机连接使用的摄像头,同样支持即插即用,主要应用于工业领域。1394 接口摄像头除了数据线外,还有一块 1394 卡,此卡代替了电脑的运算,提前在该卡内对数据进行处理,然后将运算结果传给显卡,所以 1394 接口的传输速度要远高于 USB 接口。1394 接口摄像头在电脑上显示的画面更加流畅、自然。例如,在足球机器人小型组比赛中就采用了 1394 接口摄像头。但是由于计算机兼容性和接口本身的成本问题,很多厂家还是更热衷于开发 USB 接口摄像头。

(3) 千兆网接口。

千兆网接口摄像头最大的特点是以网络作为输出,解决了其他数字相机传输距离短的问题,具有传输距离长、信号稳定、CPU 资源占用少的特点,使一台计算机可以同时连接多台摄像机。在传输大量数据时,千兆网接口体现出独特的优势。

3. 根据镜头数量、特性和获取图像信息内容分类

根据镜头数量和特性,获取图像信息内容的不同,可将视觉传感器分为单目摄像头、双目摄像头和全景摄像机等。

(1) 单目摄像头。

单目摄像头是指具有一个镜头的摄像头,其无法直接获得目标的三维坐标,只能提取目标物体的特征,得到目标物体在二维平面内的相对位置,被广泛应用于工业机器人、机器人足球、移动机器人、特种机器人等领域。

(2) 双目摄像头。

双目摄像头可理解为两个单目摄像头的结合,具有两个镜头,可以提取出目标的三维坐标,用此信息可直接调整机器人运动中的运动参数。传统的三维提取需要先知道摄像机的准确焦距信息,还需要针对该摄像头的畸变参数进行图像矫正,再对左右摄像机分别采集到的图像中的目标特征点进行匹配,最后利用其相互关系推算出目标点的深度信息。双目摄像头可广泛应用于机器视觉、自动检测、双目测距、运动采集及分析、医学影像、生物图像、非接触测量及很多其他科学和工业领域。

(3) 全景摄像机。

自主移动机器人往往采用摄像机作为视觉传感器。但是普通的摄像机无法同时覆盖机器人四周的环境,也有响应速度慢、无法实时做到 360° 全方位监视的问题,并且机械旋转部件在机器人运动时会产生抖动造成图像质量下降、图像处理难度增加。针对以上问题的一种解决方式即是采用全景摄像机。全景摄像机是一种具有特殊光学系统的摄像机。它的 CCD 传感器部分与普通摄像机没有什么区别,但是配备了一个特殊的镜头,因此可以得到镜头四周 360° 的环形图像(图像有一定畸变),在图像数据经过软件展平后即可得到正常比例的图像。

另外还有一种解决办法是采用自由度云台摄像机。云台是安装、固定摄像机的支撑设备,带有云台的摄像机即为云台摄像机。根据应用场合不同,云台分为固定云台和电动云台两种。固定云台适用于监视范围不大的情况,在固定云台上安装好摄像机后可调整摄像机的水平和俯仰角度,达到最好的工作姿态后只要锁定调整机构即可。电动云台适用于对大范围进行扫描监视,它可以扩大摄像机的监视范围。如图 4.34 所示的两自由度摄像云台,该云台内装有两个电动机,这两个电动机一个负责水平方向的转动,另一个负责垂直方向的转动;水平转动的角度一般为 350°,垂直转动则有 ±45°、±35°、±75°等。水平及垂直转动的角度大小可通过限位开关进行调整。

图 4.34　两自由度摄像云台

云台的主要指标包括:

①云台旋转的转速:5～120 (°)/s 不等,高速球型摄像机的内置云台达 240(°)/s。

②云台旋转的角度:上、下 0～90°;左、右 0～350°;智能云台无旋转角度限制。

③云台的工作电压:分为 DC 24 V 和 AC 220 V 两种,使用时要特别注意工作电压的选用,否则解码器会烧毁。

④云台的载重:是云台工作电机功率的直接反映,不能超过云台的载重规定,否则解码器无法正常工作。

在选用云台时,最好选用在固定不动的位置上安装有控制输入端及视频输入输出端接口的云台,并且在固定部位与转动部位之间(摄像机之间)用软螺旋线连接摄像机及镜头的控制输入线和视频输出线。这样的云台在安装后不会因为长期使用而导致转动部分的连线损坏。

4.2.8　深度传感器

深度传感器是一类能够测量环境物体到相机距离的视觉传感器。目前视觉上广泛使用的深度传感器主要有 Kinect1、Kinect2、Intel RealSense 系列以及国内的华硕 Xtion 系列、图漾、奥比中光不同的产品系列等。本节主要介绍这些常用的深度传感器采用的技术方案及代表性深度传感器。

1. 深度传感器采用的技术方案

(1)结构光(Structured-Light)法,代表公司有奥比中光、苹果(代表产品为 Prime Sense)、微软(代表产品为 Kinect1)、英特尔(代表产品为 Intel RealSense)、Mantis Vision 等。

结构光法的基本原理是,通过近红外激光器,将具有一定结构特征的光线投射到被拍摄物体上,再由专门的红外摄像头进行采集。这种具备一定结构的光线,会在被摄物体的不同深度区域采集到不同的图像相位信息,然后通过运算单元将这种结构的变化换算成深度信息,以此来获得三维结构。简单来说就是,通过光学手段获取被拍摄物体的三维结构,再将获取到的信息进行更深入的应用。通常采用特定波长的不可见的红外激光作为光源,将发射出来的光经过一定的编码投影在物体上,通过一定算法计算返回的编码图案的畸变来得到物体的位置和深度信息。编码图案一般分为条纹结构光、编码结构光和散斑结构光。

(2)双目视觉(Stereo)法,代表公司有 Utraleap、ZED 等。

双目视觉法是基于视差原理,利用成像设备从不同的位置获取被测物体的两幅图像,通过计算两幅图像对应点间的位置偏差来获取物体三维几何信息的方法。

(3)飞行时间(ToF)法,代表公司有微软(代表产品为 Kinect2、PMD、SoftKinect)等。

飞行时间(ToF)法的基本原理是,激光发射器发射一个激光脉冲,并由计时器记录出射时间,回返光经激光接收器接收,并由计时器记录回返时间。两个时间相减即得到了光的"飞行时间",而光速是一定的,因此在已知速度和时间后,很容易就可以计算出距离。根据测量方法的不同,飞行时间法又分为间接测量飞行时间(indirect ToF,iToF)法和直接测量飞行时间(direct ToF,dToF)法,大部分测量都采用了前者。测相位偏移的方法,即发射正弦波/方波与接收正弦波/方波之间相位差。

相比于 iToF 技术用测量信号的相位来间接地获得光的来回飞行时间,dToF 技术直接测量光脉冲的发射和接收的时间差。由于激光安全的限制及消费类产品的功耗限制,dToF 相机发射的脉冲能量有限,但是仍需要覆盖完整的视场区域。光脉冲在经过反射回到接收器时,能量密度降低值超过其一万亿分之一。与此同时,环境光作为噪声,会干扰接收器对于信号的检测和还原。在这种情况下,探测器获取的信噪比不足以直接还原脉冲的模拟信号,进而导致直接测量深度存在很大的误差。因此,dToF 法需要有灵敏度极高的光探测器来检测微弱的光信号。表 4.2 给出了结构光法、双目视觉法及 ToF 法在不同场景下的应用参数。

表 4.2　结构光法、双目视觉法及 ToF 法在不同场景下的应用参数

应用参数	结构光法	双目视觉法	ToF 法	
			iToF 法	dToF 法
适用场景	近距离	近距离	中远距离	中远距离
基本原理	三角测距	三角测距	相位测距	时间测距
传感器	IR CMOS 传感器	RGB/IR CMOS 传感器	接触式图像 传感器	单光子雪崩 二极管阵列
工艺难度	容易	容易	中等	难
传感器信号	模拟	模拟	模拟	数字
发射光脉冲	低频率	无	中高频率	高频率
测量精度	近距离高,随测 量距离平方下降	近距离高,随测 量距离平方下降	与距离呈线性关系	在工作范围内 相对固定
功耗	中	低	高	中
多路径串扰	解决难度适中	容易解决	较难解决	容易解决
量产标定	中等	简单	难	中等

2. 代表性深度传感器

图 4.35 所示为一些代表性深度传感器。

(1) Kinect 深度传感器。

Kinect 深度传感器是美国微软公司开发的可感知身体运动的外部设备,配备 3 个镜头,中间是 RGB VGA 摄像头,左右两边则分别为红外线发射器和红外线 CMOS 摄像头,构成了 3D 深度感应器,分辨率为 640×480,还有一个多阵列麦克风。另外,Kinect 还带有一个电机,可以调整摄像头的上下角度,以适应不同的应用场合。

Kinect 可以获取场景内物体的深度信息和色彩信息。传统的摄像头只能够获取物体的颜色信息,但是对于深度信息,即物体到摄像头的距离,却无法直接获取。Kinect 的深度摄像头采用以色列 Prime Sensor 公司发明的 Light Coding 技术。Light Coding 是用光线给需要测量的空间编码,通过红外摄像头投射满足一定规律的点阵,再用一个普通的 CMOS 传感器去捕捉这个点阵。投射的点阵中的一些模式会在整个图像中反复出现,当场景的深度发生变化时,摄像头的点阵也会发生变化,通过分析点阵中模式变化的情况就可以推断出深度信息,这

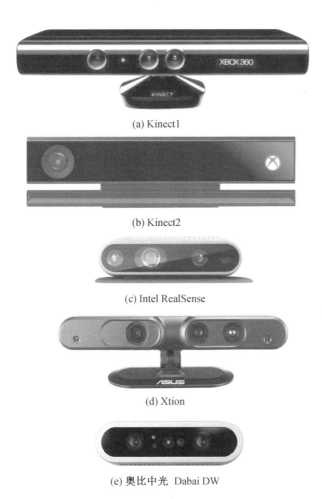

(a) Kinect1

(b) Kinect2

(c) Intel RealSense

(d) Xtion

(e) 奥比中光　Dabai DW

图 4.35　代表性深度传感器

种方法是结构光法的变种。与传统的结构光法不同的是,Kinect 投射的光线并不是周期性变化的二维空间的图像编码,而是具有三维空间的"体编码"。Kinect 光源为激光散斑,是激光照射到粗糙物体表面或者穿透毛玻璃后所形成的随机衍射斑点,具有高度随机性,随着距离的变化而变换图案。因此,空间中任何两处区域的激光散斑图案都是不一样的。投射了结构光以后,整个空间就被编码了,将一个物体放置在这个空间中,通过分析物体表面的散斑图案,就可以计算出物体在空间的位置。

　　Kinect2 是微软公司于 2014 年 10 月开始在我国销售的第二代 Kincct for Windows 感应器,即 V2。它比 Kinect1(即 V1)的功能有了很大的提升。但是,它不能向下兼容,V1 的程序无法应用在 V2 上。V2 彩色摄像头的分辨率为

1 920×1 080,深度摄像头的分辨率为512×424,可以同时检测6名用户的姿势,可以检测人体25个关节点,检测范围为0.5~4.5 m,检测角度为水平70°、垂直60°。在深度感知原理上,V1采用了结构光法,可以同时投射多个条纹组成的图案,也可以投射任意形状的图案,并且允许同时采集多个样本。与前一代相比,V2采用飞行时间(Time-of-Flight,ToF)法,即通过计算光脉冲的往返时间,使用有源传感器测量相机与物体表面的距离。对于基于飞行时间法的测量系统,V2测量发射和接收信号之间的相位差,取代了运行时间的直接测量,比较而言,Kinect2可以获取更多的用户姿势,检测范围、检测角度也更加宽广。

(2) Intel RealSense。

英特尔公司推出的RealSense摄像头,使深度传感器在清晰度、精准度等方面实现了大幅提升,并且尺寸更小,可集成至手机、平板等移动设备上。英特尔同时为RealSense深度摄像头开发了对应的SDK开发包,构建了相应的生态系统和应用。它通过视觉、听觉、触觉、语音、感情、情景等多重感官方式,让计算设备能够感知人类意图,让人与设备之间的交互变得更加自然。在2015年即实现了立体3D脸部解锁,其准确度、便捷性、安全性都比传统脸部识别有了大幅提升。Intel RealSense技术除具有人脸识别、体感、测距、解锁等功能外,还可以通过平板上的集成实现对包裹的精确测量,极大地节省了人力物力等资源。

Intel RealSense的工作原理类似于微软Kinect的结构光法,不仅能够获得普通的色彩影像,还可模仿人眼的"双目视差"原理,通过左右红外传感器追踪所射出的红外光,最终利用S角定位原理(同一空间位置在成像中的位置差异)确定3D图像中的深度信息。Intel RealSense深度摄像头具备感知和智能两个核心技术特征,能够将感知到的空间环境通过数据流的形式计算出来,经过复杂算法的智能分析,进而筛选反馈出有用的结果。通过对物体的空间扫描,可测量物体的高度、距离、尺寸、轮廓和颜色,并能对物体进行操作、处理甚至是3D打印。Intel RealSense深度摄像头还可实现类似Lytro相机的"光场效果",直接、实时调整图像中的对焦点,并可在捕获深度影像的同时实现多点对焦。

Intel RealSense深度摄像头D415和D435将英特尔D4视觉处理器和深度模块集成在外形小巧、功能强大、成本低廉、可立即部署的封装中。Intel RealSense D435i深度相机如图4.36所示。Intel RealSense D400系列摄像头设置轻松、便于携带,可捕获室内或室外环境,具有1 280×720的深度分辨率和30 f/s的远距离成像功能。表4.3给出了Intel RealSense系列比较常用的三类深度相机参数表。Intel RealSense D435i自身带有IMU模块,集成两个加速度传感器与三个速度传感器(陀螺),可测量物体三轴姿态角(或角速率)及加速度,加速度计检测物体在载体坐标系统独立三轴的加速度信号,而陀螺检测载体相对于导航坐标系的角速度信号,测量出物体在三维空间中的角速度和加速度,并以此计算出物体的姿态,帮助机器人实现无人驾驶飞行器对运动的更精准控制。但英特尔新 CEO Pat Gelsinger 表示,英特尔将在未来逐步缩减 Intel RealSense 的业务。

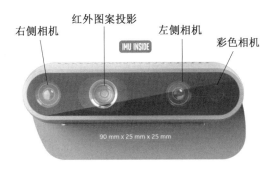

图 4.36　Intel RealSense D435i 深度相机

表 4.3　**Intel RealSense 系列参数表**

型号	D435i	D435	D415
使用环境	室内、室外	室内、室外	室内、室外
深度技术	主动红外立体声 (全局快门)	主动红外立体声 (全局快门)	主动红外立体声 (滚动快门)
深度视场角	85.2°×58°	91.2°×65.5°	91.2°×65.5°
深度流输出分辨率	最高 1 280×720	最高 1 280×720	最高 1 280×720
深度流输出帧速率	90 f/s	90 f/s	高达 90 f/s
最小深度距离	0.1 m	0.3 m	0.3 m
传感器快门类型	全局快门	全局快门	滚动快门
最大范围	≈10 m	≈10 m	≈10 m
RGB 传感器深度 分辨率和帧速率	1 920×1 080,30 f/s	1 920×1 080,30 f/s	1 920×1 080,30 f/s
RGB 相机视场角	69.4°×42.5°	69.4°×42.5°	69.4°×42.5°
相机尺寸	90 mm×25 mm× 25 mm	90 mm×25 mm× 25 mm	99 mm×20 mm× 23 mm
接口	USB 3.0 Type—C	USB 3.0 Type—C	USB 3.0 Type—C

(3) Xtion 系列。

Xtion Pro Live 即 Xtion P,是华硕公司推出的一款深度摄像头,其最突出的功能是快速获取所需空间的深度数据,并在此基础上集合了彩色数据和声音数

移动机器人导航与智能控制技术

据。它是一个多元的传感器,功能不再单一,开发人员可以随意结合当前一种或几种数据满足不同的分析计算要求。Xtion P 传感器主要由光学镜头、处理芯片和一组麦克风组成,左侧镜头为一个红外线激光发射器,最右侧镜头为一个红外线激光接收器,中间偏右的镜头是一个 RGB 彩色摄像头。Xtion P 设备体积轻便,通过 USB 供电,价格与 Kinect 相比更加便宜,成像原理与 V1 相似,可以提供较为完整的深度信息。2017 年 4 月,华硕又发布了 Xtion2,依然采用 PrimeSense 的深度图像方案,景深传感器的深度分辨率和帧速率依然被限制在 640×480 和 30 f/s。

(4) 奥比中光深度相机系列。

奥比中光是继苹果、微软、英特尔之后全球第四家量产消费级 3D 结构光深度摄像传感器的厂商,依托长期基础理论积累和对应用场景需求及问题的深刻认知,通过系统仿真、建模、核心光学及电子元器件设计规划等,自主设计开发了结构光、双目、iToF、dToF 等多种 3D 视觉传感产品,满足了不同应用场景的需求,并实现了持续优化迭代与创新,还先后研发了基于斑点投射的增强 iToF 系统、屏下结构光系统及无支架结构光系统等系统方案,其中双目深度相机结构如图 4.37 所示。

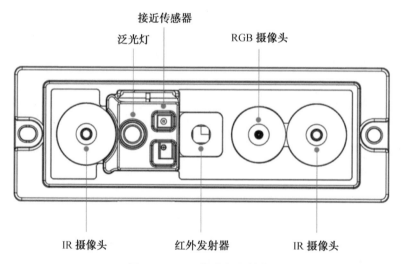

图 4.37 双目深度相机结构

根据成像及使用场景,奥比中光深度相机的参数及分类如图 4.38 所示。

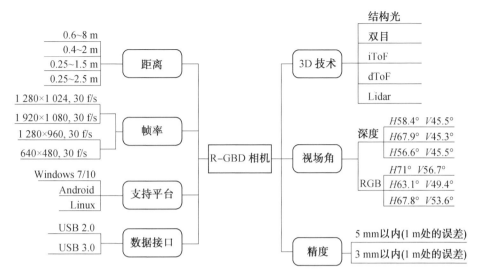

图 4.38　奥比中光深度相机的参数及分类

4.3　机器人传感器的性能指标

移动机器人对传感器的依赖性很大。选择合适的传感器,可以大幅减少运动控制和信号处理的工作量;反之,则要花很大精力去完成信号处理与应用。因此,需要了解传感器的性能并根据移动机器人的设计要求,选择适当的传感器。

在选择传感器时,必须要确定传感器的输入与输出。一般来说,传感器的输入就是要测量的物理量,如加速度、速度、位置、压力、温度、图像等,而传感器的输出是要处理的变量,如电流、电压、脉冲数等。传感器的输出一般要经过信号变换以后才能转换成计算机所能接收并处理的形式,以及人们便于理解的形式。

在选择传感器时,还需注意以下几个主要的性能指标。

(1)测量范围。

同一种传感器,不同的型号有不同的测量范围。必须要确定被测物理量的范围,而传感器的测量范围应大于被测物理量的范围,如传感器的测量范围为被测物理量的 150%。

(2)精确度。

传感器的精确度简称精度,用于说明测量结果偏离真实值的程度,即所测数值与被测物理量真值的符合程度。精确度通常以测量误差的相对值来表示。

精确度一般用传感器在测量范围内允许的最大绝对误差相对于传感器满量程输出的百分数来表示,即

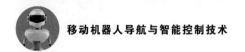

$$A = \frac{\delta A}{Y} \times 100\% \tag{4.5}$$

式中 A——传感器的精确度；

　　　δA——测量范围内允许的最大绝对误差；

　　　Y——传感器满量程输出。

在工程应用中为了简化传感器精度的表示方法，常采用精度等级概念。精度等级以一系列标准百分比数值分挡表示。在传感器上或其说明书中都有精度标注，其精度等级代表的误差是指传感器测量的最大允许误差。

（3）灵敏度。

传感器的灵敏度指达到稳定工作状态时，输出变化量与引起此变化的输入变化量之比，用 S 表示，即 $S = \mathrm{d}y/\mathrm{d}x$。它是传感器静态特性曲线上各点的斜率，如图 4.39 所示。线性特性的传感器中灵敏度 S 是常数；非线性特性的传感器中灵敏度 S 在整个量程范围内不是常数。

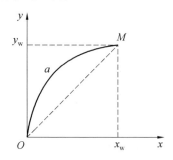

图 4.39　传感器静态特性曲线

（4）分辨率。

传感器分辨率是指传感器输出值发生可检测或可察觉的最小变化时，所需被测量的最小变化值。分辨率与灵敏度的概念容易混淆，有时候用分辨率取代灵敏度。

（5）稳定性。

传感器的稳定性包括其输入输出的特性在时间上的稳定性与在工作环境中的稳定性。时间上的稳定性是指由传感器和测量仪表中随机性变动、周期性变动、漂移等引起示值的变化程度，一般以精度的数值和时间的长短一起表示，如"输出变化值/h"。工作环境中的稳定性包括环境、温度、湿度、气压等外部环境状态变化对传感器和测量仪表示值的影响，以及电源电压、频率等仪表工作条件变化对示值的影响。工作环境稳定性一般用影响系数来表示，如"输出变化值/℃"表示环境温度变化 1 ℃时输出值的变化值。

（6）重复性。

传感器的重复性是指传感器在同一工作条件下，输入量按同一方向在全测量范围内连续变动多次所得到特性曲线的不一致程度。重复性所反映的是测量结果的偶然误差，而不表示与真值之间的差别。有时虽然重复性很好，但可能远离真值，这种情况下可以认为传感器中存在常值误差，应用统计方法可以将常值误差估计出来，然后在输出值中加以剔除。

（7）线性度。

传感器的线性度用来说明输出量与输入量的实际关系曲线偏离直线的程度。具有理想线性度的传感器是，若当输入为 x 时，输出为 $y+a_0$，则当输入为 nx 时，输出为 $ny+a_0$，其中 a_0 为零位偏差（零位偏差的理想值为 $a_0=0$）。实际上，传感器不可能满足理想的线性度，一般要求传感器在输入值从零值到满量程的 $70\%\sim80\%$ 间使用时满足理想的线性度，或者要求输入值在满量程的 $5\%\sim95\%$ 之间使用时满足理想的线性度。

在选择传感器时，有时性能指标之间会有矛盾。例如，传感器的测量范围比较大时，其分辨率与灵敏度会比较低。同时，随着性能指标的提高，传感器的价格会大幅提高。因此要综合考虑，根据需要选择合适的传感器。

4.4　机器人多传感器信息融合技术

移动机器人外部传感器采集的信息是多种多样的，为使这些信息能够统一协调地利用，必须对信息进行分类。为使信息分类与多传感器信息融合的形式相对应，将其分为以下三类：冗余信息、互补信息和协同信息。

（1）冗余信息。

冗余信息是由多个独立传感器提供的关于环境信息中同一特征的多个信息，也可以是某一传感器在一段时间内多次测量得到的信息。这些冗余信息一般是同质的，由于系统必须根据这些信息形成一个统一的描述，所以这些传感器信息又被称为竞争信息。冗余信息可用来提高系统的容错能力及可靠性。冗余信息的融合可以减少测量噪声等引起的不确定性，提高整个系统的精度。由于环境的不确定性，感知环境中同一特征的两个传感器也可能得到彼此差别很大甚至矛盾的信息，冗余信息的融合必须解决传感器之间的这种冲突，所以同一特征的冗余信息在融合前要进行传感数据的一致性检验。

（2）互补信息。

在一个多传感器系统中，每一个传感器提供的环境特征都是彼此独立的，即感知的是环境各个不同的侧面，将这些特征信息综合起来就可以构成一个更为完整的环境描述,这些信息称为互补信息。互补信息的融合提高了对环境描述的完整性和准确性,增强了系统正确的决策能力。由于互补信息来自于异质传感器,它们在测量精度、范围、输出形式等方面有较大的差异,因此融合前先将不同传感器的信息抽象为同一种表达形式就显得尤为重要,这一问题涉及不同传感器统一模型的建立。

(3)协同信息。

在多传感器中,当一个传感器信息的获得必须依赖于另一个传感器的信息,或一个传感器必须与另一个传感器配合工作才能获得所需信息时,这两个传感器提供的信息称为协同信息。协同信息的融合,很大程度上与各传感器使用的时间顺序有关。例如,在一个配备了超声波传感器的系统中,以超声波测距获得远处的目标物体距离信息,然后根据这一距离信息自动调整摄像机的焦距,使之与物体对焦,从而获得检测环境中物体的清晰图像。

多传感器信息融合也称为多传感器数据融合,是针对一个系统中使用多个和多类的传感器展开的一种新的处理技术。它充分利用不同时间与空间的多传感器数据资源,采用计算机技术对按时间序列获得的多传感器观测数据,在一定准则下进行分析、综合、支配和使用,获得对被测对象的一致性解释与描述,进而实现相应的决策和估计,使系统获得它各组成部分的充分信息。

4.4.1 多传感器信息融合的关键问题

多传感器信息融合的关键问题包括数据转换、数据相关、态势数据库、融合推理合及融合损失等。

(1)数据转换。

由于各传感器输出的数据形式对环境的描述和说明等都不一样,数据融合中心为了综合处理这些不同来源的信息,必须先把这些数据按一定的标准转换成相同的形式及相同的描述和说明,然后进行相关的处理。数据转换的难度在于不仅要转换不同层次之间的信息,而且还要转换对环境或目标的描述或说明不同之处与相似之处。即使是同一层次的信息,也存在不同的描述和说明。

另外,坐标的变换是非线性的,其中的误差传播直接影响数据的质量和时空的校准;异步获取传感器信息时,若时域校准不好,也将直接影响融合处理的质量。

(2)数据相关。

数据相关的核心问题在于克服传感器测量的不精确性和干扰等引起的相关二义性,即保持数据的一致。因此,应控制和降低相关计算的复杂性,开发相关处理、融合处理、系统模拟的算法和模型。

（3）态势数据库。

态势数据库可分为实时数据库和非实时数据库。实时数据库的作用是把当前各传感器的测量数据及时提供给融合推理过程，并提供融合推理所需的各种其他数据，存储融合推理的最终态势/决策分析结果和中间结果。非实时数据库存储传感器的历史数据、有关目标和环境的辅助信息及融合推理的历史信息。态势数据库要求容量大、搜索快、开放互联性好并具有良好的用户接口，因此要开发更有效的数据模型、新的有效查找和搜索机制以及分布式多媒体数据库管理系统等。

（4）融合推理。

融合推理是多传感器融合系统的核心，它需要解决以下问题。

① 决定传感器测报数据的取舍。

② 对同一传感器相继测报的场景相关数据进行综合及状态估计，对数据进行修改验证，并对不同传感器的相关测报数据进行验证分析、补充综合、协调修改和状态跟踪估计。

③ 对新发现的不相关测报数据进行分析与综合。

④ 生成综合态势并实时地根据测报数据的综合态势进行修改。

⑤ 态势决策分析等。

融合推理所需解决的关键问题是针对复杂环境和目标时变动态特征，在难以获得先验知识的前提下，如何建立具有良好鲁棒性和自适应能力的目标机动与环境模型，以及如何有效地控制和降低递推估计的计算复杂性。此外，还需解决与融合推理的服务对象——控制系统的接口问题。

（5）融合损失。

融合损失指融合处理过程中的信息损失。如目标匹配一旦出错，将损失定位跟踪信息识别，态势评定也将出错；如各传感器数据中没有公共的性质，则将难以融合。

4.4.2　信息融合的具体方法

多传感器信息融合要依靠各种具体的融合方法来实现。在一个多传感器系统中，各种信息融合方法将对系统所获得的各类信息进行有效的处理或推理，形成一致的结果。处理方法归纳起来有如下几种。

1. 加权平均法

加权平均法是一种最简单的实时处理信息融合的方法，该方法将来自于不同传感器的冗余信息进行加权，得到的加权平均值即为融合的结果。应用该方法前必须先对系统和传感器进行详细的分析，以获得正确的权值。

2. 基于参数估计的信息融合方法

基于参数估计的信息融合方法包括最小二乘法、极大似然估计、贝叶斯估计和多贝叶斯估计等方法。数理统计是一门成熟的学科,当传感器采用概率模型时,数理统计中的各种技术为传感器的信息融合提供了丰富的内容。极大似然估计是静态环境中多传感器信息融合的一种比较常用的方法,它将融合信息取为使似然函数达到极值的估计值。贝叶斯估计同样也是静态环境中信息融合的一种方法,其信息描述为概率分布,适用于对可加高斯噪声的不确定性信息的处理。多贝叶斯方法将系统中的各传感器作为一个决策者队列,通过队列的一致性观测来描述环境。首先把每个传感器作为贝叶斯估计,然后将各单独物体的关联概率分布结合成一个联合的后验概率分布,再结合概率分布函数,通过使联合分布函数的似然函数为最大,提供多传感器信息的最终融合值。综上所述,多传感器信息的定量融合,通常采用基于参数估计的信息融合方法。

3. Shafer-Dempster 证据推理

Shafer-Dempster 证据推理是贝叶斯估计的扩展,它将前提严格的条件分离开来,从而使任何涉及先验概率的信息不明得以显示化。它采用信任区间描述传感器的信息,不但表示了信息的已知性和确定性,而且能够区分未知性和不确定性。多传感器信息融合时,可将传感器采集的信息作为证据,在决策目标集上建立相应的基本可信度,以便证据推理能在同一决策框架下,用 Dempster 合并规则将不同的信息合并成一个统一的信息表示。证据决策理论允许直接将可信度赋予传感器信息的权重和取舍,既避免了对未知概率分布所做的简化假设,又保留了信息。Shafer-Dempster 证据推理的这些优点使其广泛应用于多传感器信息的定性融合。

4. 模糊理论和神经网络

在多传感器系统中,各信息源提供的环境信息都具有一定程度的不确定性,对这些不确定信息的融合过程实质上是一个不确定性的推理过程。模糊理论包含模糊逻辑和模糊融合。模糊逻辑是一种多值型逻辑,指定一个从 0 到 1 之间的实数表示其真实度。模糊融合过程直接将不确定性表示在推理过程中。如果采用系统中的方法对信息融合中的不确定性建模,则可产生一致性模糊推理。

神经网络根据样本的相似性,通过网络权值表述在融合的结构中,首先通过神经网络特定的学习算法来获取知识,得到不确定性推理机制,然后根据这一机制进行融合和再学习。神经网络的结构本质上是并行的,这为神经网络在多传感器信息融合中的应用提供了良好的前景。基于神经网络的多信息融合具有以下特点:

①具有统一的内部知识表示形式,并建立基于规则和形式的知识库。

②利用外部信息,便于实现知识的自动获取和并行联想推理。

③能够将不确定的复杂环境通过学习转化为系统理解的形式。

④神经网络的大规模并行处理信息能力,使系统的处理速度较快。

5. 卡尔曼滤波

卡尔曼滤波用于动态环境中冗余传感器信息的实时融合,该方法采用测量型的统计特性系统递推,给出统计意义下的最优融合信息估计。如果系统具有线性动力学模型,且系统和传感器噪声是高斯分布的白噪声,卡尔曼滤波则可为融合信息提供一种统计意义下的最优估计。

4.4.3　多传感器信息融合的结构和控制

多传感器信息融合就是把分布在不同位置,处于不同状态的多个同类型或不同类型传感器所提供的局部不完整观测量加以综合,消除多传感器信息之间可能存在的冗余矛盾,利用信息互补,降低不确定性,以形成对系统环境相对完整一致的感知描述,从而提高智能系统决策、规划的科学性,反应的快速性和正确性,降低决策风险。

多传感器系统是信息融合的物质基础,传感器是信息融合的加工对象,协调优化处理是信息融合的核心思想。多传感器信息融合的一般结构如图 4.40 所示。在一个信息融合系统中,多传感器信息的协调管理是系统性能的决定因素,由具体系统中多信息融合的各种控制方法来实现。

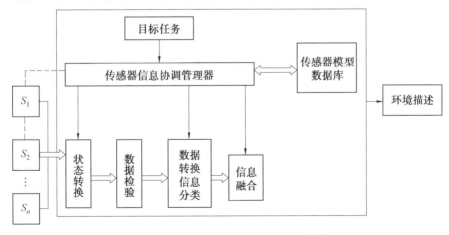

图 4.40　多传感器信息融合的一般结构

多传感器信息融合系统的主要功能如下。

1. 多传感器信息的协调管理

多传感器信息的协调管理包括时间因素、空间因素和工作因素的全面管理,它由实际应用的信息需要、目标和任务等多种因素驱动。多传感器信息的协调管理主要通过传感器选择、坐标变换、数据转换和多传感器模型数据库来实现。

2. 多传感器信息融合的方法

信息融合通常在一个被称为融合中心的信息融合处理器或系统中完成。信息融合方法是多传感器信息融合的核心,多种感知信息通过各种融合方法来实现融合。目前的融合方法很多,如加权平均法、卡尔曼滤波法、多贝叶斯估计法、模糊逻辑法、神经网络法等,要根据具体应用场合选择合适的融合方法,但被融合的数据必须是同类或具有一致表达的。融合多个传感器回传针对同一环境物体的感知信息时,还要考虑感知频率、融合时机的问题。同一类型的传感器融合为定量信息融合;而对于不同类型的传感器,由于数据带宽、频率往往不一致,大多采用定性信息融合。定量信息融合是将一组同类数据经融合后给出一致的数据;定性信息融合将多个单一传感器决策融合为集体一致的决策,是多种不确定表达与相对一致的表达间的转换。

3. 多传感器模型数据库

多传感器信息的协调管理和信息融合的方法都离不开多传感器模型数据库的支持。多传感器模型数据库是为定量地描述传感器的特性及各种外界条件对传感器特性的影响而提出的,它是分析多传感器融合系统的基础之一。

多传感器信息融合控制结构是在多传感器系统中,根据信息的来源、任务目标和环境特点等因素,管理或控制信息源间的数据流动。它主要解决的问题有:信息的选择与转换、信息共享、融合信息的再利用。现有的控制方法归纳起来大致分为自适应学习法、面向目标的方法及分布式黑板系统三类。

(1)自适应学习法。

自适应学习法是指系统先通过对样本数据的学习,"找出"系统的输入输出关系,然后用于具体的应用过程。该方法由两个相互关联的阶段构成:学习阶段和操作阶段。该方法的最大特点是系统不依赖于有关系统输入输出关系的先验知识,并且与系统的目标无关。

图4.41为自适应学习方法控制的一般结构,图中粗箭头代表操作阶段信息流动的方向,细线箭头表示学习阶段信息流动的方向,知识库由事先的学习阶段训练形成,并在操作过程中不断修正和补充。该方法在信息融合的应用中具有较大的吸引力。

(2)面向目标的方法(或称目标驱动法)。

面向目标的方法是将传感器信息融合目标分解成为一系列子目标,通过对子目标的求解完成信息融合。

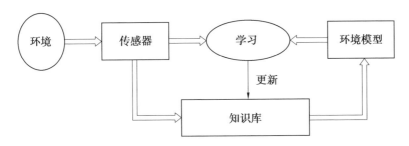

图 4.41　自适应学习方法控制的一般结构

(3)分布式黑板系统。

黑板系统是人工智能中一种常用的技术,分布式黑板系统实际上是一个连接各分散子系统或信息源的通信系统。各不同类别的传感源对应于各子系统,子系统中每个专家根据其所能获得的部分信息独立地做出决策,以被所有专家共同利用。每个专家根据其从黑板上不断获得的信息再结合原有的知识,不断地更新决策,并将更新后的结果再次写到黑板上,随着信息不断地利用和更新,信息表达的层次和正确性也不断提高,最终可得到关于问题的一致解答。

在单一的传感器已经无法满足需求的情况下,机器人本体安装了越来越多的传感器,信息采集与融合趋于多元化和复杂化。多传感器信息融合技术不但提高了数据的利用率,而且增强了数据系统的稳定性和可靠性,还充分排除了冗余信息量,从而实现了最终决策的快速性和准确性。该技术对系统的软硬件提出了较高的要求,它需要更敏感的多种类传感器硬件设备,还需要不断优化的融合算法,从而使数据融合的效果更理想。未来,该技术必将结合人工智能的新出口,对传统的数据融合方法进行优化和创新,以提高多传感器融合性能。此外,数据收集之后的数据库管理和特征提取问题也是提高最终决策速度的重要因素。

第 5 章

移动机器人控制基础

移动机器人控制技术是机器人技术中基础且核心的技术之一,自世界上第一台移动机器人的出现到机器人操作系统的出现,移动机器人控制是为了使移动机器人更好地完成各种任务与动作。从最初的顺序控制到 PID 控制,从变结构控制到自适应控制,以及层出不穷的智能控制,移动机器人控制技术正在蓬勃发展。

智能控制是人工智能和自动控制的重要研究领域,是自主机器递阶道路上自动控制的顶层。移动机器人控制技术是为使移动机器人完成各种任务和动作所使用的各种控制技术,从机器人的闭环感知、任务描述到运动控制和伺服控制等,既包括机器人实现控制所需的各种硬件系统,又包括各种软件系统。最早的机器人控制采用顺序控制方式。随着计算机的发展,机器人采用计算机系统来综合实现机电装置的功能,并采用"感知—决策—行为"的控制方式。随着信息技术和控制技术的发展以及机器人应用范围的扩大,移动机器人控制技术正朝着智能化方向发展,出现了多传感器信息融合反馈控制、任务级语言、智能行为控制、多机器人的协同控制、基于云的机器人控制等新技术。

　　移动机器人是一个典型的具有非完整约束的非完整控制系统,也是一个集环境感知、动态决策与规划、行为控制与执行等多种功能于一体的综合系统。在移动机器人的运动过程中,机器人控制系统的主要作用是通过调节机器人的运动速度和运动方向,配合机器人的各种运动机构,使机器人按预设功能运动。该系统所受到的约束为轮子与地面之间的滚动约束,可以通过广义坐标中的位移、速度、加速度之间的关系建立其数学模型。但由于其具有非完整约束性,系统呈现一些复杂特性,如不能实现输入状态线性化,不能采用光滑非线性反馈实现渐进稳定,从而使系统的控制变得困难。同时移动机器人系统本身对位置和速度的控制要求较高,所以一般均采用闭环控制。PID 控制(比例—积分—微分控制)是应用较广的控制方法之一,因此传统移动机器人运动控制常采用 PID 控制器。将机器人的位置、速度、航向角误差及误差变化率作为控制器的输入,将移动机器人的位置、速度和航向角作为控制器的输出。但是,单一的 PID 控制只适用于简单环境或者对控制要求不高的情况,因此相应地也产生了许多控制技术,如自适应模糊 PID 控制、神经网络预测控制、模糊神经网络控制、变结构控制等。在实际系统中,由于位置、速度、航向角的期望值发生变化,实际路径情况的改变,转动惯量、重心位置的偏差或改变,两车轮及驱动的不一致性等,单纯地采用某一种控制技术很难实现预期目标的控制。这种情况下,通常将多种控制技术进行融合,整合各自算法的优点,便可减小各自算法缺点所带来的误差,得以更好地满足控制系统的要求,从而有效地实现控制目的。

　　针对更高要求的控制,如移动机器人的动态决策与规划、行为控制等,PID

控制等经典控制技术和自适应控制等现代控制技术已经难以满足要求。因此，模糊控制、神经网络控制、模糊神经控制等智能控制技术应运而生，出现了很多利用模糊控制、神经网络控制进行障碍物躲避、路径规划等的应用实例。本章主要内容是对现有的典型控制技术进行简要介绍，并给出一部分控制技术的应用实例。

5.1　机器人中的经典控制技术

经典控制技术是当前机器人控制，包括智能机器人控制中应用较广泛且比较有成效的一种控制方法，如移动机器人的路径跟踪实验最简单可行的方式就是 PID 控制。PID 控制的突出优点是算法简单，计算量小，也不需要控制对象的确切模型，PID 控制参数可通过实验调整获得。然而，机器人是高度非线性的系统，惯性负载、关节间的耦合和重力效应都是位置与速度的相关函数。尤其当运动速度比较高时，惯性负载的变化就非常巨大。用恒定的反馈增益控制一个非线性系统，在速度变化和有效载荷变化的情况下，控制性能较差。在移动机器人实际应用中，PID 控制通常用于实现对移动机器人轮速的控制，主要是和神经网络控制、模糊控制相结合，以提高控制精度。由于在运动过程中要实现快速启动，快速停止，定位准确，其跟踪的目标也不断变化，常规的 PID 控制难以实现这些要求。而具有学习能力的神经网络，对环境的变化具有自适应性，基本上不依赖于模型这些特质，它与常规 PID 控制进行组合，可以满足移动机器人运动的精度及性能指标。下面主要介绍 PID 控制的两种基本类型。

5.1.1　模拟 PID 控制器的数学模型

PID 控制器是一种比例、积分、微分并联控制器，其数学模型可以用式(5.1)表示：

$$u(t) = K_p \left[e(t) + \frac{1}{T_i} \int e(t) \mathrm{d}t + T_d \frac{\mathrm{d}e(t)}{\mathrm{d}t} \right] \tag{5.1}$$

式中　$u(t)$——控制器的输出；

　　　$e(t)$——偏差信号；

　　　K_p——控制器的比例系数；

　　　T_i——积分系数；

　　　T_d——微分系数。

以下介绍 PID 控制器在比例环节、积分环节、微分环节所引入的系数。

1. 比例环节 K_p

比例环节引入比例系数 K_p,其作用是加快系统的响应速度,提高系统的调节精度。K_p 越大,系统的响应速度越快,系统的调节精度越高,但易产生超调,甚至会导致系统不稳定。K_p 过小则会使调节精度低,响应慢,延长调节时间,使系统静态、动态性能变差。

2. 积分环节 $1/T_i s$

T_i 的引入是为了使系统消除稳态误差,提高系统的无差度,从而使系统的稳定性能得到提高。同时使用比例控制与积分控制(PD 控制),可以更快地使系统稳定并提高精度。T_i 越小,系统的静态误差消除越快,但 T_i 过小会使响应过程初期精度产生积分饱和现象,从而引起响应过程的较大超调;T_i 过大将使系统静态误差难以消除,影响系统的调节精度。s 表示将时域表达式变为频域表达式。

3. 微分环节 $T_d s$

T_d 有助于提高系统的响应速度。因微分控制只在瞬态过程有效,所以微分控制在任何情况下都不能单独与对象串联起来使用。就改善系统的控制性能而言,只有比例－微分控制(PI 控制)才能奏效,其主要作用是减小控制系统的阻尼比 ζ,在保证系统具有一定的相对稳定性条件下,容许采用较大的增益,减小稳态误差。PD 控制不足之处是放大了噪声信号。

5.1.2　数字 PID 控制器的数学模型

在离散控制系统中,PID 控制器采用差分方程表示,其表达式如下:

$$u(k) = K_p \left[e(k) + \frac{T}{T_i} \sum_{i=1}^{k} e(k) + T_d \frac{e(k) - e(k-1)}{T} \right] \tag{5.2}$$

式中　$u(k)$——k 采样周期时的输出;

　　　$e(k)$——k 采样周期时的偏差。

令 $\Delta e(k) = e(k) - e(k-1)$,则有

$$u(k) = K_p \left[e(k) + \frac{T}{T_i} \sum_{i=1}^{k} e(k) + \frac{T_d}{T} \Delta e(k) \right] \tag{5.3}$$

令 $K_i = \dfrac{K_p}{T_i}$,$K_d = K_p T_d$,则有

$$u(k) = K_p e(k) + K_i T \sum_{i=1}^{k} e(k) + \frac{K_d}{T} \Delta e(k) \tag{5.4}$$

为了避免在求取控制量时对偏差求和运算,在实际应用中通常采用增量式数字 PID 控制器,它的意义如式(5.5)所示:

$$u(k-1) = K_p e(k-1) + K_i T \sum_{i=1}^{k} e(k-1) + \frac{K_d}{T} \Delta e(k-1) \tag{5.5}$$

又由于

$$\Delta u(k) = u(k) - u(k-1)$$
$$\Delta e(k) = e(k) - e(k-1)$$

所以,用式(5.3)减去(5.5)得到

$$\Delta u(k) = K_p[e(k) - e(k-1)] + K_i Te(k) + \frac{K_d}{T}[e(k) - 2e(k-1) + e(k-2)]$$

$$(5.6)$$

式(5.6)称为增量算式,$\Delta u(k)$表示输入量的改变增量。

增量算法与全量算法相比,其优点是积分饱和得到改善,使系统超调减小,过渡时间短,也就是系统的动态性能比全量算法有所提高;在增量式数字PID控制器中没有求和运算,保证了处理器的计算速度,缩短了系统的响应时间;同时,在计算过程中所需的存储空间也大为减少,控制器只需存储当前采样值及前两个采样值。在控制系统中,按以上各式编程即可实现数字化的PID调节功能,使系统获得良好的静态与动态性能。当然,式中的K_p、K_i、K_d一般需在系统调试中加以整定,才能使实际系统获得满意结果。

PID参数的修正主要采用实验凑试法和Ziegler-Nichols法等。

(1)实验凑试法。

实验凑试法通过闭环运行或模拟,观察系统的响应曲线,然后根据各参数对系统的影响,反复凑试参数,直至出现满意的响应,从而确定PID控制参数。实验凑试法的整定顺序为"先比例,再积分,最后微分",具体的整定步骤如下:

① 整定比例环节。使比例控制作用由小到大变化,直至得到反应快、超调小的响应曲线。

② 整定积分环节。若在比例控制作用下稳态误差不能满足要求,需要加入积分控制。先将步骤①中选择的积分系数减小为原来的50%~80%,再将积分时间设置一个较大的数值,观察其响应曲线。然后减小积分时间,加大积分作用并相应调整比例系数,反复凑试得到比较满意的响应,确定比例和积分的参数。

③ 整定微分环节。若经过步骤② 比例-积分控制只能消除稳态误差,而动态过程不能令人满意,则应加入微分控制,构成PID控制。先设置微分时间$T_d =$0,逐渐加大T_d,同时相应改变比例系数和积分时间,反复凑试直到获得满意的控制效果和PID控制参数。

(2)Ziegler-Nichols法。

Ziegler-Nichols法是基于系统稳定性分析的PID整定方法。首先,将K_i和K_p置为0,增加比例系数直到系统开始振荡,将此时的比例系数记为K_m,振荡频率记为ω_m。然后,按照式(5.7),选择PID控制参数。

$$\begin{cases} K_{\mathrm{p}} = 0.6K_{\mathrm{m}} \\ K_{\mathrm{d}} = K_{\mathrm{p}}\pi/4\omega \\ K_{\mathrm{i}} = K_{\mathrm{p}}\omega_{\mathrm{m}}/\pi \end{cases} \tag{5.7}$$

对于较简单的被控对象,应用 PID 控制器也能够获得很好的控制效果,构成的控制系统具有较好的稳定性。此外,也常用 PI 控制器或 PD 控制器。例如,采用 PI 控制器可以使系统在进入稳态后无稳态误差。对有较大惯性或滞后的被控对象,PD 控制器能够改善系统在调解过程中的动态特性。

5.2　机器人中的现代控制技术

机器人系统为现代控制理论、智能控制技术、人工智能提供了重要的研究背景,随着机器人工作速度和精度的提高,很多现代控制理论应用到机器人控制领域,以解决高度非线性控制问题。但机器人是一个十分复杂的多输入多输出非线性系统,具有时变和非线性及强耦合的特性,其控制十分复杂。由于测量和建模的不精确,再加上外部扰动,实际上无法得到机器人精确、完整的模型。我们必须面对机器人存在大量的不确定性因素,如对象的质量、摩擦力、外部环境变化、重复性,并且对这些情况无法避免,而高品质的机器人控制必须考虑这些因素的影响。虽然现代控制理论为机器人的控制提供了重要的理论基础,并且在某些方面得到了较好的应用,但是任何一个理论都无法完全地解决十分复杂的机器人控制问题,因此往往需要综合考虑多种理论。

5.2.1　机器人变结构控制

变结构控制理论早在 20 世纪 50 年代便被提出,但是由于当时技术条件的限制,这种理论发展得较慢。随着近年来计算机技术等的发展,使变结构控制技术能够很容易实现,成为非线性控制的一种简单而实用的方法。

所谓变结构控制,是指控制系统中具有多个传感器,根据一定的规则在不同的情况下采用不同的控制器。变结构控制具有许多的优点,可以实现对一类具有不确定参数的非线性系统的控制。变结构控制的特点是,在动态控制中,系统的结构根据系统当时的状态偏差及各阶导数的变化,以跃变的方式按照设定的规律做相应改变,是一种特殊的非连续反馈控制系统。滑模变结构控制是变结构控制中的一种典型方案,它按照系统状态通过偏离滑模型面来更改控制器结构,是使系统按照滑模面规定的规律运动的一种控制方案。其特点如下:

①滑模变结构控制方法对于系统参数的时变规律、非线性程度及外界干扰等不需要精确的数学模型,只需要知道其参数范围,就能够对系统进行精确的轨

迹跟踪控制。

②滑模变结构控制器设计对系统内部的耦合不做专门的解耦。因为设计过程本身就是解耦过程,因此在多输入多输出系统中,多个控制器设计可按照各自独立系统进行,其参数选择也不是十分严格。

③滑模变结构控制系统进入滑态后,对于系统参数及扰动变化反应迟钝,始终按照设定的滑线运动,具有极强的鲁棒性。

④滑模变结构控制系统快速性好,无超调,计算量小,实时性强,适合于机器人控制。

变结构控制本身的不连续性容易引起"抖振"现象,轻则会引起执行机构磨损,重则会激励未建模的高频响应。国内外学者对此提出了一些解决办法,常用的是在滑动面附近引入一边界层,采用饱和函数代替开关函数,此方法能有效抑制"抖振"的产生。

针对机器人动力学具有非线性、强耦合、时变的特点,部分研究人员基于神经网络的变结构控制,提出了一种机器人轨迹跟踪的自适应神经滑模控制方案。该方案将神经网络的非线性映射能力与变结构控制相结合,利用 RBF 网络(Radial Basis Function Neural Network)自适应学习系统不确定性的未知上界,神经网络的输出用于自适应修正控制律的切换增益。基于 T−S 模糊算法,提出了一种滑模模糊控制方法。对于每个覆盖整个状态空间不同区域的模糊规则,将规则的输出部分作为不同的滑模控制器,这些滑模控制器覆盖整个状态空间的不同区域。以移动机器人为背景,研究人员提出了一种带有非完整约束的非线性受限系统的运动规划问题,通过采用模型到达系统的变结构控制方法实现了该类非完整系统的运动控制。

1. 问题描述

系统动态方程可写为

$$\dot{x}(t) = f(x, u, t) \tag{5.8}$$

式中　x——n 维状态向量;

　　u——S 输入向量;

　　f——状态向量和输入向量的非线性函数。

$$u_i(x, t) = \begin{cases} u_i^+(x, t), S_i(x) > 0 \\ u_i^-(x, t), S_i(x) < 0 \end{cases} \tag{5.9}$$

其中,$S_i(x) = 0$ 是 m 维的切换函数,也是 $S(x) = 0$ 的第 i 个分量。在几何上 $S(x) = 0$ 又称为切换曲面,通常包含坐标原点。由式(5.8)和式(5.9)组成的闭环系统称为变结构控制系统,简称为 VSCS(Variable Structure Control System)或 VSS(Variable Structure System)。

2. 滑动和滑态定义

当系统状态 x 处于某个切换曲面 $S(x)=0$ 的领域中时,式(5.8)的控制总是使状态趋向切换面。因此系统的状态将迅速到达曲面 $S_i=0$,且保留这个曲面,如图 5.1 所示。

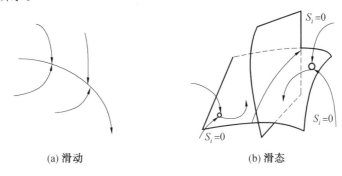

(a) 滑动　　　　　　　　　(b) 滑态

图 5.1　滑动和滑态示意图

系统状态沿着 $S_i=0$ 的运动称之为滑动。滑动可以发生在单个及多切换曲面上。在切换面 $S_i=0$ 上所有点都是终止点的区域为"滑模区",系统在滑模区中的运动就称作"滑模运动",即滑态。

3. 基本性质

滑态是变结构控制的主要特征,使变结构控制具有许多良好的特性。

(1)动态特性。

设计切换曲面时,在确保基本性能的前提下,尚有不少自由设计参数,因此可以用它们来干涉整个系统的动态特性。

(2)抖动特性。

抖动是系统状态沿着期望轨迹前进的运动。在没有收敛到稳态之前,由于执行机构多少都存在一定的惯性及时延,所以在状态滑动时总是伴有"抖振",即系统实际上是沿着期望轨迹来回波动,而不是滑行,实际应用中得不到理想滑态,因此使传动机构或者机器人内部器件受到不必要的伤害。

(3)鲁棒性和不变性。

变结构控制系统的运动由两个独立部分组成。一个是快速运动,其目的是使系统状态能发生在切换曲面上。一个是慢速运动,其目的是使系统状态渐近达到状态空间原点。这样,变结构控制系统就能在不丧失稳定性的前提下,实现快速的响应和状态调节。变结构控制系统对系统参数和外部扰动具有完全或者理想的鲁棒性和不变性。

4. 具体步骤

在设计变结构控制系统时,基本步骤如下。

(1)建立方程。

将式(5.9)代入式(5.8)可得到

$$\dot{x}=f[x,u(x,t),t] \tag{5.10}$$

式(5.10)为变结构控制系统的闭环方程,在设计变结构控制器时,需要先建立或选用一种数学模型,能正确反映变结构控制系统在切换曲面上的具体行为。

考虑系统整体,则有

$$\dot{x}(t)=f(x,t)+B(x,t)u(t) \tag{5.11}$$

对其采用控制算子,且 $S(x)=Cx=0$,既然在滑态时状态被约束在空间上,可以认为存在一个连续的等价控制 u_{eq},使状态向量沿着 $S=0$ 的正切方向,使 $S=0,\dot{S}=0$。

于是,由 $\dot{S}=0$ 便可求得 u_{eq},因为

$$\dot{S}=C\dot{x}=Cf+CB,u_{eq}=0 \tag{5.12}$$

所以,如果 $\det(CB)\neq0$,则有

$$u_{eq}(t)=-(CB)^{-1}Cf(x,t) \tag{5.13}$$

将 u_{eq} 代替可得

$$\dot{x}(t)=[I-B(CB)^{-1}C]f(x,t) \tag{5.14}$$

式(5.14)为滑态方程。

(2)切换曲面设计。

实质上,这一步是解决滑态的存在性问题。通常要求系统具有稳定的理想滑态、良好的动态特性和高鲁棒性。

滑模变结构控制主要针对移动机器人运动学的轨迹跟踪控制,但在移动机器人实际运动过程中往往受到轮胎摩擦力、地面不平整及其他因素干扰等不确定因素的影响,故与理论有所不同,滑模变结构控制的巧妙之处在于系统的结构与系统的实时状态有关,并会根据其状态有目的地不断变化,迫使系统按照某条预定的相轨迹(滑模面)运动,通过相轨迹使系统达到稳定。由于滑模面可以进行设计且与对象参数及扰动无关,这就使滑模变结构控制能够克服系统的不确定性,对干扰和未建模动态具有很强的鲁棒性,并且响应速度快、物理实现相对简单,因此滑模变结构控制在两轮、三轮、麦克纳姆轮结构甚至拖车类型的移动机器人中均有所应用。同时,状态轨迹到达滑模面后,系统不沿滑模面向平衡点移动而是在滑模面两侧来回抖振,故往往需要引入自适应控制来解决这一问题。

5.2.2 机器人自适应控制

所谓自适应控制,是指系统的输入或者干扰发生大变化时,设计的系统能够自适应调节系统参数或者控制策略,使输出仍能满足设计要求。自适应控制所

处理的是具有"不定性"的系统,通过对随机变量状态的观测和对系统模型的辨识,设法降低这种不定性。这些不定性因素将使系统性能下降,采用一般的反馈技术不能满足控制要求。自适应控制即解决此类问题,根据测得的信息使控制系统按照新的特性实现闭环最优控制。自适应控制系统按其原理不同,可分为模型参考自适应控制(Model Reference Adaptive Control,MRAC)系统和自校正控制(Self-Turning Adaptive Control,SAC)系统,这两种控制系统比较成熟,下面主要对这两种自适应控制系统进行介绍。

1. 模型参考自适应控制系统

模型参考自适应控制系统从模型参考控制问题引申而来。在模型参考控制中,利用参考模型描述期望的闭环对象的输入/输出特性。模型参考控制的目标,就是寻求一种反馈控制律,以改变闭环对象的结构和动力学特性,使其输入/输出与参考模型的特性相同。当参数未知时,利用参数估计值代替控制律中的未知参数,这样得到的控制方案,即为模型参考自适应控制,其系统的基本结构如图 5.2 所示。

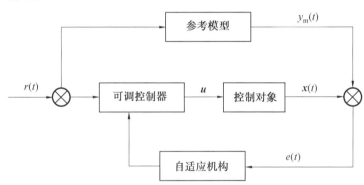

图 5.2　模型参考自适应控制系统的基本结构

模型参考自适应控制由两个环路组成。一个是控制器与对象构成的环路,与常规反馈系统类似,称为可调系统。另一个是调整控制参数的自适应回路,其中的参考模型与可调系统并联。当可调系统渐近逼近参考模型时,参考模型的输出趋近对性的输出。因为加到可调系统的输入同时也加到参考模型的输入端,所以参考模型的输出或状态可用于构造系统的性能指标。因此,模型参考自适应控制系统可以看作是一个能根据环境变化调节自身特性并使系统能按照一些设定的标准以最优状态工作的反馈控制系统。

2. 自校正控制系统

自校正控制系统的基本结构如图 5.3 所示,由两个环路组成。一个环路与常规系统类似,由控制对象和可调控制器组成。另一个环路由对象参数估计器和控制器参数设计机构组成,其任务是辨识被控对象的参数,再按照选定的设计方法综合得出控制器参数,用于修改系统控制器。例如,一种利用模糊规则改变PID控制器参数的模糊PID控制系统就属于自校正控制系统,其工作过程:首先将PID控制器的输入模糊化,其次根据之前统计方案确定PID控制器参数的隶属度函数,应用模糊逻辑推理算法得出控制器的模糊输出量,最后经精确化得到的精确值即为PID控制器的三个参数。这样,将模糊推理与常规PID控制相结合,既给出了参数自整定规律,又给出了以参数分配器实现移动机器人线速度和角速度的双闭环控制方法。该运动控制系统比常规PID控制方法的机器人响应速度快,线速度和角速度控制的超调量及稳态误差等控制品质得到了明显改善,同时该运动控制系统具有较强的抗干扰能力。

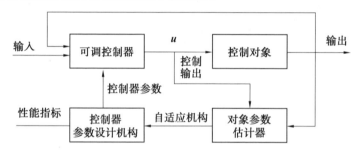

图 5.3 自校正控制系统的基本结构

近年来,基于模糊、神经网络的自适应控制得到了较快的发展。如通过设计神经网络补偿器和自适应鲁棒控制项,可提出一种基于神经网络补偿的机器人轨迹跟踪稳定自适应控制方案,有效地补偿了模型的不确定性部分和网络逼近误差,由于算法包含补偿神经网络逼近误差的鲁棒控制项,实际应用中对神经网络规模的要求可以降低;而且神经网络连接权是在线调整,不需要离线学习过程。再如通过小脑神经网络在线学习的模糊自适应控制方法,可用于机器人位置控制。该方法可利用模糊推理机制产生的分目标学习误差代替反馈控制器的输出信号训练等。

3. 基于李雅普诺夫方法的飞行机器人姿态控制

移动机器人除了使用自适应控制进行控制调节外,还可以选择采用镇定算法对机器人这一多变量系统进行控制。李雅普诺夫方法即较常用的一种镇定算法。基于李雅普诺夫方法为较常用的一种镇定算法。飞行机器人是一类特殊的移动机器人。大角度姿态机动是现代飞行器的基本操作之一,许多情况下要求飞行机器人具有大角度的机动能力。基于李雅普诺夫方法对该问题做如下分析。

(1)数学模型。

飞行机器人的动力学方程是一组具有不确定性的非线性微分方程。其动力学方程如下:

$$\begin{cases} \boldsymbol{I}_1\,\dot{\boldsymbol{\omega}}_1 = (\boldsymbol{I}_2 - \boldsymbol{I}_3)\boldsymbol{\omega}_2\boldsymbol{\omega}_3 + \boldsymbol{M}_1 + \boldsymbol{d}_1 \\ \boldsymbol{I}_2\,\dot{\boldsymbol{\omega}}_2 = (\boldsymbol{I}_3 - \boldsymbol{I}_1)\boldsymbol{\omega}_3\boldsymbol{\omega}_1 + \boldsymbol{M}_2 + \boldsymbol{d}_2 \\ \boldsymbol{I}_3\,\dot{\boldsymbol{\omega}}_3 = (\boldsymbol{I}_1 - \boldsymbol{I}_2)\boldsymbol{\omega}_1\boldsymbol{\omega}_2 + \boldsymbol{M}_3 + \boldsymbol{d}_3 \end{cases} \tag{5.15}$$

其中,$\boldsymbol{I}_i$ 和 $\boldsymbol{\omega}_i$,$i = 1, 2, 3, \cdots, n$,分别代表绕星体坐标系第 i 个主轴的转动惯量和转动角速度;$\boldsymbol{M}_i$ 和 $\boldsymbol{d}_i$ 为绕第 i 个轴的控制力矩和干扰力矩,$\boldsymbol{d}_i$ 未知但有界且满足 $|\boldsymbol{d}_i| \leqslant \rho_i$,$|\cdot|$ 为向量的模。

飞行机器人的运动学可表示为四元数的形式:

$$\dot{\boldsymbol{Q}} = \frac{1}{2}\boldsymbol{G}(\boldsymbol{\omega})\boldsymbol{Q} \tag{5.16}$$

其中

$$\boldsymbol{Q} = \begin{bmatrix} q_1 \\ q_2 \\ q_3 \\ q_4 \end{bmatrix}, \boldsymbol{Q}^{\mathrm{T}}\boldsymbol{Q} = 1, \; \boldsymbol{G}(\boldsymbol{\omega}) = \begin{bmatrix} 0 & -\boldsymbol{\omega}_1 & -\boldsymbol{\omega}_2 & -\boldsymbol{\omega}_3 \\ \boldsymbol{\omega}_1 & 0 & \boldsymbol{\omega}_3 & -\boldsymbol{\omega}_2 \\ \boldsymbol{\omega}_2 & -\boldsymbol{\omega}_2 & 0 & \boldsymbol{\omega}_1 \\ \boldsymbol{\omega}_3 & -\boldsymbol{\omega}_3 & -\boldsymbol{\omega}_1 & 0 \end{bmatrix} \tag{5.17}$$

飞行机器人的姿态控制可以描述为:给定飞行机器人的初始位置 $\boldsymbol{Q}_0$ 和期望位置 $\boldsymbol{Q}_d$,设计一个控制器使得飞行机器人的姿态从 $\boldsymbol{Q}_0$ 连续地跟踪期望的位置 $\boldsymbol{Q}_d$,并稳定在平衡点附近。

(2)控制律。

采用控制律,则有

$$\begin{cases} \boldsymbol{M}_1 = -\left[\rho_1\,\mathrm{sgn}\,\boldsymbol{\omega}_1 + k\boldsymbol{I}(\varepsilon + 1 - \mathrm{e}^{-\omega_0^t})(q_{0d}q_1 - q_{1d}q_0 - q_{2d}q_3 - q_{3d}q_2 + k_1\boldsymbol{\omega}_1)\right] \\ \boldsymbol{M}_2 = -\left[\rho_2\,\mathrm{sgn}\,\boldsymbol{\omega}_2 + k\boldsymbol{I}(\varepsilon + 1 - \mathrm{e}^{-\omega_0^t})(q_{0d}q_2 + q_{1d}q_3 - q_{2d}q_0 - q_{3d}q_1 + k_2\boldsymbol{\omega}_2)\right] \\ \boldsymbol{M}_3 = -\left[\rho_3\,\mathrm{sgn}\,\boldsymbol{\omega}_3 + k\boldsymbol{I}(\varepsilon + 1 - \mathrm{e}^{-\omega_0^t})(q_{0d}q_3 + q_{1d}q_2 - q_{2d}q_1 - q_{3d}q_0 + k_3\boldsymbol{\omega}_3)\right] \end{cases}$$
$$\tag{5.18}$$

则在给定点 $(0 \quad 0 \quad 0 \quad q_{0d} \quad q_{1d} \quad q_{2d} \quad q_{3d})$ 是全局稳定的,其中,ρ_1、ρ_2、ρ_3、k、ε、ω_0、k_1、k_2 和 k_3 是正的设计参数,$\boldsymbol{I} = (I_1 + I_2 + I_3)/3$。

(3)仿真实例。

飞行机器人的姿态方程式由式(5.15)和式(5.16)给出,控制任务是使飞行机器人从任意初始状态 $\boldsymbol{Q}_0 = [q_{00}, q_{10}, q_{20}, q_{30}]^{\mathrm{T}}$ 到期望状态 $\boldsymbol{Q}_d = [q_{0d}, q_{1d}, q_{2d}, q_{3d}]^{\mathrm{T}}$。

飞行机器人的主要参数 $I_1 = 760$,$I_2 = 820$,$I_3 = 600$。

姿态的初始条件为

$$(\omega_{10} \quad \omega_{20} \quad \omega_{30} \quad q_{00} \quad q_{10} \quad q_{20} \quad q_{30}) =$$
$$(0 \quad 0 \quad 0 \quad 0.236\,2 \quad -0.812\,8 \quad 0.343\,0 \quad -0.407\,3)$$

姿态的终止条件为

$$(\omega_{1d} \quad \omega_{2d} \quad \omega_{3d} \quad q_{0d} \quad q_{1d} \quad q_{2d} \quad q_{3d}) = (0 \quad 0 \quad 0 \quad 2 \quad 0 \quad 0 \quad 0)$$

扰动 $d_1 = d_2 = d_3 = 0.01\sin t$,则 $\rho_1 = \rho_2 = \rho_3 = 0.010$。

控制律中参数:$\omega_0 = 0.25$,$\varepsilon = 0.25$,$k = 3.0$,$k_1 = k_2 = k_3 = 3.0$,结果如图 5.4~5.6 所示。

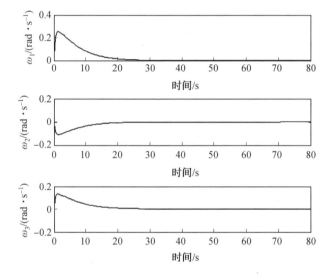

图 5.4 姿态角速度的响应

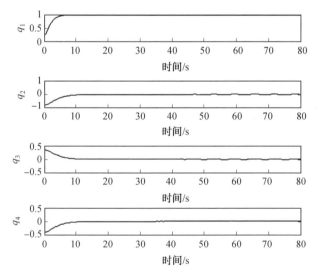

图 5.5 姿态角度的响应

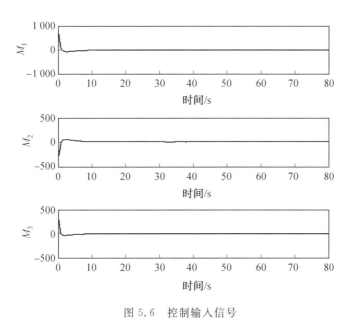

图 5.6　控制输入信号

5.3　机器人中的智能控制技术

机器人系统的控制方法是多种多样的。不仅传统的控制技术(如开环控制、PID 反馈控制)和现代控制技术(如柔顺控制、变结构控制、自适应控制)均在机器人系统中得到不同程度的应用,而且智能控制技术(如迭代学习控制、模糊控制、神经控制)也往往在机器人这一优良的"试验床"上最先得到开发。本节首先阐述智能控制的基本概念,接着讨论智能控制系统的分类,然后举例介绍几种机器人智能控制系统,包括机器人的递阶控制系统、专家控制系统、模糊控制系统和迭代学习控制系统等。

5.3.1　智能控制概述

长期以来,自动控制科学已对整个科学技术的理论和实践做出了重要贡献,并为人类、社会带来了巨大利益。然而,现代科学技术的迅速发展和重大进步,对控制和系统科学提出了更新、更高的要求。机器人系统控制也正面临新的发展机遇和严峻挑战。传统控制理论,包括经典反馈控制和现代控制,在应用中遇到不少难题。多年来,机器人控制一直在寻找新的解决方案。解决方案之一就是实现机器人控制系统的智能化,以期解决面临的难题。

自动控制科学面临的困难及其智能化解决方案说明:自动控制既面临严峻

挑战，又存在良好机遇。自动控制正是在这种挑战与机遇并存的情况下不断发展的。

1. 自动控制的前景

传统控制理论在应用中面临的难题包括：

①传统控制系统的设计与分析建立在已知系统精确数学模型的基础上，而实际系统由于存在复杂性、非线性、时变性、不确定性和不完全性等特点，一般无法获得精确的数学模型。

②研究这类系统时，必须提出并遵循一些比较苛刻的假设，而这些假设在应用中往往与实际不相吻合。

③对于某些复杂的和包含不确定性的对象，根本无法用传统数学模型来表示，即无法解决建模问题。

④为了提高性能，传统控制系统可能变得很复杂，从而增加了设备的初始投资和维修费用，降低了系统的可靠性。

自动控制理论改善了传统控制理论的一些问题，具有一定发展前景，但是现阶段，自动控制发展存在一些至关重要的挑战，原因如下：科学技术间的相互影响和相互促进，如计算机、人工智能和超大规模集成电路等技术，当前和未来应用的需求，如空间技术、海洋工程和机器人技术等应用需求；基本概念和时代进程的推动，如离散事件驱动、信息高速公路、网络技术、非传统模型和人工神经网络的连接机制等。

面对这些挑战，自动控制工作者发展了新的控制概念和控制方法，采用非完全模型控制系统、离散事件驱动的动态系统和本质上完全断续的系统。系统与信息理论及人工智能思想和方法逐步已深入建模过程，不再把模型视为固定不变的，而视其为不断演化的实体。所开发的模型不仅含有解析与数值，而且包含定性和符号数据。它们是因果性的和动态的，高度非同步的和非解析的，甚至是非数值的。对于非完全已知的系统和非传统数学模型描述的系统，必须建立控制律、控制算法、控制策略、控制规则和协议等理论。实质上，这就要求建立智能化控制系统模型，或者建立传统解析和智能方法的混合（集成）控制模型，而其核心在于实现控制器的智能化。

在一些自动控制应用场景，如航天器和水下运动载体的姿态控制，先进飞机的自主控制，空中交通控制，汽车自动驾驶控制和多模态控制，机器人和机械手的运动和作业控制，计算机集成与柔性加工系统，高速计算机通信系统或网络，基于计算机视觉和模式识别的在线控制以及电力系统和其他系统或设备的故障自动检测，诊断与自动恢复系统等方面的应用存在一些亟待解决的问题。解决这些应用面临的问题，需开发大型的实时控制与信号处理系统，这是控制工程界面临的极具挑战的任务之一,涉及硬件、软件和智能(尤其是算法)的结合,而系统集成又需要先进的工程管理技术。

人工智能的产生和发展为自动控制系统的智能化提供有力支持。人工智能影响了许多具有不同背景的学科,它的发展已促进自动控制向着更高的水平——智能控制(Intelligent Control)发展。一方面要推进控制硬件、软件和智能的结合,以实现控制系统的智能化;另一方面要实现自动控制科学与计算机科学、信息科学、系统科学及人工智能的结合,为自动控制提供新思想、新方法和新技术,创立交叉新学科,推动智能控制的发展。

2. 智能控制的定义

智能控制至今尚无一个公认、统一的定义。然而,为了规定概念和技术,开发智能控制的新性能和方法,比较不同研究者和不同国家的成果,就要求对智能控制相关内容有某些共同的理解。

定义 2.1　智能机器

能够在各种环境中执行各种拟人任务(Anthropomorphic Tasks)的机器称为智能机器。或者比较通俗地说,智能机器是那些能够自主地代替人类从事危险、繁杂、远距离或高精度等作业的机器。例如,能够从事这类工作的机器人,就定义为智能机器人。

定义 2.2　自动控制

能按规定程序对机器或装置进行自动操作或控制的过程称为自动控制。简单地说,不需要人工干预的控制就是自动控制。例如,一个能够自动接收所测得的过程物理变量,自动进行计算,然后对过程进行自动调节的装置就是自动控制装置。反馈控制、最优控制、随机控制、自适应控制和自学习控制等均属于自动控制。

定义 2.3　智能控制

智能控制是驱动智能机器自主地实现其目标的过程。或者说,智能控制是一类无需人工干预就能够独立地驱动智能机器实现其目标的自动控制。例如,对自主机器人的控制。

智能控制具有下列特点:

①同时具有以知识表示的非数学广义模型和以数学模型表示的混合控制过程(往往是那些含有复杂性、不完全性、模糊性或不确定性,以及不存在已知算法的非数字过程),并以知识进行推理,以启发来引导求解过程。因此,在研究和设计智能控制系统时,不是把主要注意力放在对数学公式的表达、计算和处理上,而是放在对任务和世界模型(World Model)的描述、符号和环的识别以及知识库和推理机的设计开发上,即智能控制系统的设计重点不在常规控制器上,而在智

能机模型上。

②智能控制的核心在于高层控制,即组织级控制。高层控制的任务在于对实际环境或过程进行组织,即决策和规划,实现广义问题求解。为了完成这些任务,需要采用符号信息处理、启发式程序设计、知识表示及自动推理和决策等相关技术。这些问题的求解过程与人脑的思维过程具有一定相似性,即具有不同程度的"智能"。当然,低层控制级也是智能控制系统必不可少的组成部分,不过,它往往属于常规控制系统,因此不属于本节研究范畴。

③智能控制是一门边缘交叉学科,涉及较多相关学科。智能控制的发展需要各相关学科的配合与支援,同时也要求智能控制工程师是个知识工程师(Knowledge Engineer)。

④智能控制是一个新兴的研究领域。无论在理论上或实践上它都还很不成熟、很不完善,需要进一步探索与开发。图 5.7 表示智能控制器的一般结构。

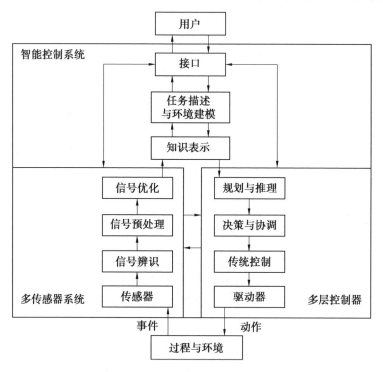

图 5.7 智能控制器的一般结构

3.智能控制的发展

人类对智能机器人及其控制的梦想与追求,已有 3 000 多年的历史。智能控制代表了自动控制的最新发展阶段,也是应用计算机模拟人类智能,实现人类脑力劳动和体力劳动自动化的一个重要领域。

智能控制是人工智能和自动控制的重要部分和关键研究领域,并被认为是当今自主机器递阶道路上自动控制的顶层。图 5.8 所示为自动控制的发展过程,表明了控制发展路线上控制复杂性增加的过程。从图 5.8 可知,这条路径的最远点是智能控制,至少在目前是如此。智能控制涉及高级决策并与人工智能密切相关。

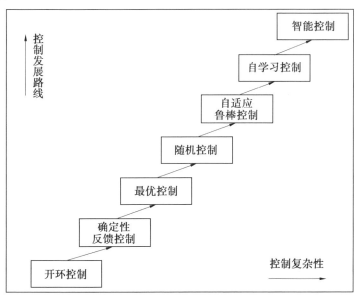

图 5.8　自动控制的发展过程

　　随着计算机系统可编程能力的提高,控制系统已具有可变编程能力、目标自设定能力及自编程和自学习能力,与此相适应的是具有不同程度人工智能和有机器人参与的自动化——柔性机器人、半自主和自主机器人、柔性加工系统(FMS)、计算机辅助制造系统(CAM)、计算机集成制造系统(CIMS)和计算机集成生产(过程)系统(CIPS)等。人工智能技术已为高级自动化系统输入了新鲜血液。

　　人工智能的发展促进了自动控制向智能控制发展。智能控制思潮第一次出现于 20 世纪 60 年代,几种智能控制的思想和方法被提出和发展。20 世纪 30 年代,学习控制的研究起步,也是在控制论出现时被提出的。自学习和自适应方法被开发出来用于解决控制系统的随机特性问题。最初,学习系统用于飞机控制、模式分类与通信等领域。20 世纪 60 年代中期,自动控制与人工智能开始交接。1965 年,著名的美籍华裔科学家傅京孙首先把人工智能的启发式推理规则用于学习控制系统,然后,他于 1971 年又论述了人工智能与自动控制的交接关系。由于傅先生的重要贡献,他已成为国际公认的智能控制的先行者和奠基人。

　　模糊控制是智能控制的又一活跃研究领域。加州大学伯克利分校的扎德

(Zadeh)于 1965 年发表了他的著名论文《模糊集》(*Fuzzy Sets*),开辟了模糊控制的新领域。此后,在模糊控制的理论探索和实际应用两个方面,他都进行了大量研究,并取得一批重要成果。从 20 世纪 70 年代初到 90 年代中期,博京孙的同事萨里迪斯(Saridis)及其学生以信息论中的熵概念为核心,引入运筹学和决策论,提出了智能控制系统的分层递阶结构和学习算法,他把智能控制发展道路上的最远点标记为人工智能。萨里迪斯和他的研究小组建立的智能机器理论采用精度随智能降低而提高原理(IPDI)和三级(即组织级、协调级和执行级)递阶结构。奥斯特洛姆(Astrom)、迪·席尔瓦(De Silva)、周其鉴、蔡自兴、霍门迪梅伯(Homen de Mello)和桑德森(Sanderson)等于 20 世纪 80 年代分别提出和发展了专家控制、基于知识的控制、仿人控制、专家规划和分级规划等理论。

1985 年 8 月,电气与电子工程师协会(Institute of Electrical and Electronics Engineers,IEEE)在美国纽约召开了第一届智能控制学术讨论会。1987 年 1 月,在美国费城由 IEEE 控制系统学会与计算机学会联合召开了智能控制国际会议。这是有关智能控制的第一次国际会议,来自美国、欧洲部分国家、日本、中国及其他发展中国家的 150 位代表出席了这次学术盛会。多位学者提交大会报告并分组宣读了 60 多篇论文及专题讨论,显示出智能控制的长足进展,同时也说明了由于许多新技术问题的出现及相关理论与技术的发展,需要重新考虑控制领域及其邻近学科。这次会议及其后续相关事件表明,智能控制在国际上已经成为一门正式学科。近十多年,来自全世界各地的成千上万的具有不同专业背景的研究者,投身于智能控制研究行列,并取得很大成就。

5.3.2　智能控制系统的分类

下面对智能控制系统的分类问题进行介绍。所要研究的系统包括递阶控制系统、专家控制系统、模糊控制系统、迭代学习控制系统、神经控制系统等。实际应用中,以上几种系统往往结合在一起,用于智能控制系统或装置,从而建立起混合或集成的智能控制系统。为了便于研究与说明,以下逐一讨论这些控制系统。

1. 递阶控制系统

作为一种统一的认知和控制系统方法,由萨里迪斯和梅斯特尔(Mystel)等人提出的递阶智能控制是按照 IPDI 分组分布的,这一原理在递阶控制系统中十分常用。

递阶控制系统由三个基本控制级构成,其级联结构如图 5.9 所示。图中,f_E^C 为自执行级(执行器)至协调级的在线反馈信号;f_C^O 为自协调级至组织级的离线反馈信号;$C=\{c_1,c_2,\cdots,c_m\}$ 为输入指令;$U=\{u_1,u_2,\cdots,u_m\}$ 为分类器的输出信号,即组织器的输入信号。

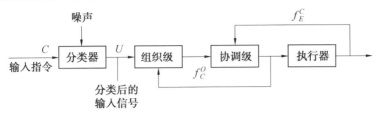

图 5.9　递阶控制系统的级联结构

这一递阶智能控制系统是个整体,它把定性的用户指令变换为一个物理操作序列。系统的输出是通过一组施于驱动器的具体指令来实现的。其中,组织级代表控制系统的主导思想,人工智能起控制作用。协调级是上(组织)级和下(执行)级间的接口,承上启下,并由人工智能和运筹学共同作用。执行级是递阶控制的底层,要求具有较高的精度和较低的智能,按控制论进行控制,对相关过程执行适当的控制作用。

递阶智能控制系统遵循 IPDI。极率模型用于表示组织级推理、规划和决策的不确定性,指定协调级的任务以及执行级的控制作用。采用熵来度量智能机器执行各种指令的效果,并采用熵进行最优决策。

2. 专家控制系统

顾名思义,专家控制系统是一个应用专家系统技术的控制系统,也是一个典型的和广泛应用的基于知识的控制系统。

海斯·罗思(Hayes Roth)等在 1983 年提出专家控制系统,并指出专家控制系统的全部行为能被自适应地支配。为此,该控制系统必须能够重复解释当前状况,预测未来行为,诊断出现问题的原因,制订补救(校正)规划,并监控规划的执行,确保成功。关于专家控制系统应用的第一次报道是在 1984 年发表,它是一个用于炼油的分布式实时过程控制系统。奥斯特洛姆等在 1986 年发表题为《专家控制》(*Expert Control*)的论文,促进了专家控制系统的发展。从此之后,更多的专家控制系统获得开发与应用。专家控制系统和智能控制密切相关,它们至少有一点是共同的,即两者都以模仿人类智能为基础,而且都涉及某些不确定性问题。

专家控制系统因应用场合和控制要求不同,其结构也可能不一样。然而,几乎所有的专家控制系统(控制器)都包含知识库、推理机、控制规则集或控制算法等。

图 5.10 给出了专家控制系统的基本结构。从性能指标的观点看,专家控制系统应当为控制目标提供与专家操作时一样或十分相似的性能指标。此专家控制系统为工业专家控制器(EC),由知识库、推理机、控制规则集和特征识别与信

息处理等单元组成。知识库用于存放工业过程控制领域的知识。推理机根据知识进行推理,搜索并导出结论,用于记忆采用的规则和控制策略,使整个系统协调地工作。控制规则集是传统决策指令集合。特征识别与信息处理单元的作用是实现对信息的提取与加工,为控制决策和学习适应提供依据,主要包括抽取动态过程的特征信息,识别系统的特征状态并对特征信息做必要的加工。

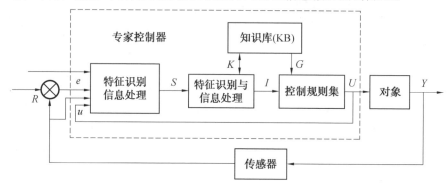

图 5.10 专家控制系统的基本结构

EC 的输入集为 $E=(R,e,Y,U)$。其中,S 为特征信息输出集,K 为经验知识集团,G 为规则修改命令,I 为推理机构输出集,U 为 EC 的输出集。

EC 的模型可用式(5.19)表示:

$$U=f(E,K,I) \tag{5.19}$$

智能算子 $f(E,K,I)$ 为几个算子的复合运算,即

$$f(E,K,I)=g \cdot h \cdot p \tag{5.20}$$

其中,$g:E{\to}S$;$h:S{\times}K{\to}I$;$p:I{\times}G{\to}U$。g、h、p 均为智能算子,其形式为

$$\text{IF } A \text{ THEN } B \tag{5.21}$$

式中 A——前提条件;

B——结论。

A 和 B 之间的关系可以包括解析表达式、模糊关系、因果关系和经验规则等多种形式。B 还可以是一个子规则集。

3.模糊控制系统

在过去 20 多年中,模糊控制器(Fuzzy Controllers)和模糊控制系统是智能控制中十分活跃的研究领域。模糊控制是一类应用模糊集合理论的控制方法。模糊控制的有效性可从两个方面来考虑。一方面,模糊控制提供一种实现基于知识(基于规则)的甚至语言描述的控制规律的新机理。另一方面,模糊控制提供了一种改进非线性控制器的替代方法,这些非线性控制器一般用于控制含有不确定性和难以用传统非线性控制理论处理的装置。

模糊控制系统的基本结构如图 5.11 所示。其中,模糊控制器由模糊化接

口、知识库、推理机和模糊判决接口 4 个基本单元组成。

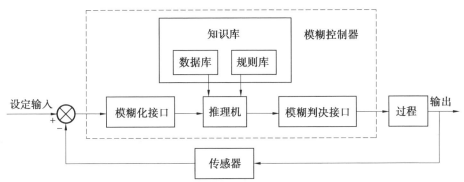

图 5.11　模糊控制系统的基本结构

①模糊化接口。模糊化接口测量输入变量(设定输入)和受控系统的输出变量,并把它们映射到一个合适的响应论域的量程,然后,精确的输入数据被变换为适当的语言值或模糊集合的标识符。本单元可视为模糊集合的标记。

②知识库。知识库涉及应用领域和控制目标的相关知识,由数据库和语言(模糊)控制规则库(简称规则库)组成。数据库为语言控制规则的论域离散化和隶属函数提供必要的定义,语言控制规则库标记控制目标和领域专家的控制策略。

③推理机。推理机是模糊控制系统的核心,以模糊概念为基础,模糊控制信息可通过模糊蕴涵和模糊逻辑的推理规则来获取,并可实现拟人决策过程。根据模糊插入和模糊控制规则,模糊推理求解模糊关系方程,获得模糊输出。

④模糊判决接口。模糊判决接口起模糊控制的推断作用,并产生精确的或非模糊的控制作用;此精确控制作用必须进行逆定标(输出定标),这一作用是在对受控过程进行控制之前通过量程变换来实现的。

4.迭代学习控制系统

迭代学习控制(Iterative Learning Control)是智能控制中具有严格数学描述的一个分支,以极为简单的学习方法,在给定的时间区间上实现未知被控对象以任意精度跟踪某一给定的期望轨迹这样一个复杂问题。控制器在运行过程中不需要辨识系统的参数,属于基于品质的自学习控制,这种控制适用于重复运行的场合。它在研究对机器人有非线性、强耦合、难以精确建模及高精度轨迹要求的场合中有重要意义。

迭代学习控制的基本思想是:基于多次重复训练(运行),只要能保证训练过程的系统不变性,控制作用的确定就可以在模型不确定的情况下获得有规律的原则,使系统的实际输出逼近期望输出。图 5.12 描述了迭代学习控制系统的迭代运行结构和过程。

移动机器人导航与智能控制技术

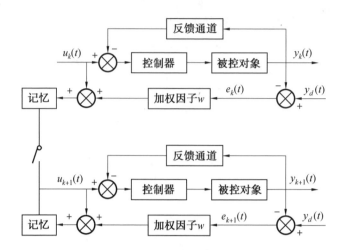

图 5.12　迭代学习控制系统的迭代运行结构和过程

若第 k 次训练时期望输出与实际输出的误差为

$$e_k(t) = y_d(t) - y_k(t), t \in [0, T] \tag{5.22}$$

第 $k+1$ 次训练的输出控制 $u_{k+1}(t)$ 则为第 k 次训练的输入控制 $u_k(t)$ 与输入误差 $e_k(t)$ 的加权和,即

$$u_{k+1}(t) = u_k(t) + we_k(t) \tag{5.23}$$

迭代学习控制方法已经证明,设每次重复训练时都满足初始条件 $e_k(0)=0$,当 $\|k\| \to \infty$,即重复训练足够多时,则有 $\|e_k(t)\| \to \infty$,即实际输出逼近期望输出:

$$y_k(t) \to y_d(t) \tag{5.24}$$

在迭代学习控制系统中,控制作用的学习是通过对以往控制经验(控制作用与误差的加权)的记忆实现的。算法的收敛性依赖于加权因子 w 的确定。这种学习系统的核心是系统不变性的假设及基于单元的间断的重复训练过程,它的学习控制律极为简单,可实现训练间隙的离线计算,因而不但有较好的实时性,而且对干扰和系统模型的变化具有一定的鲁棒性。

迭代学习控制系统是智能控制较早进行研究的领域之一。在过去十多年中,迭代学习控制用于动态系统(如机器人操作控制和飞行器制导等)的研究,已成为日益重要的研究课题。此领域已经有学者研究并提出多种学习控制方案和方法,并获得很好的控制效果。

5. 神经控制系统

基于人工神经网络的控制,简称神经控制,是智能控制的一个研究方向,可能成为智能控制研究的后起之秀。1964 年,威德罗(Widrow)和史密斯(Smith)完成了基于神经网络控制应用的最早例子。20 世纪 60 年代末期至 80 年代中期,神经控制与整个神经网络研究类似,处于低潮期,研究成果很少,甚至被许多人遗忘。20 世纪 80 年代后期,随着人工神经网络研究的复苏和发展,对神经控制的研究也开始活跃。其研究进展主要集中在神经网络自适应控制和模糊神经网络控制及其在机器人控制中的应用上。尽管尚无法确定神经控制理论及其应用研究将有何种突破性成果,但是可以确信的是,神经控制是一个很有前景的研究方向。这不仅因为神经网络技术和计算机技术的发展为神经控制提供了技术基础,还因为神经网络具有一些适合于控制的特性和能力。这些特性和能力包括:

①神经网络对信息的并行处理能力,使其适用于实时控制和动力学控制。

②神经网络具有非线性特性,这种特性为非线性控制带来新的希望。

③神经网络可通过训练获得学习能力,能够解决那些用数学模型或规则描述难以处理或无法处理的控制过程。

④神经网络具有很强的自适应能力和信息综合能力,能够同时处理大量的不同类型的控制输入,解决输入信息之间的互补性和冗余性问题,实现信息融合处理。此特性使其特别适用于实现复杂系统、大系统和多变量系统的控制。

当然,神经控制系统的研究还有大量有待解决的问题。神经网络自身存在的问题,也一定会影响神经控制器的性能。现在,神经控制系统的硬件实现问题尚未得到真正解决,对实用型神经控制系统的研究,也有待继续开展与加强。

由于分类方法的不同,神经控制器的结构自然有所不同。已经提出的神经控制的结构方案很多,包括神经网络学习控制、神经网络直接逆控制、神经网络自适应控制、神经网络内模控制、神经网络预测控制、神经网络最优决策控制、神经网络强化控制、小脑模型神经网络(CMAC)控制、分组神经网络控制和多层神经网络控制等。

当受控系统的动力学特性是未知的或仅部分已知时,必须设法摸索系统的规律性,以便对系统进行有效的控制。基于规则的专家系统或模糊控制能够实现这种控制。监督(即有导师)学习神经网络控制(Supervised Neural Control,SNC)可提供另一实现途径。

在控制领域,神经控制的应用可分为两种。一种是将神经网络用于控制器,另一种是将神经网络用于对象的建模,如图 5.13 所示。其中,图 5.13(a)为神经网络用于控制器的结构示意图,图 5.13 (b)为神经网络用于建模时的结构示意图。常用的神经网络有 BP 神经网络和小脑模型神经网络,BP 神经网络包括高斯函数基、径向基(RBF)等神经网络。

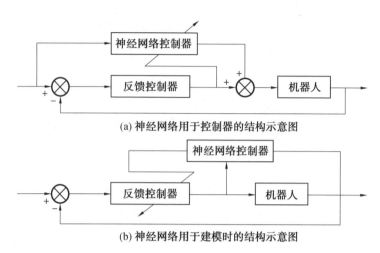

(a) 神经网络用于控制器的结构示意图

(b) 神经网络用于建模时的结构示意图

图 5.13   神经控制系统结构图

6. 模糊神经网络控制系统

模糊神经网络是一种将模糊逻辑推理的知识型结构和神经网络的自学习能力结合起来的一种局部逼近网络,集学习、联想、识别、自适应及模糊信息处理于一体。模糊神经网络将模糊技术与神经网络技术结合,能有效发挥各自的优势并弥补不足。模糊技术的优势在于逻辑推理能力,容易进行高阶的信息处理,将模糊技术引入神经网络,可极大地拓宽神经网络处理信息的范围和能力,使其不仅能处理精确信息,也能处理模糊信息及其他不确定信息;不仅能实现精确性联想与映射,还可实现不精确联想与记忆。神经网络在学习和自动模式识别方面具有极强的优势,采取神经网络技术来进行模糊信息处理,使模糊规则的自动获取及模糊隶属函数的自动生成有可能得以实现。

模糊神经网络与一般神经网络类似,可以划分为前向型模糊神经网络和反馈型模糊神经网络两大类。

前向型模糊神经网络可实现模糊映像关系。这类神经网络通常由模糊化层、模糊关系映像层和去模糊化层构成。模糊化层主要由模糊化神经元构成,对模糊信息进行预处理,主要功能是对观测值和输入值进行规范化处理。模糊关系映像层是前向型神经网络的核心,可模拟执行模糊关系的映像,以实现模糊识别、模糊推理和模糊联想等。去模糊化层可对映像层的输出结果进行非模糊化处理。

反馈型模糊神经网络主要是一类可实现模糊联想存储与映射的网络,有时也被称为模糊联想存储器。与一般的反馈型神经网络不同的是:反馈型模糊神经网络中的信息处理单元即神经元,为模糊神经元,因而其实现的联想与映射是一种"模糊"的联想与映射,这种联想与映射比一般的联想与映射具有更大的吸引力与容错能力。

基于上述讨论可以发现，如果能够将模糊逻辑与神经网络适当地结合起来，吸收两者的长处，则可实现比单独的神经网络系统或者模糊系统更好的性能。

5.3.3 移动机器人的轨迹跟踪迭代学习控制

1. 迭代学习控制系统

迭代学习控制系统如图 5.14 所示。

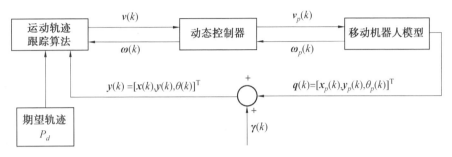

图 5.14　迭代学习控制系统

移动机器人的离散运动学方程可描述如下：

$$\begin{cases} \boldsymbol{q}(k+1)=\boldsymbol{q}(k)+\boldsymbol{B}[\boldsymbol{q}(k),k]\boldsymbol{u}(k)+\boldsymbol{\beta}(k) \\ \boldsymbol{y}(k)=\boldsymbol{q}(k)+\boldsymbol{\gamma}(k) \end{cases} \tag{5.25}$$

式中　$\boldsymbol{\beta}(k)$——状态干扰；

　　　$\boldsymbol{\gamma}(k)$——输出测量噪声；

　　　$\boldsymbol{y}(k)$——系统输出，$\boldsymbol{y}(k)=\left[\boldsymbol{x}(k),\boldsymbol{y}(k),\theta(k)\right]^{\mathrm{T}}$；

　　　$\boldsymbol{u}(k)$——系统输出，$\boldsymbol{u}(k)=(\boldsymbol{v}(k),\boldsymbol{\omega}(k))^{\mathrm{T}}$。

考虑迭代过程，由上述两式可得

$$q_i(k+1)=q_i(k)+\boldsymbol{B}[q_i(k),k]u_i(k)+\beta_i(k) \tag{5.26}$$

$$y_i(k)=q_i(k)+\lambda_i(k) \tag{5.27}$$

式中　i——迭代次数；

　　　k——离散时间；

　　　$q_i(k)$、$u_i(k)$、$y_i(k)$、$\beta_i(k)$、$\gamma_i(k)$——第 i 次的状态、输入、输出、状态干扰和输出噪声。

迭代学习控制律设计为

$$u_{i+1}(k)=u_i(k)+L_1(k)e_i(k+1)+L_2(k)e_i(k) \tag{5.28}$$

移动机器人是一种在复杂环境下工作的具有自规划、自组织、自适应能力的机器人。在移动机器人的相关技术研究中，控制技术是核心技术，也是实现真正的智能化和全自主移动的关键技术。移动机器人具有时变、强耦合和非线性的动力学特性,由于测量和建模的不精确,加上负载的变化及外部扰动的影响,实际上无法得到移动机器人精确、完整的运动模型。

2. 仿真实例

针对移动机器人的离散模型,每次迭代被控对象的初始值与理想值相同,对机器人的预设运动轨迹进行跟踪。

采用迭代控制律,位置指令 $x_d(t)=\cos \pi t$,$y_d(t)=\sin \pi t$,$\theta_d(t)=\pi t+\dfrac{\pi}{2}$。取控制器的增益矩阵 $\boldsymbol{L}_1(k)=\boldsymbol{L}_2(k)=0.1\begin{bmatrix} \cos \theta k & \sin \theta k & 0 \\ 0 & 0 & 1 \end{bmatrix}$,采样时间 $\Delta T=0.001$ s,迭代次数为 600 次,每次 2 000 个采样时间。简单圆形预设路径跟踪误差随迭代次数的收敛过程如图 5.15 所示。

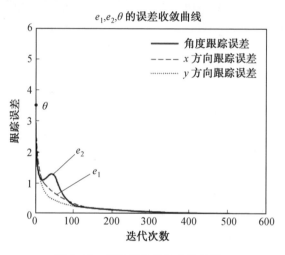

图 5.15　随迭代次数的收敛过程

5.3.4　移动机器人模糊神经网络避障

1. 移动机器人的模糊神经网络避障算法

神经网络和模糊集理论都是介于传统的符号推理和传统控制理论的数值计算之间的算法。神经网络将许多简单的关系连接起来表示复杂的函数关系。这些简单关系往往是非 0 即 1 的简单逻辑关系,通过大量的简单关系的组合就可以实现复杂的分类和决策功能。神经网络本质上是一个非线性动力系统,但其并不依赖于模型。因此,神经网络可以看作是一种介于逻辑推理与数值计算之间的工具和算法。模糊集理论形式上利用规则进行逻辑推理,但其逻辑取值可在 0 和 1 之间连续取值,实际上是基于数值而不是符号的算法。

对于移动机器人避障而言,这两种算法各有所长。一方面,用于移动机器人避障的模糊逻辑控制器由于没有学习和自适应能力,要构成模糊逻辑系统,就要求设计者了解整个避障系统的物理特性,并且要制定一系列有效的避障控制规则,用 IF－THEN 的形式表示出来,用来定义移动机器人的避障行为。但事实上由于移动机器人在避障过程中所处的环境比较复杂,意外情况很多,设计者不可能把所有的避障行为都成功地描述出来。就一般情况而言,当一个模糊系统有 20 个以上的规则时,仅以人的智力来理解所有的因果关系就比较困难。然而,作为一种高度非线性系统的神经网络却比较擅长于在海量数据中找到特定的模式,所以可以用神经网络来辨识因果关系。对于避障系统而言,可以在采样状态的障碍物信息的输入和输出控制数据中找出避障的各种行为模式,从而生成相应的模糊逻辑控制规则。此外,神经网络虽然可以通过训练来学习给定的经验,并据此生成映射规则,但是这些映射规则在网络中是隐含且无法直接理解的。因此,想从神经网络内部去调整它的权值参数,进而改进它的性能有一定的难度。然而,如果把模糊集逻辑控制引入神经网络,就可以降低对存储器的要求,增加神经网络的泛化能力和容错能力等。

从以上分析上可以看出,神经网络和模糊集逻辑这两种算法具有互补性,对于移动机器人避障这样复杂的系统,模糊神经控制技术具有巨大的优势。

下面以基于常规模型的模糊神经网络为例,描述利用模糊神经网络进行移动机器人避障的系统结构。

①输入层。输入环境信息和移动机器人位姿信息,作用是将输入值传送到下一层。

②模糊化层。使用模糊语言来反映输入量的变化,选取隶属函数计算隶属度,如果隶属函数采用高斯函数,则隶属函数计算公式如下:

$$u = \exp\left[-\frac{1}{2}\left(\frac{x-\omega_c}{1/\omega_d}\right)^2\right] \tag{5.29}$$

其中,连接权重 ω_c、ω_d 决定了隶属函数的形状。

③模糊推理层。利用 IF－THEN 语句制定模糊规则,对输入量进行综合处理。

④去模糊化层。将输出模糊语言值清晰化,得出控制移动机器人避障的轮速度、转弯方向等具体输出数值。

⑤模糊神经网络中的权值训练流程如图 5.16 所示。

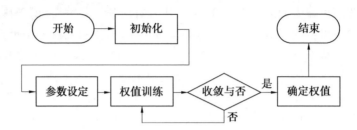

图 5.16　模糊神经网络中的权值训练流程

2. 基于 T−S 模型的模糊神经网络避障算法

(1)基于 T−S 模型的模糊神经网络系统结构。

基于 T−S 模型的模糊神经网络系统结构如图 5.17 所示。

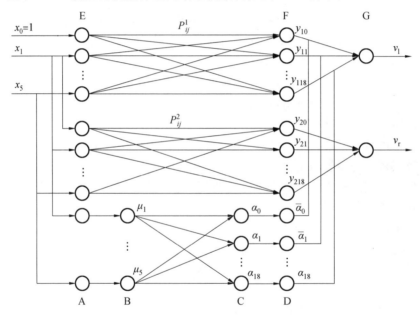

图 5.17　基于 T−S 模型的模糊神经网络避障算法系统结构

(2)T−S 模型的隶属函数。

移动机器人避障时,根据超声波采集的数据判断障碍物的类型,然后通过模糊神经网络算法控制移动机器人的动作,使其达到安全避障的目的。使用的移动机器人总共有 16 个超声波。避障采用 $0^{\#}$～$8^{\#}$ 及 $15^{\#}$。将这 10 个超声波分成两两一组,即 $0^{\#}$ 和 $15^{\#}$,$1^{\#}$ 和 $2^{\#}$,$3^{\#}$ 和 $4^{\#}$,$5^{\#}$ 和 $6^{\#}$,$7^{\#}$ 和 $8^{\#}$;取每个超声波的最小值作为移动机器人的输入,也就是输入变量 x_1～x_5。将移动机器人探测到的 5 组距离值模糊化如下:

距离差值 x_i 较小(NB),小(NS),中(Z),大(PS),较大(PB)

采用的隶属函数如下。

NB、NS： $$u=\dfrac{1}{1+\exp\dfrac{x_i-a}{b}} \tag{5.30}$$

Z： $$u=\exp\left[-\left(\dfrac{x_i-a}{b}\right)^2\right] \tag{5.31}$$

PS、PB： $$u=\dfrac{1}{1+\exp\left(-\dfrac{x_i-a}{b}\right)} \tag{5.32}$$

其中，a、b 为网络权值，其大小将影响隶属函数的形状。

（3）基于 T−S 模型的模糊神经网络避障算法。

在基于 T−S 模型的模糊神经网络系统结构中，设 I^j 为神经网络节点的输入值，$O_i^j=f_i^j(I^j)$ 为神经元节点的输出值，f_i^j 非非线性函数（上标 j 代表神经元所在层）。

①A 层：将输入值传到下一层。

$$\begin{aligned} I_i^A &= f(x_i) \\ O_i^A &= I_i^A \end{aligned} \tag{5.33}$$

其中，$i=1,2,\cdots,5$。

②B 层：模糊化层，即计算隶属函数，用模糊语言来反映输入量的变化。

NB、NS： $$\begin{cases} I_i^B=\dfrac{O_i^A-a_i}{b_i} \\[2mm] O_i^B=\mu_i=\dfrac{1}{1+\exp\ I_i^B} \end{cases} \tag{5.34}$$

Z： $$\begin{cases} I_i^B=\left(\dfrac{O_i^A-a_i}{b_i}\right)^2 \\[2mm] O_i^B=u_i=\exp\left[\exp(-I_i^B)\right] \end{cases} \tag{5.35}$$

PS、PB： $$\begin{cases} I_i^B=\dfrac{O_i^A-a_i}{b_i} \\[2mm] O_i^B=u_i=1/\left[1+\exp(-I_i^B)\right] \end{cases} \tag{5.36}$$

其中，$i=1,2,\cdots,5$。

③C 层：求取模糊规则的适用度，α_j 为每条规则的适用度。

$$\begin{cases} I_j^C=\prod\limits_{i=1}^{5}u_i=u_1\cdot u_2\cdot\cdots\cdot u_5 \\[2mm] O_j^C=I_j^C=\alpha_j \end{cases} \tag{5.37}$$

其中，$j=1,2,\cdots,5$。

④D 层：归一化每条规则的适用度。

$$\begin{cases} I_j^D = O_j^C / \sum_{j=0}^{18} O_j^C = \alpha_j / \sum_{j=0}^{18} \alpha_j = \overline{\alpha_j} \\ O_j^D = I_j^D \end{cases} \qquad (5.38)$$

其中，$j = 1, 2, \cdots, 5$。

⑤E层：提取输入值，准备计算输出。

$$\begin{cases} I_j^E = f(x_i), x_0 = 1 \\ O_j^E = I_j^E \end{cases} \qquad (5.39)$$

其中，$i = 0, 1, \cdots, 5$。

⑥F层：计算每条规则的输出值。p_{ij}^k 为网络连接权值，y_{kj} 为每条规则的输出值。

$$\begin{cases} I_j^F = \sum_{i=0}^{5} p_{ij}^k O_{ij}^E \\ O_j^F = I_j^F = y_{kj} \end{cases} \qquad (5.40)$$

其中，$i = 0, 1, \cdots, 5; j = 0, 1, 2, \cdots, 18; k = 1, 2$。

⑦G层：完成最后的控制动作，输出移动机器人的左、右轮速为 v_l、v_r。

$$\begin{cases} I_k^G = \sum_{j=0}^{18} y_{kj} O_j^D = \sum_{j=0}^{18} y_{kj} \overline{\alpha} \\ O_1^G = v_l = I_1^G, O_2^G = v_r = I_2^G \end{cases} \qquad (5.41)$$

其中，$j = 0, 1, 2, \cdots, 18; k = 1, 2$。

(4)障碍物模型及其识别。

为实现移动机器人在未知环境下自主工作，须使其具有对周围环境的感知能力，能够识别障碍物，所以将障碍物总结成 6 种模型，如图 5.18 所示。

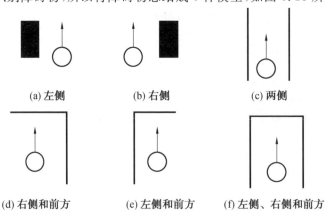

(a) 左侧 (b) 右侧 (c) 两侧

(d) 右侧和前方 (e) 左侧和前方 (f) 左侧、右侧和前方

图 5.18　障碍物模型

Pioneer 3－DX 移动机器人有 16 个超声波,分布在机器人侧壁,能够有效探测 360°范围的物体。鉴于障碍物模型的种类,选取 $0^{\#} \sim 8^{\#}$ 和 $15^{\#}$ 超声波,在移动机器人的前后对称分布,如图 5.19 所示。采集到的 $0^{\#} \sim 8^{\#}$ 和 $15^{\#}$ 超声波数据样本见表 5.1。表 5.1 中的数据样本在移动机器人中心距墙体 500 mm 位置测得。

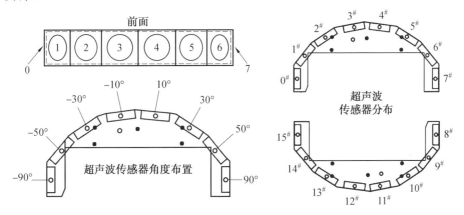

图 5.19　Pioneer 3－DX 超声波分布图

表 5.1　$0^{\#} \sim 8^{\#}$ 和 $15^{\#}$ 超声波数据样本　　　　　　　　　　mm

情况	$15^{\#}$	$0^{\#}$	$1^{\#}$	$2^{\#}$	$3^{\#}$	$4^{\#}$	$5^{\#}$	$6^{\#}$	$7^{\#}$	$8^{\#}$
	348	359	2 079	3 000	3 000	3 000	3 000	3 000	3 000	3 000
	359	376	2 269	3 000	3 000	3 000	3 000	3 000	3 000	3 000
情况①	382	347	1 079	2 111	3 000	3 000	3 000	3 000	3 000	3 000
	353	364	1 757	2 203	3 000	3 000	3 000	3 000	3 000	3 000
	349	377	1 234	2 875	3 000	3 000	3 000	3 000	3 000	3 000
	3 000	3 000	3 000	3 000	3 000	3 000	2 790	1 099	367	382
	3 000	3 000	3 000	3 000	3 000	3 000	2 976	1 227	364	359
情况②	3 000	3 000	3 000	3 000	3 000	3 000	2 712	1 503	345	366
	3 000	3 000	3 000	3 000	3 000	3 000	2 000	1 644	352	376
	3 000	3 000	3 000	3 000	3 000	3 000	2 564	1 329	343	382
	354	349	1 321	2 770	3 000	3 000	2 056	373	344	
	358	341	1 749	1 540	3 000	3 000	2 269	364	373	
情况③	374	359	1 118	2 915	3 000	3 000	1 832	349	365	
	362	351	1 101	3 000	3 000	3 000	1 284	374	344	
	366	379	1 320	3 000	3 000	3 000	1 875	364	371	

续表 5.1

情况	15#	0#	1#	2#	3#	4#	5#	6#	7#	8#
	3 000	3 000	2 725	1 224	326	314	1 004	1 754	345	359
	3 000	3 000	2 356	1 409	332	316	945	1 600	377	342
情况④	3 000	3 000	2 363	1 613	344	345	1 172	1 248	369	349
	3 000	3 000	1 388	1 571	352	322	1 275	1 750	375	355
	3 000	3 000	2 729	1 568	333	355	1 091	1 832	374	382
	380	375	1 315	1 457	318	320	885	1 786	3 000	3 000
	364	373	2 096	1 224	326	314	1 114	2 286	3 000	3 000
情况⑤	351	354	1 807	1 409	332	316	1 245	2 082	3 000	3 000
	377	363	2 020	1 109	336	313	1 310	2 734	3 000	3 000
	354	371	1 543	1 443	338	331	955	2 713	3 000	3 000
	379	374	915	1 168	330	344	1 550	2 210	343	353
	364	359	1 754	1 081	346	348	1 074	1 331	386	385
情况⑥	342	354	2 246	1 223	346	348	1 074	1 331	343	382
	368	343	2 077	1 308	324	317	1 121	1 131	343	344
	360	356	1 496	1 321	323	336	1 581	1 711	376	378

移动机器人中心距离墙体 500 mm 已经是移动机器人行进过程中距离墙体的最近距离。也就是说如果移动机器人与墙体的距离更近会有发生碰撞的危险。另外,如果超声波的探测值在 1 000 mm 以上,则说明障碍物在该超声波方向距离移动机器人超过 1 000 mm,暂时不会对机器人的行动造成阻碍。

因此,根据表 5.1 中的超声波数据样本可以推断:当 0# 和 15# 超声波数值小于 1 000 mm,其余都大于 1 000 mm 时,移动机器人周围环境为图 5.18(a)所示的障碍物模型;当 7# 和 8# 超声波数值小于 1 000 mm,其余都大于 1 000 mm 时,移动机器人周围环境为图 5.18(b)所示的障碍物模型;0#、15#、7# 和 8# 超声波数值小于 1 000 mm,其余都大于 1 000 mm 时,移动机器人周围环境为图 5.18(c)所示的障碍物模型;当 3#、4#、7# 和 8# 超声波数值小于 1 000 mm,其余都大于 1 000 mm 时,移动机器人周围环境为图 5.18(d)所示的障碍物模型;当 3#、4#、0# 和 15# 超声波数值小于 1 000 mm,其余都大于 1 000 mm 时,移动机器人周围环境为图 5.18(e)所示的障碍物模型;当 0#、15#、3#、4#、7# 和 8# 超声波数值小于 1 000 mm,其余都大于 1 000 mm 时,移动机器人周围环境为图 5.18(f)所示的障碍物模型。

　　根据总结出的 6 种障碍物模型制定移动机器人躲避障碍物的模糊规则。例如,周围环境为图 5.18(a)所示的障碍物模型时,输出控制移动机器人的左、右轮速度相同,保持前进方向,如 $v_l = v_r = 250$ mm/s;周围环境为图 5.18(e)所示的障碍物模型时,要求移动机器人的左轮速度大于右轮速度,以便右转避开障碍物,如 $v_l = 350$ mm/s,$v_r = 250$ mm/s。

　　(5)基于 T−S 模型的移动机器人实验。

　　实验环境为有两扇门的长方形走廊。在移动机器人行驶路面状况等环境模型不变的情况下,分别进行两组实验,轨迹如图 5.20 所示。图 5.20(a)所示的第一组实验未加载模糊神经网络算法,只是利用移动机器人运动模型和多次实验总结的规则进行避障。图 5.20(b)所示是基于 T−S 模型的移动机器人墙体避障。比较图 5.20(a)和图 5.20(b)可以发现,未加载模糊神经网络的移动机器人墙体避障轨迹在经过两扇门时,虽然可以无碰撞地避开拐弯处,但避障的准确性比较差。移动机器人避障不仅仅是避开障碍物就完成任务,还需要移动机器人具有类似于人躲避障碍物的行为。人躲避障碍物有两个特征,一是沿着障碍物轮廓避障,二是近距离躲避。比较发现,加载了 T−S 模型的移动机器人墙体避障轨迹更符合这两个特征,能够准确地沿着障碍物轮廓避障,安全有效地完成避障工作。

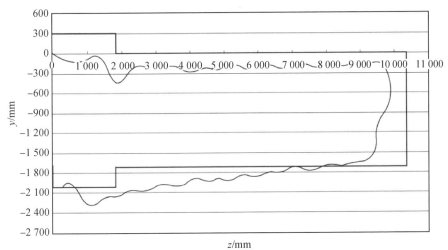

(a)基于移动机器人运动模型的墙体避障原始数据

图 5.20　两组实验轨迹

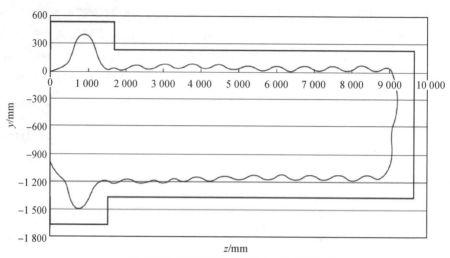

(b) 基于T–S模型的移动机器人墙体避障数据

续图 5.20

第 6 章

移动机器人导航与智能控制

移动机器人是一个复杂的系统，它具有环境感知、动态决策、行为控制与执行等多种功能。在移动机器人的各项研究和应用中，导航是最基本也是最重要的问题。从避障到定位，从跟踪到路径规划，从超声到激光，从距离传感器到视觉传感器，从 2D 到 3D，从局部到全局，从室内到室外，从教育、科研到工业、服务等众多应用场景，移动机器人的导航与控制一直都是机器人研究的核心课题之一。

6.1 移动机器人导航的主要问题

移动机器人相比于传统的工业机器人,最大的区别是具有良好的移动能力,而导航是移动机器人实现从自主到智能控制需要解决的关键问题之一。移动机器人导航可分解为"我在哪里?""目标在哪里?"和"怎样到达那里?"3 个问题,即如何通过传感器等技术手段来获得机器人在工作空间中的位置、方向以及环境信息;如何用信息融合算法对所获得信息进行处理,并建立环境模型;如何寻找一条最优或次优的无碰撞路径。

第一,对于移动机器人来说,通过其自身携带的里程计、陀螺仪、摄像机、激光雷达等传感器进行状态及环境感知来获得自身在工作环境中的位置信息,即定位问题。第二,工作环境在机器人内部的表示称为环境模型,即机器人工作环境中的各种物体如障碍物、路标等的准确空间位置描述。第三,在定位技术的基础上,移动机器人只有具备路径规划能力,才能获得良好的移动能力。所谓路径规划是指移动机器人按照某一个性能指标搜索一条从起始状态到目标状态的最优或者次优路径。路径规划主要涉及的问题有:如何利用获得的移动机器人环境信息建立较为合理的模型,再利用某种算法寻找最优(或次优)路径;如何处理环境模型中的不确定因素和路径跟踪中出现的误差,使外界物体对机器人的影响降到最小;如何利用已知的所有信息来引导机器人的动作,从而得到相对更优的行为决策。

6.2 移动机器人定位与地图创建算法

6.2.1 移动机器人定位概述

定位即确定移动机器人在二维工作环境中相对于全局坐标的位置及其本身的姿态,是移动机器人导航的最基本环节。移动机器人的定位方式取决于所采用的传感器。移动机器人常用的定位传感器有里程计、摄像机、激光雷达、超声波、红外线、微波雷达、陀螺仪、指南针、速度或加速度计、触觉或接近觉传感器等。与此相对应,移动机器人定位技术可分为相对定位技术和绝对定位技术两类。

1. 相对定位

相对定位是通过测量移动机器人相对于初始位置的距离和方向来确定移动机器人的当前位置。常用的传感器包括光电编码器、里程计及惯性导航系统(速度陀螺、加速度计等)。相对定位中应用最多的方法为航迹推算法(Dead Reckoning)。以位移方程 $S = \sum_{i=1}^{n} \Delta S_i$ 为基础,其中 S 为第 n 个采样周期时车轮移动的总路程,ΔS_i 为第 i 个采样周期内车轮移动的路程。航迹推算法的优点是移动机器人的位姿是"自我推算"出来的,不需要对外界环境的感知信息;缺点是漂移误差会随时间累积,不适于精确定位。航迹推算法常采用的传感器有光电编码器、里程计和航向陀螺仪,其优点是具有良好的短期精度、低廉的价格以及较高的采样速率。常见的惯性导航系统采用陀螺仪和加速度计实现定位,陀螺仪测量回转速度,加速度计测量加速度。根据测量值的一次积分和二次积分可分别求出角度和位置参量。陀螺仪通过对所测的角速度值进行积分,计算出相对于起始方向的偏转角度,即 $\delta = \int_{t_0}^{t} \omega(t) \mathrm{d}t$。其中,$\delta$ 为 t 时刻相对起始方向的偏转角度,ω 为瞬时角速度,t_0 为起始时间。

2. 绝对定位

绝对定位主要采用导航信标、主动或被动标识、地图匹配或卫星导航技术进行定位,定位精度较高。这几种方法中,信标或标识牌的建设和维护成本较高;地图匹配技术处理速度慢;GPS 只能用于室外,目前精度还很差(10~30 m)。绝对定位的位置计算方法包括三视角法、三视距法、模型匹配算法等。

很显然,绝对定位和相对定位各有优缺点,具有互补性,将两者结合能形成更加准确可靠的定位系统。

6.2.2 移动机器人相对定位

航迹推算法是一种广泛应用的直接进行移动机器人定位的方式。航迹推算法不依靠外部参照物,常通过在驱动轮上安装旋转光电编码器来测量旋转角度,再利用移动机器人的机械特性计算出移动机器人离开出发点的距离和方位,从而得到移动机器人的位姿信息。在此过程中,位姿误差累加是不可避免的。也就是说,航迹推算本质上是一个对较小的、有误差的运动进行积分的过程。随着运动的持续进行,误差会越来越大。在实际应用中,传统的航迹推算法常常在移动 10 m 后误差就不可接受了。

航迹推算法的基本工作原理：

移动机器人自身坐标以前进方向为 x 轴,左方为 y 轴。运动初始时刻移动机器人坐标与全局坐标重合。设经过时间 t 后,移动机器人从原点运动到了 P 点,即移动机器人在全局坐标系中的位置为 $P(X_t, Y_t)$,移动机器人的前进方向（x 轴)与 X 轴的夹角为 θ_t。设 W 为两轮差速机器人的两轮间距,Δt 为光电编码器产生脉冲的固定间隔时间。则在相同的采样时间 Δt 内,移动机器人转过的角度为

$$\Delta \theta = \frac{v_l \times \Delta t - v_r \times \Delta t}{W} \tag{6.1}$$

式中　v_l、v_r——移动机器人的左右轮速度。

若令 $\bar{v} = \dfrac{v_l + v_r}{2}$,则在 Δt 内移动机器人的位置改变为

$$\begin{cases} \Delta X = \bar{v} \cos(\theta_t + \Delta \theta) \times \Delta t \\ \Delta Y = \bar{v} \sin(\theta_t + \Delta \theta) \times \Delta t \end{cases} \tag{6.2}$$

则 $t + \Delta t$ 时刻,移动机器人的位置信息为

$$\begin{cases} X_{t+\Delta t} = X_t + \Delta X \\ Y_{t+\Delta t} = Y_t + \Delta Y \\ \theta_{t+\Delta t} = \theta_t + \Delta \theta \end{cases} \tag{6.3}$$

传统航迹推算法的误差来源有多个,可以把这些误差分为两大类：

①系统误差：每一个运动周期都会发生的误差。导致系统误差的主要原因有编码器的分辨率（空间或时间)、轮子直径的误差、测量基准的不准确、外部参考工具的不准确。系统误差相对来说较为容易建模和纠正。

②非系统误差：在移动过程中随机发生的误差。发生非系统误差的主要原因包括主动轮的打滑和反冲、负重变化而导致的轮子直径变化、路况。消除非系统误差需要复杂的模型。

采用航迹推算法进行相对定位只能在较短的时间及距离内具有较高的精度,因此要想进一步提高定位精度,必须结合绝对定位技术。

6.2.3　移动机器人绝对定位

常用的绝对定位实现方法有磁罗盘、自然路标、全球定位系统（Global Positioning System,GPS)、路标导航、地图模型匹配和仿生导航等。

以上技术都有各自的优点和局限性,一般在实际应用中都是综合使用其中的几种,实现优缺点互补,以提高定位的精度和可靠性。其中,磁罗盘可以用来测量移动机器人的绝对航向;主动灯塔是海洋和空中最常用的自然路标导航系

统,主动灯塔能被可靠地检测,并且需要很少的处理时间就可以得到精确的位置信息;全球定位系统是近年来由通信技术发展起来的一项革命性技术,随着全球通移动通信网络(GSM)的逐渐无缝隙铺设,GPS、GSM 组合技术导航系统越来越多地得到应用,定位精度不断提高;路标导航是移动机器人根据其移动过程中由传感输入所能识别的不同特性,依赖自然环境中设定的功能路标来导向,在有限的区域内和相对稳定的环境下有部分的商业应用;地图模型匹配是一种移动机器人利用其自身传感器创建一个自己的局部环境,然后把局部地图与保存在内存中的全局地图进行比较,计算出自己在环境中的真实位置和方位的技术,该技术对构造的传感地图精度有严格的要求,并且要求有足够多的、静态的、易识别的特征,用于匹配当前只限于实验室或相对简单的环境;仿生导航是利用人和其他动物生活中的一些功能系统,根据视觉、听觉、味觉等信息的处理原理,模仿出类似的定位与导航系统,在一些特种环境下有相当大的应用需求,目前这方面的研究工作还比较缺乏。

1.移动机器人绝对定位技术采用的测量方法

移动机器人绝对定位技术常采用的测量方法有三边测量法和三角测量法等。

(1)三边测量法。

三边测量法是基于移动机器人相对选定的固定点的距离,应用几何三角法来确定移动机器人位置坐标(x,y)的方法,如图 6.1 所示。在三边测量法导航系统中,通常有 3 个或更多个在环境中已知的固定点。测距采用时间一路程计算方法,系统根据发射波传播的时间,计算固定点的发射器与车载接收器之间的距离。全球定位系统就是一个三边测量法的例子。

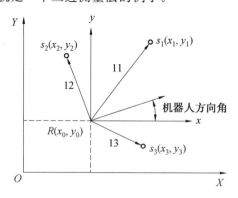

图 6.1 三边测量法示意图

(2)三角测量法。

在三角测量法中,有 3 个或多个活动发射器安装在已知固定位置,如图 6.2

所示。一个位于移动机器人上的旋转接收器记录 θ_1、θ_2 和 θ_3，从而计算移动机器人的位置坐标(x_0,y_0)和移动机器人的方向。

三角测量法的特征：①仅当移动机器人处于由 3 个固定位置形成的三角形内时，三角测量法是非常有效的。②几何三角测量法采用如图 6.2(a)所示几何圆相交，通过 3 个距离确定移动机器人的位置；当 3 个固定点和移动机器人位于或接近同一个圆时，几何圆相交法会有较大的误差。③固定点与机器人前进方向夹角 θ_1、θ_2、θ_3 中要求至少有两个方向夹角大于 90°，任何一对固定点之间的角度要求大于 45°。

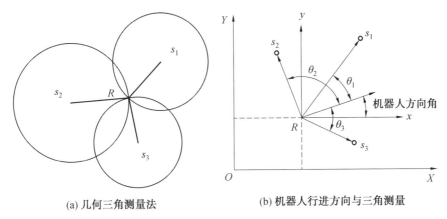

(a) 几何三角测量法　　　　(b) 机器人行进方向与三角测量

图 6.2　三角测量法示意图

2. 移动机器人采用的主要定位方法

以下将详细介绍 GPS 定位和路标定位，地图模型匹配和仿生导航技术中的视觉定位将在后续章节具体介绍。

(1) GPS 定位。

GPS 为美国第二代卫星定位系统，是一种以空间卫星为基础的高精度导航与定位系统，在地球表面任何地区、任何时候都可以至少同步接收 4 颗以上卫星的信号。GPS 不断向地面发送导航电文，地面上任何位置只需根据 4 颗卫星信道的电文就可以解算出当前接收者的三维位置，从而实现了全球、全天候、三维位置、三维速度的信号接收和实时定位导航。

GPS 系统包括 3 部分：导航卫星、地面站组和用户设备。

①导航卫星。

24 颗导航卫星位于离地球 20 200 km 的轨道上，基本均匀地分布在 6 个轨道平面内，轨道平面相对于赤道平面的倾角为 55°，各个轨道平面之间的交角为 60°。这些卫星绕地球一周时间约为 11 h 58 min，也就是当地球自转 360°时，它们绕地球运行约两圈。卫星姿态采用三轴稳定方式，保证了卫星上导航天线辐射口总是对准地面。

由于 GPS 采用被动定位原理,要求卫星装载的频率标准精度足够高,因而采用了休斯公司研制的氢钟作为频率标准,频率稳定度为 $10^{-15}/d$。它能使测定卫星的轨道精度优于 1 m,从而大大保证了 GPS 的高精度定位。

②地面站组。

地面站组包括 1 个主控站、5 个监测站、3 个注入站。

5 个监测站都是无人数据收集中心,在主控站控制下跟踪接收 24 颗导航卫星发射的射频导航信号,每 6 s 进行一次伪距测量、多普勒观测、气象要素采集等,定时将观测数据送到主控站。5 个监测站均匀分布在全球,保证了精密定轨的精度要求。

主控站控制整个地面站组的工作。主控站设有精密时钟,是 GPS 的时间基准,各监测站和各卫星的时钟与其同步。主控站设有计算中心,计算各卫星原子钟钟差、电离层和对流层校正参量等。主控站采集各个监测站传送来的数据,包括卫星的伪距、积分多普勒、时钟、工作状态、监测站自身的状态、气象要素以及地面监测站的参考星历,根据所采集的数据计算每一颗卫星的星历、时钟改正数、状态参数、大气改正数等,并按一定的格式编辑为导航电文送到注入站。

注入站将主控站送来的导航信息注入卫星。此外,注入站还负责监测注入卫星的导航信息是否正确。

③用户设备。

GPS 采用无源工作方式,凡是有 GPS 导航接收设备的用户都可使用该系统。用户设备包括 GPS 接收机和处理控制解算显示设备。

GPS 接收机的结构基本分为天线单元和接收单元两大部分,由接收天线接收卫星发出的导航信号,控制设备进行信号和信息的处理,从中得到卫星星历、距离及距离变化率、时钟校正、大气校正参量等,进而算出用户在宇宙直角坐标系中的坐标,同时换算成用户需要的地理坐标等,并在显示设备上显示。

GPS 信号是 GPS 卫星向广大用户发送的用于导航定位的调制波信号,包括 3 种信号分量:载波、测距码和数据码。其时钟频率 $f_0 = 10.23$ MHz,利用频率综合器产生所需的频率,载波处于微波的 L(22 cm)波段,调制波是卫星电文和伪随机噪声码的组合码。组合码具体包括 3 种信息:精密的 P 码(Precise Code)信号、非精密的捕获码 C/A 码(Coarse Acquisition Code)信号以及卫星电文。P 码信号和 C/A 码信号是调制在特高频(Ultra High Frequency,UHF)载波上的伪随机序列,用于测距。卫星电文调制在载波上,包含卫星位置、时间和星历数据。P 码是加密码,调制码率为 10.23 MHz,具有很高的定位精度,使用时需有一个专用输入片,它只对美国及其盟国特许的用户开放。为了进行电文修正,P 码在两个 UHF 频率上发射,即 $L_1 = 1\ 575.42$ MHz 和 $L_2 =$

1 227.6 MHz。C/A 码的调制码率是 1.023 MHz,用来帮助捕获 P 码,它被调制在与 P 码相位相差 90° 的 L_1 载波频率上,并利用卫星电文中的电离层数据进行电离层修正。

GPS 导航定位信号中的 C/A 码是未加密码,定位精度较低,供一般用户使用。根据原本的设计,C/A 码的定位精度大约是水平位置 100 m、垂直位置 140 m。而早期现场定位实验结果表明,它的定位误差可以达到 ±14 m,速度测量误差只有每秒零点几米。出于国家安全考虑,美国国防部决定采取保护措施,实施选择可用(Selective Availability,SA)方案和反电子欺骗(Anti-Spoofing,AS)政策。

SA 方案是在 GPS 上增加了 δ 技术和 ε 技术,其中 δ 技术是对 GPS 卫星的基准频率施加抖动噪声信号。这种信号是随机的,将使基准信号派生的所有信号都出现随机抖动,使用户接收机测量的时间误差增大,导致测量伪距误差增大,从而降低了定位和测速的精度。ε 技术是人为地将卫星星历中轨道参数的精度降低,其结果也降低了定位和测速的精度。

AS 政策的目的是保护 P 码,它将 P 码与更加保密的 W 码模 2 相加形成新的 Y 码,使得能跟踪 P 码的接收机不能工作,限定非特许用户的使用。采用 SA 方案和 AS 政策将导致 GPS 工作卫星所发送的导航定位信号相对于试验卫星的 GPS 信号而言有下述变化:

a. GPS 卫星的基准信号(10.23 MHz)经过 δ 技术处理,人为地引入一个高频抖动的信号。因基准信号是所有卫星信号(载波、测距码、数据码)的振荡源,故所有派生信号都将引入"快变化"的高频抖动信号。

b. P 码经过译密技术处理而变成 Y 码,后者是由正常的 P 码与机密的 W 码模 2 相加形成的。只有特许用户了解 W 码的结构,一般情况下不会采用 Y 码。

c. GPS 卫星向用户发送的星历采用两种伪噪声传送,只有工作于 P 码的接收机,才能从 P 码中解译出精密的 GPS 卫星广播星历(简称 P 码星历)。经过 ε 技术处理后,可将它的精度人为地降低,而且它是一个无规则变化的人为随机值。

GPS 不但性价比优,而且同时具有准确的快速实时定向、定位功能;同时具备自主性好、适应性强、精度和可靠度高等特点。但在移动机器人导航定位中,移动机器人的工作环境导致其动态机动强,机器人建模很难,再加上 GPS 的误差源很多,进行各种误差建模比较困难。为减小误差,通常的做法是引用卡尔曼滤波法通过滤波部分地去掉随机误差,并将真实的状态最优地估计出来,但这种方法要求对移动机器人和 GPS 误差源准确建模,比较困难,同时会造成计算量过大,因此可采用动态卡尔曼滤波法来消除各种误差,提高 GPS 定位精度。综上所述,室外巡检机器人、电力巡检机器人、无人机等都会将 GPS 列为重要的导航方式。

(2)路标定位。

路标是具有明显特征的能够被移动机器人传感器识别的特殊物体。路标具有一定几何形状(如矩形、线、圆环),并且可以包含一些附加信息(如条形码等)。通常,路标有一个固定的或已知的位置,移动机器人可以根据其定位自己。路标的选择应便于辨识。例如,路标与背景必须对比足够明显。显然,对移动机器人而言,路标的特性是事先已知的,且存储于移动机器人的"记忆"之中。那么定位的主要任务就是可靠地辨别路标,并且计算移动机器人的位置。

路标有两种类型:人工路标和自然路标。人工路标是专门设计的物体或标识物,其被放置在环境中且唯一的目的是给移动机器人导航。自然路标是一些物体或特征,这些物体和特征已经存在于环境之中,并且具有除了为移动机器人导航外的其他功能,如走廊、工厂、地面、医院、电梯门等。

①人工路标。移动机器人对人工路标的检测是非常容易的,因为可以人为设置它与环境的对比度和唯一性,且人工路标的精确尺寸和形状是预先已知的。人工路标法的准确度取决于从图像平面中提取的路标图像几何参量的准确度。通常准确度随着相对距离的增加而减少。一般情况下,在一定角度范围内能够获得较好的准确度,一旦超出了范围,准确度就会急剧下降。另外,也有大量的与非视觉传感器配合的路标。人工路标的设置方法可参见第 7 章。

②自然路标。自然路标导航的重点是从传感器的输入中检测和匹配路标特征。路标特征检测通常由计算机视觉系统或超声波传感器阵列来完成。绝大多数基于计算机视觉的自然路标是长而垂直的边,如门、墙的交接处以及吊灯等。而超声波阵列检测的物体通常是比较大的三维物体。

当范围传感器用于自然路标导航时,特征信号(如墙角、边缘或长直墙)是非常好的特征候选。特征的选择是重要的,它将决定在特征描述、检测和匹配方面的复杂性,合适的特征选择也将减少模糊性概率并且增加位置精度。自然特征可以分为两类:一类特征通常意义明确,如室内环境中的门、窗、地板、天花板,室外环境中的路边的树、路沿等,可以通过模板进行特征匹配,或者根据其特征进行相应的检测算法设计;另一类是通过计算得出的特征,通过相关算法得到的具有平移、旋转、缩放、视角、光照变化甚至高斯变换的不变性的特定特征构成的环境路标,这些算子包括 DoG 算子、HoG 算子、Harris 算子、SIFT(Scale—invariant Feature Transform)算子、SURF(Speed Up Robust Feature)算子等,其具有较高的鲁棒性,目前应用也逐渐广泛。下面介绍一种以 SURF 算子检测自然路标的方法,利用 SURF 角点进行移动机器人的导航详见 6.5 节。

由于 SIFT 算子最初的算法计算量比较大,Herbert Bay 等人从速度方面考虑,于 2006 年提出了快速、鲁棒的图像检测算法 SURF 算子,SURF 算子对图像的比例缩放、旋转、三维视角、噪声、光强的变化具有较好的不变性。其特征提取器基于 Hessian 矩阵,其位置和尺度的确定基于 Hessian 矩阵在计算时间和精确性上的良好性能。对于图像中任意一点 $\boldsymbol{X}=[x,y]^{\mathrm{T}}$,Hessian 矩阵 $\boldsymbol{H}(\boldsymbol{X},\sigma)$ 在 $\boldsymbol{X}$ 处以尺度 σ 的定义为

$$\boldsymbol{H}(\boldsymbol{X},\sigma)=\begin{bmatrix} L_{xx}(\boldsymbol{X},\sigma) & L_{xy}(\boldsymbol{X},\sigma) \\ L_{yx}(\boldsymbol{X},\sigma) & L_{yy}(\boldsymbol{X},\sigma) \end{bmatrix} \tag{6.4}$$

此处的 $L_{xx}(\boldsymbol{X},\sigma)$ 表示图像中点 $\boldsymbol{X}$ 与高斯二阶滤波 $\partial^2 g(\sigma)/\partial^2 x$ 的卷积,其他表示类似。SURF 算子使用箱式(均值)滤波器来近似高斯二阶导数,使用积分图像能够迅速计算出这些均值滤波器的图像卷积,积分图像定义如下:

$$I_P(\boldsymbol{X})=\sum_{i=0}^{i\leqslant x}\sum_{j=0}^{j\leqslant y}I(i,j) \tag{6.5}$$

$I(\boldsymbol{X})$ 表示图像,积分图像 $I_P(\boldsymbol{X})$ 表示以图像原点和图像上某点 $\boldsymbol{X}=[x,y]^{\mathrm{T}}$ 为顶点的矩形区域内所有像素之和。使用均值滤波器所得的二阶导数的近似值如图 6.3 所示。

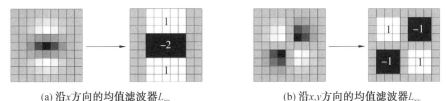

(a) 沿 x 方向的均值滤波器 L_{xx}　　　　(b) 沿 x,y 方向的均值滤波器 L_{xy}

图 6.3　使用均值滤波器所得的二阶导数的近似值

特征点的提取通过在不同尺度空间(构造图像金字塔)寻找极值,在每一个尺度下都能收集 100 个最值点作为特征点,因此在选择特征点时不需要阈值参数。

为了分配唯一的方向并获得图像旋转的不变性,SURF 算子在被检测的特征点周围构建一个圆形区域。SURF 算子描述器通过提取特征点周围的正方形区域来构建,为了保留一些空间信息,这些窗口被分割成 4×4 个子区域,在每个子区域中的 5×5 点阵内计算一些简单的特征。路标的维数与 SURF 算子特征的维数相对应,数值上是该路标对应的几个 SURF 算子特征点的特征向量均值。

6.2.4　环境建模与地图构建

移动机器人无论采用何种定位和路径规划方法,都需要知道环境中自身的所在、障碍物何在、如何实现移动机器人对障碍物的躲避、如何识别路标与目标,这样才能够搜寻、到达目标位置,更好地完成任务。那么对环境的认知以及如何实现环境建模就成为移动机器人自主导航与路径规划的基本前提。移动机器人

的环境信息综合是一个对感知信息进行建模的过程。环境建模与移动机器人的导航定位是紧密相关的,它以一种统一的方式描述问题,这直接有利于对移动机器人的路径规划问题进行分析。环境模型的准确性依赖于定位精度,而定位的实现又离不开环境模型。一个适当的环境模型将有助于移动机器人对环境的"理解",降低规划难度并大大减少决策的计算量。

对移动机器人的感知系统而言,认知功能包括获取、修正、组织、使用由时间和空间约束的环境信息。认知科学是一项重要的前沿研究项目。移动机器人工作环境的认知理论与方法研究将涉及计算机科学、人工智能、心理学、仿生学等领域:从认知科学的理论与方法出发,探讨移动机器人的环境认知过程,模仿人类选择性关注机制下的心理活动与智能行为,着重于对自然环境的感受与理解;将移动机器人对环境的理解从片面的、离散的、被动的感知层次,提高到全局的、关联的、主动性的认知层次;探索建立一套适用于复杂环境的认知理论与方法,以适应移动机器人自主导航控制的鲁棒性环境建模与定位导航要求。

在环境建模技术研究方面,M. A. Salichs 提出了单元分解建模、几何建模和拓扑建模的方法。单元分解建模即通常说的栅格法,其主要思想是将环境离散为规则的基本单元——二维或三维的栅格,通过对栅格的描述实现环境的系统建模,如图 6.4 所示。其中图 6.4(a)所示为环境原图;图 6.4(b)所示为栅格地图;图 6.4(c)所示为近似栅格表示图,其中长方形栅格可以针对性地对环境中某个方向的表示不敏感,从而减少数据的运算量;图 6.4(d)所示为四叉树表示图,基于四叉树的环境表示方法更有效地减少了计算机的运算及存储空间。

四叉树实质上是一种层次化的表达方式,是基于环境中非相似区域的不断递归分解。从这一点来说,层次化是相对于线性表达方式而言的。用四叉树表示环境最大的好处就是在一定程度上可以节约存储空间,当然所建地图的精确程度也和环境有关。最初,整个环境被看成是一个区域,如果这个区域满足区域划分的原则,那么就将它分解为不同的子区域,这个过程再被应用到每个子区域,一直进行,直到每个子区域均满足了区域划分的原则,即将环境区域划分为可通行区域、不可通行区域或是包含可通行区域和不可通行区域。

拓扑图是一种紧凑的地图表示方法,特别在环境大而简单时,这种方法可将环境表示为一张拓扑意义中的图,图中的节点对应于环境中的特征状态、地点(由感知决定),如果节点间存在直接连接的路径,则其相当于图中连接节点的弧。拓扑图的分辨率取决于环境的复杂度。这种表示方法需要较少的建模时间和较少的存储空间,可以实现快速的路径规划,也为人机交互下达指令提供一种更为自然的接口。由于拓扑图通常不需要移动机器人的准确位置,对于移动机器人的位置误差也就有了更好的鲁棒性。由于拓扑环境模型仅表达了环境物体之间的某种拓扑关系,因此根据所要建立的拓扑关系的不同,一个环境可以有多

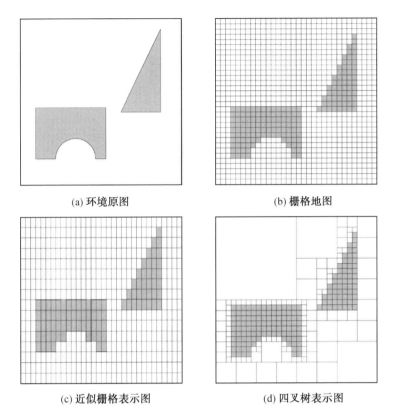

(a) 环境原图　　　　　　　　　　(b) 栅格地图

(c) 近似栅格表示图　　　　　　　(d) 四叉树表示图

图 6.4　环境地图表示方法

个拓扑环境模型。如图 6.5 所示,图 6.5(a)中可视图(Visibility Graph)表示的基本思想是在位姿空间中,以多边形障碍物模型为基础,用近似多边形代替任意形状障碍物,而后用直线将移动机器人运动的起始点 S 和所有空间中的障碍物的顶点以及目标点 G 连接,并保证这些直线段不和空间障碍物相交,就形成了一张图,称之为可视图。之后,采用搜索算法寻找从起始点到目标点的最优路径,这时寻找路径的问题就转化为寻找从起始点到目标点经过的可视直线的最短距离问题。可视图构造的时间复杂度是 $O(n^2\log n)$ 或者是 $O(n^2)$,其优点是概念直观,实现简单,但是这种表示方法缺乏灵活性,即一旦移动机器人的起始点和目标点发生改变,就要重新构造可视图,因此算法的复杂性和障碍物的数量呈正比,且不是任何时候都可以获得最优路径。图 6.5(b)中 Voronoi 图的实质是在位姿空间中,根据已知的障碍分布情况,取障碍物的顶点、边界,连接移动机器人运动的起始点 S 以及目标点 G,即可构成表达环境中自由空间"骨架"的 Voronoi 图。这种方法的时间复杂度是 $O(n\log n)$,实时性较好,生成的路径相对安全,远离障碍,并且路径比较平滑,合理性也较好,但是不能保证路径最优。

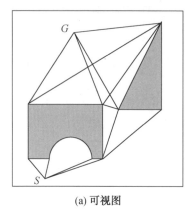

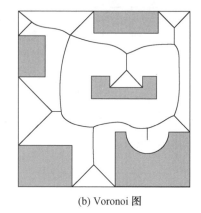

(a) 可视图   (b) Voronoi 图

图 6.5　环境拓扑建模

综上,环境拓扑建模方法的一般步骤:建立位姿空间→确定单元的连通性→建立搜索树→优化路径。

6.3　移动机器人导航关键技术与相关理论

6.3.1　移动机器人导航技术

导航技术是移动机器人的关键技术之一。移动机器人导航方式的不同决定了移动机器人需采用不同类别的传感器采集周围环境信息。根据传感器类别和导航原理的不同,移动机器人导航方式分为以下几种。

1. 惯性导航

惯性导航是通过陀螺仪和编码器计算移动机器人的偏转角度和运动距离,从而获得它在运动环境中的位姿状态,是最基本的导航方式。但是随着时间的增加,传感器的累积误差会不断增大,定位与导航精度也相应降低。此问题一般会用卡尔曼滤波器对系统误差进行修正,达到降噪的效果。

2. 电磁导航

电磁导航主要应用在自动导引车上,需要在运动轨道上铺设相应的引导电缆,在每条电缆上通入不同频率的电流产生磁场,导引车通过感应线圈或霍尔传感器来检测相应磁场,从而识别路径信息。这种导航技术具有稳定性好、易实现、抗干扰性强、成本低、不易损坏等优点,但使用时需要在移动路径上开出深度 10 mm 左右、宽度 5 mm 左右的沟槽来放置电缆,铺设成本较高,不利于改造和维护,仅适用于沿固定轨道行驶的导航系统。

3. 视觉导航

视觉导航通常是指机器人本体通过视觉传感器来感知环境,利用特征提取和特征匹配算法完成环境的识别,并进一步获得自身定位,完成导航任务,具有信号探测范围广、获取信息完整的优点。然而基于视觉的导航系统,其图像处理任务量较大,很难满足移动机器人导航中实时性的要求。因而许多学者致力于提升图像处理速度或者将视觉导航与其他导航方式结合。

4. 红外导航

红外导航通过在天花板和移动机器人上安装红外发射/接收管,进行定位和导航,故主要应用在室内环境中。缺点是定位精度受节点数量限制,通常需要安装足够多的红外节点才能获得较好的定位精度。此外,这种导航方式还易受到其他光线的干扰,误差较大。

5. 激光导航

激光导航具有定位不受电磁干扰、精度高、无累积误差、地面设备设施简单等优点。一般采用 2D 激光传感器与里程计结合的方式来感知机器人的自身位置和方向等重要信息。目前,激光导航已经成为移动机器人导航领域的流行方法。

6. 卫星导航

卫星导航即 GPS 导航,在室外导航的应用中有独特优势。该导航方式不受天气变化的影响,全天候有效工作且范围覆盖全球。其缺陷是地图的数据有时发生滞后而导致导航失败,以及在树林、建筑物等遮挡环境下信号的误差较大,几乎不适用于室内环境下的移动机器人导航。

6.3.2　移动机器人 SLAM 技术

即时定位与地图构建(Simultaneous Localization and Mapping,SLAM)由 R. Smith 等人在 1986 年提出,其可理解为在未知的环境中,移动机器人通过其搭载的传感器获取周围环境信息,依据获取的信息建立局部地图,与此同时也在不断估计机器人自身位姿,最终完成整个全局地图的构建。其系统结构如图 6.6 所示。

SLAM 数学模型如图 6.7 所示,其可描述为移动机器人在未知环境中,采用搭载的传感器采集周围环境信息(即路标)进行定位与地图构建。由于搭载的传感器采集数据的精度易受到本身噪声和周围环境噪声干扰,导致机器人对路标的位姿估计和自身的位姿估计与真实值存在一定误差。

图中相关变量定义如下:x_k 为移动机器人在 k 时刻的位姿,即 $x_k =$

$[x_k,y_k,\theta_k]^{\mathrm{T}}$,$x_k$、$y_k$ 代表移动机器人在 k 时刻的位置,θ_k 代表移动机器人在 k 时刻的姿态角。移动机器人的运动路径可表示为 $\boldsymbol{x}_{0:t}=[x_0,x_1,\cdots,x_t]^{\mathrm{T}}$。$\boldsymbol{u}_k$ 为 $k-1$时刻至 k 时刻作用于移动机器人的控制信息。$\boldsymbol{m}_i$ 为环境地图中第 i 个路标。其整个环境地图可用 $\boldsymbol{m}=(m_1,m_2,\cdots,m_N)$ 表示,其中 N 代表路标的个数。z_k^i 代表移动机器人在 k 时刻对第 i 个路标的观测量。而 $\boldsymbol{z}_{0:k}$ 为观测量的历史时间序列,表示为 $\boldsymbol{z}_{0:k}=(z_0,z_1,\cdots,z_k)$。

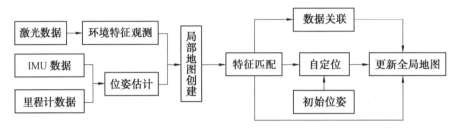

图 6.6　SLAM 系统结构

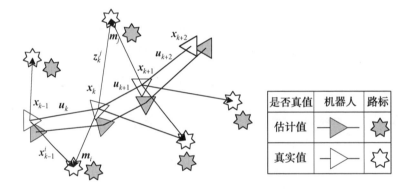

图 6.7　SLAM 数学模型

6.4　移动机器人避障与路径规划

移动机器人要到达目的地,首先需要利用传感器来感知周围环境,然后规划移动路径。在沿规划路径前行时,避障依然是第一优先级。当机器人前方出现障碍物时,其会感知障碍物的大小、位置以及动态与否。机器人绕开障碍物有多条路径,路径规划可以使机器人实现最优路径行走,避免绕路问题。本节以扫地机器人为例介绍相关内容。

6.4.1　基于未知地图的全覆盖路径规划技术

路径规划是指智能机器人按照运行之前给出的环境地图信息,或者是由机器人外部传感器探知的环境信息自主规划一条路径,同时能够自主沿着该路径移动到目标位置。机器人的路径规划需要机器人能够在环境中及时找出最佳路径,耗时最少,能够完成自主避开障碍物等一系列复杂操作。

路径规划是智能机器人研究中的一项非常重要的研究难题,国内外有许多的研究成果,但是大部分的研究都是基于"点到点"的路径规划,即在局部地图中寻求点到点的最优路径。而对于扫地机器人而言,由于其特殊性,要完成全部区域的清扫任务,即需要完成覆盖环境内全部区域的路径规划。全区域路径覆盖就是需要在一块区域内动态地规划出一条完整的路径,并且要尽量满足机器人在运行的过程中无遗漏、无重复地完成区域的覆盖。全区域覆盖的路径规划可以理解为若干个连续的点到点的路径规划,同时某一时刻的起点为上一时刻的终点。但是这种集合并不是简单的物理上和逻辑上的组合,需要结合智能清扫机器人的整体性能优化点间的路径。

全区域覆盖的路径规划在移动策略上分为随机移动策略和非随机移动策略。

采用随机移动策略时,扫地机器人不需要预先了解周围环境,也没有必要对环境进行动态地图创建。这种移动策略是让机器人直行,在遇到一定条件的时候,机器人随机转动角度,继续直行前进。转弯的条件一般是碰到障碍物或者当机器人沿着某个角度直行了一段时间。该方法实现简单,机器人在运行的过程中无须定位,但是由于清扫方式随机,因此效率比较低。在清扫的过程中,一般需要长时间的重复清扫才能够实现全部区域的覆盖,这样就会导致机器人清扫过程的不稳定,可能会使得某些部分重复清扫多次,导致重复率增加。实际上,由于扫地机器人的电量有限,因此不可能在一次清扫中对区域进行若干次重复的清扫,因此市场前景比较惨淡。这种移动策略不需要复杂的算法,实现简单,严格来说,这种单纯随机移动的机器人并不能算是智能机器人,只是机械地基于碰撞而做出相应反应的机器人。

非随机移动策略是针对智能清扫机器人的运行特点,提高其运行效率的一种策略。随着平面激光技术的成熟和价格的下降,采用 2D 激光的扫地机器人可快速进行短距离测量并在此基础上进行避障和清洁路径规划,大大提升了清洁效率。智能机器人应在运行之前得知地图环境或是一边运行一边探寻周围的环境,从而利用已知的地图信息进行详细的路径规划,从而达到全部路径的覆盖。

这种移动策略不同于随机移动策略,机器人在运行的时候必须知道地图信息以及自身当前的位置,因此对智能机器人的要求很高,要能够在运行的同时处理复杂计算。对于扫地机器人来说,非随机移动策略有往返式清扫和螺旋式清扫两种清扫方式,两者针对不同的算法,效率各不相同。

6.4.2　基于栅格地图的区域分割算法

目前基于区域分割的全覆盖路径规划逐渐成了研究重点,由于区域内部的复杂性,机器人在规划全局路径时运算量大大增加,从而对硬件要求很高。在进行区域分割时,子区域划分必须遵循如下原则:尽可能沿着机器人运动方向进行划分,尽可能以区域内部的边界和内部障碍物的边界作为子区域的边界。这样就可以尽量减少划分次数,便于智能清扫机器人清扫,同时机器人能够准确地依靠边界信息进行定位。当清扫区域内部覆盖较多障碍物时,扫地机器人在运行的过程中会因为障碍物的出现而不能够顺利完成清扫,从而出现大量的未清扫区域。为此,把整块区域根据障碍物划分成若干子区域,每个区域内部都没有障碍物,从而把对整个区域的清扫工作分解成了对若干不含有障碍物的子区域的遍历,这样问题就简化成了上述沿着长边往返式运动的问题,从而减少了机器人在运行过程中的盲从性,大大提高了机器人的运行效率。

在非矩形的特殊区域里采用上述算法的时候会导致某些区域不能够清扫到,因为机器人在清扫的过程中并不知道哪些区域已清扫,哪些区域没有清扫。即使采用了记忆功能,对已清扫的区域进行记忆,由于无法知道区域环境,哪些区域需要清扫也无从得知。因此机器人在执行清扫之前需要对区域进行确认,先得知大概的周围环境,通过这些信息大概确定哪些区域需要清扫,再边清扫边对栅格地图进行扫描,若发现有未清扫的区域,则返回到未清扫的区域进行清扫。

扫地机器人沿着墙壁内边缘或者紧贴墙壁的障碍物外边缘按照逆时针或顺时针方向绕房间一周,最终回到起始点。在贴边运动的过程中,机器人一边前进,一边确定自身的位置,同时创建栅格地图,这样就大概得知了环境边缘信息。通过这样的方法预先确定机器人的清扫区域,然后再使用清扫算法进行清扫。

扫地机器人在贴边运行时一般是逆时针方向运行,同时由于扫地机器人两侧各安装有一个近距离传感器,用来检测机器人两侧到墙壁或者障碍物的距离,若检测到所贴边物体为墙壁,则按照逆时针方向运行。扫地机器人首先出现在房间的任意一个位置,通过某种策略移动到房间的边缘,则该贴边点记录为机器人的清扫起始位置,然后开始贴边运行,直至回到起始点。

具体算法如下：

①机器人从贴边起始点(x,y)开始运动。

②安装有传感器的一侧正对着障碍物或者墙壁，平行前进。

③判断智能清扫机器人右侧传感器测量的距离大小从而控制机器人转向。

④判断机器人前方传感器测量的距离数据大小，并且判断右侧距离是否满足条件，控制机器人转向。

⑤机器人沿着转向方向前进，返回步骤②。

⑥若机器人已返回初始位置，则绕边程序完成；否则返回步骤②。

6.4.3　其他区域分割算法

目前比较流行的区域分割算法有线扫法、自适应细胞分解法等。线扫法的原理是利用一条水平或垂直切割线从左至右划过整个区域，这样会使切割线和区域边缘内部的障碍物有若干个相交点和相切线。根据这些相交点对整个区域进行划分，可以把区域划分成若干个小的多边形。自适应细胞分解法尝试在栅格图中进行探索，即对相邻单元的栅格进行合并，把邻近的单元元素结合成一个单元，从而找到合适的矩形。

有学者提出了一种改进的线扫法：机器人在运行过程中，将区域内部的特征角点作为划分区域的依据。该算法对于区域内部一般的凸多边形障碍物有很好的处理结果，但是对于凹多边形区域则会造成漏扫。

还有学者提出了利用线扫法先进行区域的划分，然后把每个区域的中心点作为图的顶点，顶点间的距离为欧式距离，从而形成一个连通图，最后使用神经网络求解，求得最短连通图，即为区域之间的最短路径。同样这一方法也是基于全局地图的，必须事先知道地图信息，然后再进行下一步的详细规划。

在室内环境中，障碍物可以分为孤立障碍物和靠墙障碍物。若障碍物之间相互独立，可以先确定障碍物，然后利用障碍物的位置对区域使用动态的划分算法，在确定障碍物的时候，也可以使用绕障碍物运行来确定障碍物的方法；对于靠墙障碍物，则在机器人贴边运行中确定其位置等信息。

扫地机器人在绕墙壁一圈之后，生成该区域的栅格地图。在得到了栅格地图之后，首先认为区域内部没有障碍物，使用线扫法沿着长边对区域进行分割；再对栅格地图进行横向扫描，对地图内部障碍物进行相切相交判定，若为相切，则从相切点沿着当前水平线分别往左往右进行分割。通过上述分割，把区域划分成若干块连续区域，并以起始点开始从1开始逐一命名区域，扫地机器人会按照这些分割区域序号进行清扫，清扫过后的区域累计记数。当一个区域清扫完成之后,机器人逐层查看有没有未清扫区域,如果有区域数值低于其已清扫区域,那么就优先清扫该区域,否则计算出距离其当前位置最近的区域进行清扫。

6.4.4　扫地机器人避障系统

机器人在行进过程中会遇到很多障碍物,一般可以根据大小分为如下两类:第一类是大型障碍物,如柜子、床等,这类障碍物需要进行绕边处理;第二类是小型障碍物,如椅子的脚,这类障碍物由于较小,无法在栅格地图中详细显示,同样也就没有必要绕边而后再进行区域分割了。当机器人遇到小型障碍物时,如果对小型障碍物进行绕边检测,同时对该区域进行划分,会导致过小的区域出现,从而增加机器人的清扫时间以及清扫算法的复杂度,因为从一个区域运行到另外一个区域的时候,机器人需要计算哪个区域最近,同时要使用一定的移动策略,因此大大增加了计算时间。

由于扫地机器人正前方的传感器用于检测前方距离,通过直线段的检测,可以判定前方有大型障碍物,但是对于小型障碍物,可能在数据集中只体现一个点,那么就无法判定该点是噪声点还是障碍物点。因此扫地机器人左前方和右前方分别装有一个接触式的压力传感器,当传感器接触到障碍物时,会执行障碍碰撞程序,此时机器人会判定是哪个传感器碰撞到了障碍物。若左前方传感器检测到障碍物,那么机器人向右偏转一定的角度,直至避开障碍物,然后重新回到原来路径继续清扫;若右前方传感器检测到障碍物,则机器人向左偏转。

根据上述步骤,当机器人在行进过程中遇到小型障碍物时,通过其前方的两个压力传感器进行判定,然后转向绕过障碍物。

在家庭环境中会有很多的台阶,由于机器人通过检测前方的距离进行路径规划,而不知道地面是否可以通行,可能导致机器人从台阶上面掉下去,从而使得扫地机器人损坏,无法进行清扫。因此机器人必须能够检测到其前方区域高度是否比当前位置的高度低,进而判断是否影响机器人的清扫。本节提出了在机器人下方加装一个距离传感器的措施,用以检测机器人前方的道路是否能够通行。当遇到这种情况时,机器人立即停止前进,贴着台阶运行,同时在栅格地图中将其标识为障碍物,在贴着台阶运行结束之后,对地图进行同样的障碍物标识,并对当前区域进行分割处理。

通过使用上述避障方法,机器人在运行过程中,可以防止不必要的碰撞、摔落,从而安全运行。

6.4.5　扫地机器人自动返回充电路径规划

扫地机器人在运行时可能进入临界欠电压的状况,此时机器人需要自主返回充电座进行充电,等充电完成之后返回中断点继续清扫房间。返回充电的路径规划不同于全区域覆盖路径规划,不需要对区域进行遍历,只要能够找到一条从当前位置到充电位置的最短路径即可。为了方便机器人找到充电座,在充电座上装有一个红外发射器,机器人在运行时可以接收红外信号并判断其位置,同时在栅格地图中进行充电座位置的标识。

目前比较常用的路径规划算法主要分为状态空间搜索法和启发式搜索法。状态空间搜索法需要在给定的状态空间中进行穷举,因此运算复杂,不利于处理。启发式搜索法主要是在地图中进行广度优先算法遍历,在遍历的同时将其临近的所有点通过一个评价函数进行计算,然后将取值最优的作为下一次运行的方向。启发式搜索法结构由两个部分组成:启发方法和使用该方法搜索状态空间的算法。

启发式搜索法最核心的部分就是评价函数,用于度量算法从起点到目标点的估计值;在对节点进行扩展时,计算当前节点所有相邻节点的值,选择其中较小的作为扩展方向。

A * 算法是一种带有路径信息的有策略的广度优先搜索机制,适用于机器人的全局路径规划。该算法中有两个重要的列表:开启列表和关闭列表。已经生成而未被访问的节点存放到开启列表(Open 表),已被访问的节点存放到关闭列表(Closed 表)。算法流程具体分为如下步骤:

① 建立开启列表和关闭列表来存储相关节点信息;将起始节点加入开启列表,在开启列表不为空时,取出开启列表中路径代价最小的节点,判断是否是目标节点,如果是,则结束算法。

② 若开启列表中路径代价最小的节点不是目标节点,则遍历当前节点周围 8 个方向的子节点,判断子节点是否在关闭列表中,若在关闭列表中,则不做处理。

③ 若周围 8 个方向的子节点不在关闭列表中,计算子节点的估价函数 $f(n)$ 是否比当前节点的 $f(n)$ 小,如果小就更新它的 $f(n)$ 并将该节点设为当前节点,否则忽略该节点。估价函数 $f(n)$ 的表达式如下:

$$f(n)=g(n)+h(n) \tag{6.6}$$

式中　$g(n)$——初始节点到节点 n 的代价评估函数;

$h(n)$——节点 n 到目标节点的代价评估函数。

A*算法流程图如图 6.8 所示。

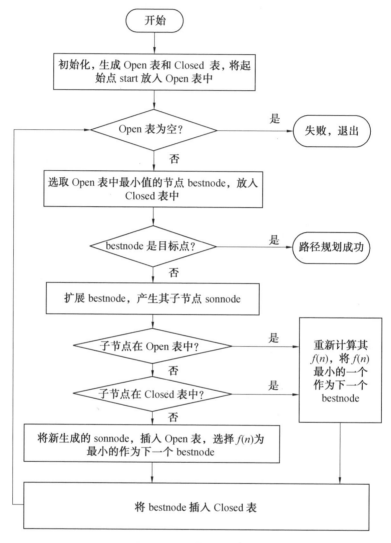

图 6.8　A * 算法流程图

图 6.9 表示当前节点与周围 8 个子节点的距离关系。其中,在中心位置的为当前节点,周围的 8 个栅格为子节点,指针指向父节点(即当前节点)。每个栅格中的数值表示该子节点与其父节点之间的距离,其中,与父节点有公共边的节点间距离记为 10,而节点栅格的角与父节点栅格的任意一角为对角的节点之距离则记为 14。$\sqrt{2}\,d \approx 14$,d 为扩大的倍数,$d=10$。

$h(n)$ 表示子节点到目标节点的代价评估函数,可以采用曼哈顿距离公式 (6.7)或者欧几里得距离公式(6.8)来进行计算。

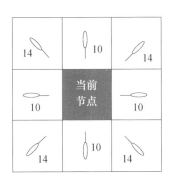

图 6.9　当前节点与其相邻子节点距离关系图

$$h(n) = d \times [abs(n.x - G.x) + abs(n.y - G.y)] \qquad (6.7)$$

$$h(n) = d \times \sqrt{(n.x - G.x)^2 + (n.y - G.y)^2} \qquad (6.8)$$

结合上述公式可计算在栅格地图中每个栅格节点的估价函数,每一个栅格都表示一个节点,当前节点的估价函数 f 的值位于该栅格的左上角,子节点到当前节点的代价评估函数 g 的值标记在该栅格的左下角,子节点到目标节点的代价评估函数 h 的值则记录在右下角。A＊算法的估价函数计算图如图 6.10 所示。

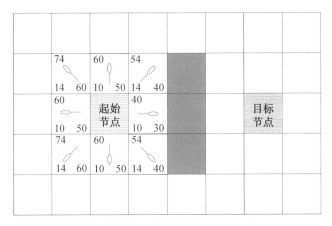

图 6.10　A＊算法的估价函数计算图

在图 6.10 的基础上选取估价函数 $f(n)$ 最小的非障碍物节点,并将它加入关闭列表。根据此类思想,直到目标节点被加入关闭列表,说明本次路径规划结束,即已经成功规划出一条从起始节点到目标节点的路径,如图 6.11 所示。

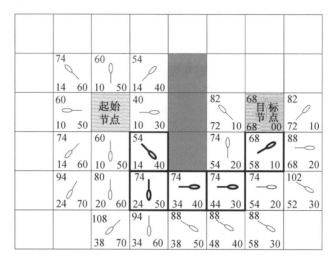

图 6.11　A * 算法的最终搜索结果图

6.5　移动机器人 SLAM 与路径规划

SLAM 技术使移动机器人在未知环境中实时了解自身位置,同步绘制环境地图。根据机器人对环境信息的掌握程度不同,路径规划又可分为全局路径规划与局部路径规划。全局路径规划与局部路径规划技术上并没有太大区别,主要是对环境全局信息掌握的不同。两者协同工作,机器人可更好地规划从起始点到目标点的移动路径。

6.5.1　全局路径规划算法

全局路径规划是地图环境已知,目标位置已知,机器人从起点到目标点进行的路径搜索。路径规划的精度取决于环境获取的准确度。全局路径规划可以找到最优解,但需要预先知道环境的准确信息,是一种事前规划。该算法对机器人系统的实时计算能力要求不高,虽然规划结果是全局的、较优的,但是对环境模型的错误及噪声鲁棒性差。常见的全局路径规划方法有栅格法、自由空间法、可视图法、蚁群算法等。

1. 栅格法

栅格法是通过二维空间下的很多规模相同的栅格描述机器人运行环境。每个障碍物在栅格地图内都占据一定的面积 P_i,通过设置栅格阈值 P_c 将障碍物区域与自由区域进行区分,CV_i 表示栅格区域。

$$CV_i = \begin{cases} 0, & P_i < P_c \\ 1, & P_i \geqslant P_c \end{cases}$$

如图 6.12 所示，S 表示机器人起点，G 表示终点，白色表示自由区域，灰色表示障碍区域。环境地图采用栅格进行表示，将障碍物进行简化，生成的地图简洁但又能正确描述现实环境。描述地图环境采用的栅格数量会直接影响找到路径的速度，但是想要提高路径搜索速度，就必须降低地图的精度，而这可能导致无法正确规划路径。所以，选择多少栅格进行环境描述就变得非常重要。

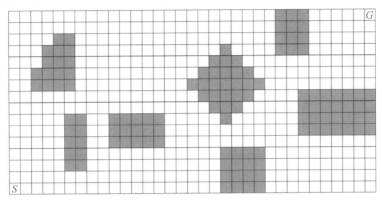

图 6.12　地图栅格化

2. 自由空间法

如图 6.13 所示，自由空间方法使用自定义几何来构建地图环境，将机器人运行环境空间转换为自由空间，通过搜索连通图可得到从初始位置到目标位置的路径。自由空间法适合于简单地图的构建和描述，容易理解和实现，但在复杂环境情况下不能详细地描述地图，难以实现正确的路径规划。

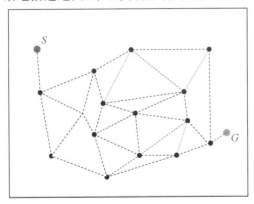

图 6.13　自由空间法路径规划

3. 可视图法

可视图法也被称为 C 空间方法。如图 6.14 所示,通过从起点到终点连线,将地图环境空间用多边形进行描述,多边形的边不能穿过障碍物,沿着各多边形的边搜索,从起点到终点可找到一条最短路径。该方法简单明了,适合全局路径搜索。但当初始点与目标点发生变化时,需要重构地图,且复杂环境下构建地图非常麻烦,搜索路径效率低。

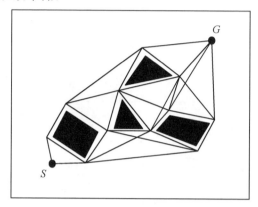

图 6.14　可视图法路径规划

4. 蚁群算法

科学家通过观察蚂蚁的自组织觅食特性,提出了蚁群算法。蚂蚁觅食途中会在经过的路径上留下信息素,蚂蚁之间通过信息素间接进行通信,某只蚂蚁搜索过的路径,其他蚂蚁就不再进行搜索。在相同时间内,距离越短的路径上,蚂蚁留下的信息素浓度就越大。蚂蚁趋向于移动至浓度大的路径,而经过一段时间,浓度小的路径上的信息素会随着时间挥发,最终可根据信息素浓度得到一条最短路径。蚁群算法流程图如图 6.15 所示。

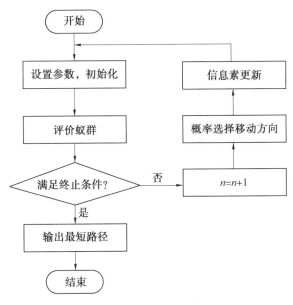

图 6.15　蚁群算法流程图

6.5.2　局部路径规划方法

局部路径规划是指机器人在前进时,根据自身传感器实时检测的环境信息,进行局部的路径搜索,规避意外出现的障碍物。该算法侧重于考虑机器人当前的局部环境信息,可让机器人具有良好的动态避障能力。局部路径规划将对环境的建模与搜索融为一体,要求机器人系统具有高速的信息处理能力和计算能力,对环境误差和噪声有较高的鲁棒性,能实时反馈和校正规划结果。由于缺乏全局环境信息,局部路径规划结果有可能不是最优的,甚至可能找不到正确路径或完整路径,因此只有将全局路径规划与局部路径规划结合起来,才能更好地进行路径搜索。经典的局部路径规划算法有遗传算法、滚动窗口法、人工势场法等。

1. 遗传算法

遗传算法鉴于自然界优胜劣汰、适者生存的法则,通过群体搜索方法,采用选择、交叉、变异等机制,寻找更优的下一代集群。遗传算法优点是鲁棒性好,应用范围广;其缺陷是算法运行速度慢,难以确定初始种群。图 6.16 所示为遗传算法流程图。

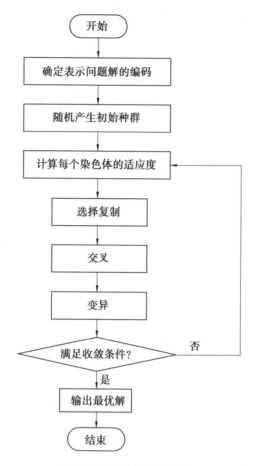

图 6.16 遗传算法流程图

2. 滚动窗口法

滚动窗口法是利用窗口滚动实时进行环境信息检测,当环境中出现动态障碍物时,调用局部路径规划算法搜索机器人从当前所在位置到下一目标位置的路径;通过重复该过程,使机器人进行局部实时路径规划,规避出现的动态障碍物。滚动窗口法的优点是能实时避开障碍物,使机器人安全前进;缺点是容易出现局部极值问题,导致机器人导航失败。

3. 人工势场法

人工势场法在机器人局部路径规划时有很好的适用性。通过构建人工势场,机器人作为一个运动点,将势场中的障碍物设为势能高点,目标点设为势能低点。机器人在运动过程中,障碍物对机器人有斥力作用,目标具有一定的引力作用,引导机器人向目标点运动,机器人当前势能下降时即为前进方向,当前势

能 X 与目标点势能低点 X_g 差值小于设定值 D 时结束运动。人工势场法应用简单,运算少,适合机器人的局部避障。然而,该算法有一些固有的缺陷,受力的影响,容易出现局部极小值或来回运动的情况,机器人不能正确到达目的地。图 6.17 所示为人工势场法流程图。

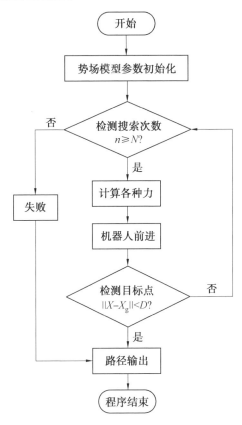

图 6.17　人工势场法流程图
（n 为当期搜索次数,N 为总计搜索次数）

6.5.3　机器人同步定位与地图构建

可靠定位是自主机器人实现安全导航的先决条件。在先验地图的指导下,机器人可以不断校正自身位置,实现精确定位。但是在未知环境中,机器人完全没有或只有很少、很不完整的环境知识,机器人对环境的认识只能通过携带的传感器,如摄像头、激光雷达、声呐等获取相关信息,经过处理抽取有效信息建造环境地图,并据此进行定位。由于地图创建最简单的方法为增量式方案,即首先利用里程计数据估计机器人的位置,然后根据机器人获取的新信息建立局部地图并对全局地图进行更新。在未知环境下的实时地图创建中,机器人运动存在累积误差,仅靠运动控制信息不能精准确定机器人位姿,需要根据地图信息进行矫正定位,而地图构建过程又依赖于精准的位姿信息。所以,定位与地图构建是一个"先有鸡还是先有蛋"问题,两个过程相互依赖,要求实现同步定位与地图构建。

SLAM 问题可以描述为机器人在位置环境中从一个未知位置开始移动,在移动过程中根据位置估计和传感器数据进行自身定位,同时建造增量式地图。定位与增量式地图的构建融为一体,而不是两个独立的阶段。

SLAM 问题被认为是移动机器人真正实现自制的关键。在过去十几年中,SLAM 逐渐成为机器人导航问题研究的热点,吸引了大量研究资源,并取得了很多实用性成果。下面列举该领域亟待解决的一些关键问题,并具体介绍近年来应用较为广泛的基于扩展卡尔曼滤波(Extended Kalman Filtering,EKF)模型的SLAM 算法(EKF-SLAM 算法)。

1. 同步定位与地图构建的关键问题

R. Smith,M. Self 和 P. Cheeseman 最早在 1986 年提出基于 EKF 的随机映射(Stochastic Mapping,SM)方法,揭开了 SLAM 研究的序幕。在之后的二十多年里,研究范围不断扩大:从有人工路标到自然路标完全自主、从室内到室外,陆续出现许多 SLAM 方法。由于自主机器人的固有特点,即缺乏自身定位和环境先验信息、依靠内部或外部传感器获取知识、环境本身和传感器信息及机器人运动本身具有不确定性,各种 SLAM 方法归根到底都是"估计—校正"的更新过程,必须解决以下关键问题:

①如何表示环境地图?

②如何处理不确定信息?

③如何估计机器人及环境特征状态?

④如何完成数据关联?

⑤如何校正和更新环境地图?

2. 基于 EKF 模型的 SLAM 算法

目前典型的 SLAM 方法主要可以分为基于卡尔曼滤波器的跟踪方法、基于EM 算法的全局优化方法和基于粒子滤波器的 SLAM 算法,上述研究为 SLAM问题奠定了基本理论框架和研究基础。考虑各算法在同步定位与地图构建应用中的典型性和广泛性,下面重点介绍经典的 EKF-SLAM 算法模型。EKF 模型主要解决 SLAM 关键问题中的最后 3 个问题。

(1)模型的预处理。

①坐标系模型。在 SLAM 建模中,主要涉及 3 个坐标系:全局地图坐标系$O_M-X_MY_M$、机器人相对坐标系 $O_R-X_RY_R$ 和传感器相对坐标系 $O_S-X_SY_S$。三

者关系如图 6.18 所示。当环境相对机器人足够大时,可以忽略机器人自身尺寸,将 $O_S-X_SY_S$ 近似为 $O_R-X_RY_R$。

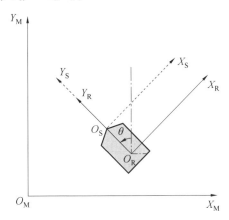

图 6.18 移动机器人坐标系统

这里采用笛卡尔坐标系表示环境特征点 $\boldsymbol{m}_i=[x_i,y_i(k)]^T$、移动机器人位姿 $\boldsymbol{x}_R(k)=[x_v(k),y_v(k),\theta_v(k)]^T$、传感器位置 $\boldsymbol{x}_S=[x_S,y_S]^T$。

② 状态向量。SLAM 问题的有效解决需要两方面信息,即环境地图信息与机器人全局位姿信息。这里需选取一个向量 $\boldsymbol{x}(k)$ 表示上述两个信息。

首先,描述环境地图。这里采用特征地图,即用一系列特征点描述机器人的工作环境,每个特征点的基本信息是它在二维静态全局坐标系中的位置坐标 $\boldsymbol{m}_i=[x_i,y_i]^T$,并用一个 2×2 方差矩阵表示其定位的不确定性,而全部 N 个特征点的集合构成环境地图:

$$\boldsymbol{M}=\sum_{i=1}^{N}\boldsymbol{m}_i$$

然后,描述移动机器人的位姿。二维静态环境下,机器人在 k 时刻的位姿信息可由其所在位置的全局坐标点 $[x_v(k),y_v(k)]$ 和机器人前进方向与全局坐标 Y_M 正向夹角 $\theta_r(k)$ 表示。其中,$\theta_v(k)$ 定义为以 Y_M 轴为 $0°$,逆时针方向为正,夹角范围为 $(-\pi,\pi)$。 所以,移动机器人完整的位姿模型表示为一个状态向量 $\boldsymbol{x}_r(k)=[x_v(k),y_v(k),\theta_v(k)]^T$。

选取状态向量如下:

$$x(k) = \begin{bmatrix} x_r(k) \\ M \end{bmatrix} = \begin{bmatrix} x_v(k) \\ y_v(k) \\ \theta_v(k) \\ x_1 \\ y_1 \\ \vdots \\ x_N \\ y_N \end{bmatrix} \tag{6.9}$$

③ 输入控制命令模型。最典型的系统控制输入是来自移动机器人里程计的数据。里程计是机器人定位中经常使用的传感器,其工作原理是根据安装在驱动电机上的光电编码器检测车轮在一定时间内转过的弧度,进而推算机器人的相对位姿变化。

第一种,假设输入控制为机器人平移向量 $\Delta \boldsymbol{D}_r(k)$ 和转角 $\Delta \theta_r(k)$,即

$$u(k) = \begin{bmatrix} \Delta \boldsymbol{D}_r(k) \\ \Delta \theta_r(k) \end{bmatrix} \tag{6.10}$$

第二种,假设输入控制为机器人平移速度 $v_r(k)$ 和旋转角速度 $\omega_r(k)$,即

$$u(k) = \begin{bmatrix} v_r(k) \\ \omega_r(k) \end{bmatrix} \tag{6.11}$$

④ 机器人运动模型。机器人的运动模型是对机器人的位姿进行估计的前提条件,利用状态向量 $\boldsymbol{x}_v(k)$ 的一个矢量函数就可以表示机器人的运动模型:

$$\boldsymbol{x}_r(k) = f[\boldsymbol{x}_r(k-1), \boldsymbol{u}(k)] + \boldsymbol{w}(k) \tag{6.12}$$

其中,$f[\boldsymbol{x}_r(k-1), \boldsymbol{u}(k)]$ 是系统状态转换函数,一般为非线性的,表示移动机器人在一个输入控制量 $\boldsymbol{u}(k)$ 的驱动下,从当前位姿状态 $\boldsymbol{x}_r(k)$ 变为下一位姿状态 $\boldsymbol{x}_r(k+1)$。$\boldsymbol{w}(k)$ 表示机器人运动过程中传感器的误差漂移、轮子滑动和系统建模等误差,一般假定服从零均值高斯分布,协方差为 $Q(k) = E[\boldsymbol{w}_i(k) \boldsymbol{w}_i(k)^\mathrm{T}]$。

对应第一种输入控制命令模型,机器人的运动模型表示为

$$\begin{aligned} \boldsymbol{x}_r(k+1) &= \begin{bmatrix} x_v(k+1) \\ y_v(k+1) \\ \theta_v(k+1) \end{bmatrix} \\ &= \begin{bmatrix} x_v(k) + \Delta \boldsymbol{D}_r \cos[\theta_v(k) + \Delta \theta_r(k+1)] \\ y_v(k) + \Delta \boldsymbol{D}_r \sin[\theta_v(k) + \Delta \theta_r(k+1)] \\ \theta_v(k) + \Delta \theta_r(k+1) \end{bmatrix} + \begin{bmatrix} w_x(k+1) \\ w_y(k+1) \\ w_\theta(k+1) \end{bmatrix} \end{aligned} \tag{6.13}$$

对应第二种输入控制命令模型,机器人运动模型表示为

$$\boldsymbol{x}_r(k+1) =$$

$$
\begin{bmatrix}
x_v(k) - \dfrac{v_r(k+1)}{\omega_r(k+1)}\sin\theta_v(k) + \dfrac{v_r(k+1)}{\omega_r(k+1)}\sin\left[\theta_v(k) + \Delta t\omega_r(k+1)\right] \\[2mm]
y_v(k) + \dfrac{v_r(k+1)}{\omega_r(k+1)}\cos\theta_v(k) - \dfrac{v_r(k+1)}{\omega_r(k+1)}\cos\left[\theta_v(k) + \Delta t\omega_r(k+1)\right] \\[2mm]
\theta_v(k) + \Delta t\omega_r(k+1)
\end{bmatrix} +
$$

$$
\begin{bmatrix}
w_x(k+1) \\
w_y(k+1) \\
w_\theta(k+1)
\end{bmatrix}
\tag{6.14}
$$

式中　Δt——k 到 $k+1$ 时刻的间隔时段。

⑤ 传感器观测模型。传感器观测信息用于描述传感器所观测的环境特征点与机器人当前位姿的相互关系。机器人利用观测信息来推测自身位置,传感器的观测量 $\boldsymbol{z}_i(k)$ 是环境特征 $\boldsymbol{m}_i$ 相对于传感器的距离和方向,表示为

$$\boldsymbol{z}_i(k) = h_i\left[\boldsymbol{x}_r(k)\right] + \boldsymbol{\eta}_i(k) \tag{6.15}$$

式中　$h_i(\bullet)$——测量函数;

$\boldsymbol{\eta}_i(k)$——k 时刻运动和观测中的不确定性,为零均值高斯白噪声,协方差为 $R(k) = E\left[\boldsymbol{\eta}_i(k), \boldsymbol{\eta}_i(k)^{\mathrm{T}}\right]$。

环境特征在极坐标下的观测模型表示为

$$
\boldsymbol{z}_i(k) = \begin{bmatrix} \rho \\ \varphi \end{bmatrix} = \begin{bmatrix} \sqrt{\left[x_i - x_v(k)\right]^2 + \left[y_i - y_v(k)\right]^2} \\[2mm] \arctan\dfrac{y_i - y_v(k)}{x_i - x_v(k)} - \theta_v(k) \end{bmatrix} + \boldsymbol{\eta}_i(k) \tag{6.16}
$$

其中,输入为第 i 个环境特征的位置坐标 (x_i, y_i);输出为环境特征与机器人的距离 ρ,与机器人前进方向的夹角 θ。

(2)EKF—SLAM 算法实现。

EKF 估计包括预测、观测和更新 3 个过程,整个算法由 3 个过程迭代而成。

① 预测过程。　由 k 时刻的系统状态预测 $k+1$ 时刻的系统状态 $\boldsymbol{x}'(k+1|k)$ 和协方差矩阵 $\boldsymbol{P}(k+1|k)$。

$$\boldsymbol{x}'(k+1|k) = E\{f[\boldsymbol{x}(k|k), \boldsymbol{u}(k), 0]\}$$

$$\boldsymbol{P}(k+1|k) = \nabla_x f \cdot P(k|k) \cdot \nabla_x^{\mathrm{T}} f + \nabla_u f \cdot Q(k) \cdot \nabla_u^{\mathrm{T}} f$$

其中,$\nabla_x f = \dfrac{\partial f}{\partial \boldsymbol{x}}\Big|_{\boldsymbol{x}=x(k)}$ 表示系统运动模型 f 对 $\boldsymbol{x}(k|k)$ 的雅克比矩阵;$\nabla_u f$ 表示系统运动模型 f 对 $\boldsymbol{u}(k)$ 的雅克比矩阵。

② 观测过程。观测过程主要完成对传感器信息的观测和对观测数据的数据关联。此处采用最近邻法实现观测数据与环境地图特征的数据关联。

在 k 时刻,机器人传感器实际获得环境特征观测矩阵为 $\boldsymbol{Z}(k)$。数据关联的

目的是确立观测矩阵与图中已有特征 M 之间的关系，并假设

$$H = \{j_1, j_2, \cdots, j_N\} \tag{6.17}$$

将每一观测值 $z_i(k)$ 与各个地图特征 m_i 相对应，如果 H 中其中一个 j_i 值为零，则表示 $z_j(k)$ 不是来自原有的环境地图特征，可能是新特征或者干扰造成的测量误差。

根据观测模型可以得到，在 $k+1$ 时刻第 j 个地图特征的预估计观测值 $z_j'(k+1)$：

$$z_j'(k+1) = h_j[x'(k+1)] + \boldsymbol{\eta}_j(k+1) \tag{6.18}$$

为了得到假设的 H，首先计算传感器对环境特征 e_i 的实际观测值 $z_i(k+1)$ 与每一地图特征 m_j 的预观测值 $z_j'(k+1)$ 之间的新息 $\boldsymbol{\gamma}_{ij}(k+1)$ 和协方差 $S_{\gamma,ij}(k+1)$：

$$\boldsymbol{\gamma}_{ij}(k+1) = z_i(k+1) - z_j'(k+1)$$

$$S_{\gamma,ij}(k+1) = H_j(k+1)P(k+1|k)H_j(k+1)^\mathrm{T} + R(k)$$

其中，$H_j(k+1) = \dfrac{\partial h_j}{\partial x}\Big|_{x(k+1|k)}$。

如果马氏距离 $\boldsymbol{D}_{ij}^2(k+1)$ 满足

$$\boldsymbol{D}_{ij}^2(k+1) = \boldsymbol{\gamma}_{ij}^\mathrm{T}(k+1)\boldsymbol{S}_{ij}^{-1}(k+1)\boldsymbol{\gamma}_{ij}(k+1) < \chi_{d,1-\alpha}^2 \tag{6.19}$$

其中，$d = \dim[h_j(k+1)]$，$1-\alpha$ 是所期望的置信水平，通常取 95%；$\chi_{d,1-\alpha}^2$ 可以根据自由度为 d、置信水平为 $1-\alpha$ 的 χ^2 分布表查得。通过以上独立相容条件检验后，可以得到与环境特征 e_i 相容的所有地图特征，从中选出最佳匹配即可。

③ 更新过程。在 $k+1$ 时刻，获得系统状态的观测矩阵 $Z(k+1)$，利用此观测信息对系统状态向量进行更新。

$$x(k+1|k+1) = x(k+1|k) + K(k+1)\boldsymbol{\gamma}(k+1)$$

$$P(k+1|k+1) = [\boldsymbol{I} - K(k+1)\nabla_x h]P(k+1|k)$$

$$\boldsymbol{\gamma}(k+1) = Z(k+1) - Z(k+1|k) \tag{6.20}$$

$$S_\gamma(k+1) = \nabla_x h \cdot P(k+1|k) \cdot \nabla_x^\mathrm{T} h + R(k+1)$$

$$K(k+1) = P(k+1|k)\nabla_x h S_\gamma(k+1)^{-1}$$

式中　$\nabla_x h$ —— 观测模型对系统状态向量 $x(k+1|k)$ 的雅克比矩阵；

　　　$S_\gamma(k+1)$ —— 信息的协方差矩阵；

　　　$K(k+1)$ —— 卡尔曼增益矩阵。

3. 基于卡尔曼滤波器的 SLAM 应用实例

基于卡尔曼滤波器的估计方法在解决 SLAM 问题时具有代表性。这一大体系的形成经历了 4 个主要的发展阶段，即最原始的基本卡尔曼滤波→扩展卡尔曼滤波(EKF)→无迹卡尔曼滤波(UKF)→混合卡尔曼滤波。下面简单举一个基于卡尔曼滤波器体系的 SLAM 应用实例。

本实例采用 SURF 算法进行环境路标特征提取与跟踪,利用基于扩展卡尔曼滤波(EKF)与无迹卡尔曼滤波(UKF)的混合卡尔曼滤波模型实现同步定位与环境地图构建(图 6.19~6.24)。

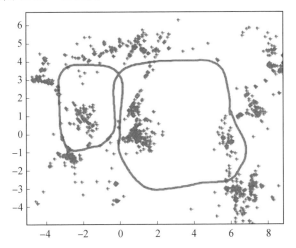

图 6.19　SURF 环境地图特征点与移动机器人路径图(点迹为
　　　　　SURF 特征点,曲线迹为机器人路径)

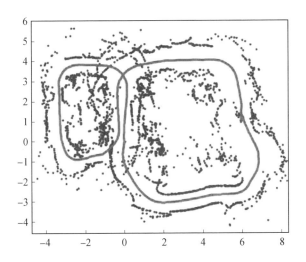

图 6.20　滤波前环境地图传感器实测数据(圆点迹为环境地图边界)

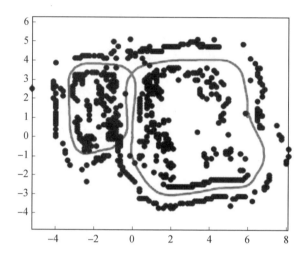

图 6.21　滤波后的环境地图观测数据(黑色点迹为环境地图边界)

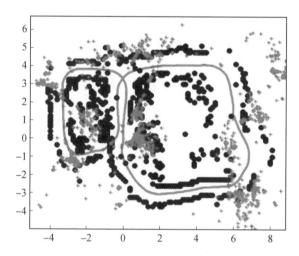

图 6.22　环境地图特征点与环境地图观测数据的混合图(曲线为机器人运动轨迹)

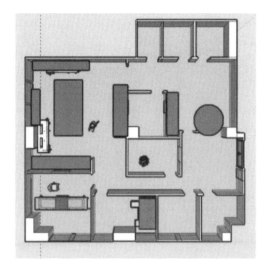

图 6.23　室内 SLAM 实例环境地图

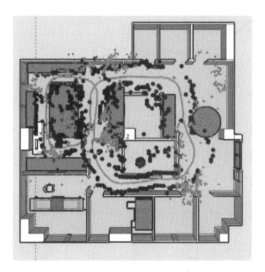

图 6.24　室内 SLAM 实例综合效果图

第 7 章

移动机器人视觉导航

移动机器人的导航技术中,视觉导航技术一直是目前移动机器人导航策略领域的研究热门,同时也应用于工厂的生产与管理。由被动视觉导航到主动视觉导航,由可见光成像技术到激光雷达技术,机器人的视觉导航技术正在向更高效、更智能的方向发展。

视觉导航方法由于其自主性、廉价性和可靠性,一直是导航策略领域的研究热点。早期的视觉导航解决方案是为自主地面机器人研发的,而近年来,随着计算机性能的快速提高和相关产品的不断升级及新产品的涌现,新的视觉导航技术也越来越多,同时在各类移动机器人,包括室内服务机器人、巡检机器人、无人车、无人飞行器、深空探测器和水下机器人上获得了广泛应用。

按照传感器类型视觉导航可分为被动视觉导航和主动视觉导航。被动视觉导航依赖于自然的可见光和不可见光成像技术,以一般的 CMOS 或者 CCD 相机作为导航传感器。主动视觉导航大多利用激光雷达、毫米波雷达等技术。视觉导航典型的应用场景为无人车自动导航,在此过程中往往采用多个传感器以主动、被动融合的方式保证导航的安全性。

按照是否需要导航地图视觉导航可分为地图型视觉导航和无地图型视觉导航。地图型视觉导航又可分为地图使用系统视觉导航和地图建立系统视觉导航。地图型视觉导航需要使用预先存储的导航地图,或使用在导航过程中通过获取局部环境信息构建的地图。而无地图型视觉导航利用图像分割、光流计算和帧间特征跟踪等方法获取视觉信息,通常不需要对环境进行全局描述,而通过导航过程中的目标识别或特征跟踪获取对环境的感知。

7.1　二维码导航

AGV 是移动机器人在工业生产中最重要的应用之一,是工厂传统生产向全自动智能化生产转型过程中不可缺少的智能物流装备之一。AGV 是一种装备多种传感器,可以根据人为设定的路径自动运行,具有障碍物识别及装载运输等功能的工厂智能搬运车,对工厂工作效率的提高和生产成本的降低具有极大的促进作用。第一台 AGV 在 1954 年诞生,在随后的 60 多年里,其技术不断精进,智能化程度不断提升,随之诞生了样式繁多的自主导引方式,如电磁导引、光学导引、激光导航、惯性导航等方式。但这些传统的导引方式在低成本、高可靠性和多机协作运行方面均不够完善。目前,随着工厂生产量的日益增长,AGV 的多机协同工作已经成为 AGV 研究必不可少的内容,其需要多个 AGV 在同时工作且互不影响的情况下准确且快速地将物体运输到指定地点。

通过二维码构成 AGV 在工厂中的运行地图,可为实现多个 AGV 协同工作提供极大的便利,能更好地完成对多个 AGV 的调度工作。二维码导航方式因其灵活性强、精度高、成本低等特点成为许多大型物流工厂青睐的对象。在国外,比较有代表性的 AGV 包括亚马逊公司研发的仓储 AGV、美国 Fetch Robotics 公司研发的机械臂协作 AGV 以及德国 Swisslog 公司研发的 AGV 分拣系统。亚马逊公司的仓储 AGV 通过识别地面的电子标签以获得导航信息,用于仓库分拣运输,有效地节省了工作时间;美国 Fetch Robotics 公司的机械臂协作 AGV,装载具有 7 个自由度的机械手臂,拥有自主导航功能,可实现 AGV 与机械臂协作运行;德国 Swisslog 公司的 AGV 分拣系统采用立方体网络格架结构,有效地提升了工作效率。

7.1.1　二维码导航原理

二维码导航是一种比较新型的导航方式。其原理是在工厂环境中利用二维码搭建 AGV 的运行地图,AGV 通过读取二维码中存储的坐标、角度等信息,确定自身的位置、姿态,再利用路径规划算法实现点到点的最优路径规划。

1.常用的二维码类型

二维码有多种编码格式,常用的二维码包括以下类型。

(1)QR 二维码。

QR 二维码(Quick Response Code,快速响应矩阵图码),最早在日本被发明和使用。QR 二维码可以存储较多数据,不必像扫描普通条码时平直对准扫描仪,因此其应用范围已经扩展到产品跟踪、物品识别、文档管理、营销等方面。QR 二维码由一个个的正方形模块构成,这些模块排列组成正方形阵列,其中符号分为编码区域和功能区域,符号的四周为空白区,如图 7.1 所示。

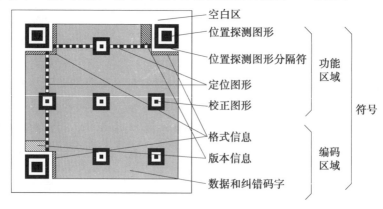

图 7.1　QR 二维码

①符号。根据 ISO/IEC 18004：2015，标准 QR 二维码符号共有 40 种不同的规格和版本。

编号从规格 1 到规格 40。规格 1 为 21×21 个模块；规格 2 为 25×25 个模块；依此类推，规格 N 为 $21 + 4 \times (N - 1)$ 个模块。

②位置探测图形。一般来说，位置探测图形分布在 QR 二维码的 3 个顶点位置，分别为 QR 二维码的左上角、右上角和左下角，且图形相同，如图 7.1 所示。位置探测图形由 3 个重叠的同心的正方形组成，图形的模块宽度比为 1：1：3：1：1，分别为 7×7 个深色模块、5×5 个浅色模块、3×3 个深色模块。由于 QR 二维码在其他地方遇到类似图形的可能性极小，所以根据这 3 个位置探测图形即可确定视场中二维码的位置和方向。

③位置探测图形分隔符。位置探测图形所在的位置和编码区域之间分隔符的宽度为 1 个模块，且全部由浅色模块组成。

④定位图形。定位图形有列和行，分布于垂直方向和水平方向，组成色由深色和浅色交替出现，深色模块分布于开始和结尾的位置。

⑤校正图形。校正图形由 3 个重叠的同心正方形组成，分别为 5×5 个深色模块、3×3 个浅色模块以及位于中心的一个深色模块。校正图形的数量由 QR 二维码的版本号决定，版本号 2 及以上的符号均有校正图形。图 7.1 所示的 QR 二维码采用的版本号为 7。

⑥编码区域。编码区域包含多种符号字符，有格式信息、版本信息及数据和纠错码字等。

⑦空白区。空白区即为环绕在符号四周的区域，4 个模块宽。空白区的反射率与浅色模块相同。

(2)DM 二维码。

DM 二维码(Data Matrix Code，数据矩阵码)，是一种由黑色、白色的色块(单元格)以正方形或长方形组成的二维条码(也称为矩阵)，由美国国际资料公司(International Data Matrix，简称 ID Matrix)于 1989 年发明。被编码的信息可能是文本或数字数据，数据大小通常是几个至 1 556 B，被编码数据的长度决定了矩阵中色块的数量。编码时经常使用纠错码来增加可靠性，在一个或多个色块被损坏而不可读时，里面的信息仍然可被读取，1 个数据矩阵最多可以存储 2 335 个数字或字母。DM 二维码最流行的应用是小对象的标签，因为该编码能在 2 mm^2 或 3 mm^2 的面积上编码 50 个字符，且在 20% 对比度下仍然可读。DM 二维码如图 7.2(a)所示。DM 二维码的大小不受限制，商业应用的图像包括小至 $300 \ \mu m$(在 1 台 $600 \ \mu m$ 硅装置上激光蚀刻)和大至数米(涂在棚车顶上)的平面。

(3)PDF417 二维码。

工业中常见的另外一种 PDF417 二维码如图 7.2(b)所示。PDF417 二维条码是一种堆叠式二维条码,PDF(Portable Data File)意思是"便携数据文件"。PDF417条码是一种高密度、高信息含量的便携式数据文件,是实现证件及卡片等高可靠性信息自动存储、携带并可用机器自动识读的理想手段。1997 年 12 月,《四一七条码》(GB/T 17172—1997)正式颁布,成为我国第一个二维条码国家标准。

(a) DM二维码

(b) PDF417码

图 7.2　DM 二维码

(4)常见二维码的性能比较(表 7.1)。

表 7.1　常见二维码的性能比较

二维码类型		QR(日)	PDF417(美)	DM(美)
发明时间		1994 年	1992 年	1989 年
是否符合国际标准		是	是	是
面积	最小	21×21	90×9	10×10
	最大	177×177	853×270	144×144
信息存储量	存储信息量	大	最小	小
	字节/in²[①]	2 953 (7%纠错信息)	1 106 (0.2%纠错信息)	1 556 (14%纠错信息)
	字母字符	4 296	2 710	3 116
	数字字符	7 089	1 850	235
	汉字字符	1 817	—	—
	8 位字节数据	2 953	1 556	
纠错能力	纠错分级	4 级	9 级	非离散连续分级
	最高纠错信息	30%	46.2%	25%
	最低纠错信息	7%	0.2%	14%
表示中文能力		优	差	一般
解码速度		快	慢	一般
抗畸变、 污损能力		较弱	一般	超强

注:①1 in² ≈ 6.45 cm²。

从表 7.1 可以看出,QR 二维码单位面积上信息存储量最大,PDF417 二维码单位面积上信息存储量最小(且伴随最低的纠错信息),而 DM 二维码单位面积上信息存储量在 1~2 kB 之间。从纠错分级上来看,由强到弱排序为:DM 二维码>PDF417 二维码>QR 二维码。DM 二维码的纠错分级是唯一的非离散连续分级,即它的纠错功能可以根据用户的需求在其范围内任意设定,因此 DM 二维码标准的纠错功能细化最强,这恰好是移动机器人二维码导航实际应用中最重要的指标之一。从抗畸变、污损能力来看,由强到弱排序为:DM 二维码>PDF417 二维码>QR 二维码。

考虑二维码的上述特性,在各厂家采用的方案中,DM 二维码在目前二维码导航中应用最多。将二维码的主方向和位置信息关联到二维码中,当移动机器人通过图像采集设备扫描二维码后,就可以利用二维码的主方向和位置信息得到移动机器人的位置和朝向,从而实现移动机器人的自主定位。其中二维码主方向的获取对机器人定位至关重要,小角度的偏差如果不进行纠偏,机器人在行进长距离后会偏离设定路线。

实际应用中,往往通过 DM 二维码组合或者附加图形来帮助移动机器人进行定位标签设计。图 7.3 给出了 DM 二维码导航标签中的两种常见方案。图 7.3(a)所示方案包括了与基底具有不同光学反射率的初定位模块、方向模块、位置信息模块及辅助施工模块。二维码外侧圆环为初定位模块,二维码中的 L 形线段为方向模块,位置信息模块由普通的二维码图形给出,辅助施工模块包含 4 条基准线段和位置信息字符串,便于施工。图 7.3(b)所示方案以 4×4 多组 DM 二维码作为导航标签,通过不同的组合可以更加有效地应对遮挡、污染、破损带来的影响。

(a) 单DM二维码+定位模块导航标签设计

(b) 多DM二维码模块导航标签设计

图 7.3 DM 二维码导航标签中的两种常见方案

2. 二维码编码模式

在二维码的发展过程中也有不同的编解码模式。二维码的编码过程是将编入数据进行分析和转码,再构造纠错码,一起组合编辑成为一个完整的二维码。二维码常见的编码模式包括 ASCII 码、数字编码、字母编码等模式。

在 ASCII 码模式中,需编码数据中的每个字符。首先在 ASCII 码对照表中找到对应值,然后转换为对应的八位二进制数值。例如,将 ABC 通过 ASCII 码模式转换成二维码,先在 ASCII 码对照表中找到 ABC 每个字符对应的 ASCII 码值,分别为 65、66、67,然后将其转换为八位二进制数,分别为 01000001、01000010、01000011。

当编码数据全部为数字时,采用数字编码。其原理是先将数字从左向右按照三个一组进行划分,末尾不足三个数字时也分为一组,再按照分组分别将每一组的三位数转换为二进制数,最后按照相应规则进行衔接,完成编码。例如,对 12345678 进行编码,第一步先将其分组表示为 123、456、78,接着将其转换为二进制数,分别为 0001111011、0111001000、1001110,最后加入模式指示符和技术指示符便可完成数字编码。

字母编码是针对字母和一些特殊字符的编码模式。26 个字母 A～Z 分别对应 10～35 的数值,编码方法是:将需要编码的数据按照两个一组进行分组,末尾不足两位的单独分为一组,先将每组的数据转换为对应数值,然后将每组中第一个数字乘以 45 后加上第二个数字,再将其转换为十一位二进制数,不足两位的分组直接转换为六位二进制,最后将全部二进制按照相应规则进行衔接,完成编码。

7.1.2　二维码导航方案设计

二维码识别传感器是一种在实际应用中有针对性设计的工业相机,并内置和搭载了二维码识别算法。二维码图像由二进制的 0 或 1 组成,0 代表白色,1 代表黑色;二维码识别传感器在读取二维码图像后,根据解析公式将其转换为二进制信息发给控制器。

二维码导航系统主要由 4 部分构成:上位机调度系统、运行地图构建、AGV 定位与位姿校准及路径规划。基于二维码的多 AGV 导航系统的框架如图 7.4 所示。

1. 上位机调度系统

上位机调度系统是基于 C++编写的上位机应用程序,通过在真实工厂构建的运行环境,在系统中模拟出实际地图,然后对 AGV 进行调度,该系统可利用手机或计算机登录并对 AGV 发布指令。

2. 运行地图构建

在 AGV 的工厂应用中,AGV 的运行地图构建是其能够在工厂中按理想状

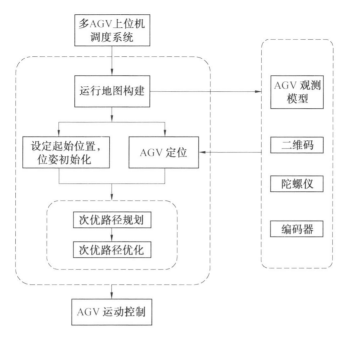

图 7.4　基于二维码的多 AGV 导航系统框架

态运行的首要条件。AGV 后期在工厂中能否实现智能化运行、精准定位和自主路径规划都取决于运行地图构建情况。在实际应用中,运行地图构建可通过两种方式完成:一种是在 AGV 需要运行的路径中按相等间距铺设二维码,组成AGV 运行地图;另一种是通过二维码模拟出栅格地图,每个二维码表示栅格地图中的一格,便于后期进行 AGV 的路径规划。

3. AGV 定位

通过二维码识别及扩展卡尔曼滤波方法对 AGV 进行实时定位,使 AGV 能准确地到达目标点;结合 AGV 的运动模型和传感器观测模型,对 AGV 当前的位置和姿态进行估计。

4. 路径规划

路径规划是机器人领域的重点研究方向,其目标是使机器人根据某个或某些优化标准或指标(如能量消耗最小、路径平滑性更好、完成时间最短等),使机器人按照最优路径从初始位置移动到目标位置,并在运动过程中避免与环境中的任何障碍物发生碰撞。

7.1.3　基于二维码的地图构建

实际应用环境中,在 AGV 运行的路线上短距离地、均匀地铺设二维码。根据 AGV 驱动电机的机械属性,本书将二维码之间的间距设为 0.5 m,也就是在 AGV 的运行路径上每隔 0.5 m 铺设一个二维码。每个铺设有二维码的点都设定一个三维坐标 (x, y, z),本书采用 ASCII 码对每个点的坐标进行编码,其中 x 表示该点的横坐标,y 表示该点的纵坐标,z 表示该点的高度,用坐标表示该点所处楼层。若工厂中 AGV 需要运行的楼层数不止一层,不同楼层的二维码之间将用 z 轴坐标进行区分,将其按照 ASCII 码的编码规则进行编码重组,制作成二维码。

二维码的识别过程是基于二维码的导航系统中关键的一环,需要快速且准确地读取二维码中的信息。DM 二维码识别过程如图 7.5 所示。

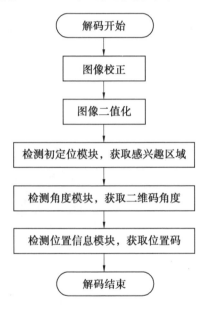

图 7.5 DM 二维码识别过程

DM 二维码识别的步骤如下。

步骤 1:获取码图符号图像。

步骤 2:图像畸变校正(采用张正友平面标定法)。

步骤 3:对校正后的图像进行二值化处理。

步骤 4:检测圆环,提取感兴趣区域,确定初定位模块。

步骤 5:在感兴趣区域中进行边缘提取,检测 L 形线段,获取二维码角度。

步骤 6:对位置信息模块进行解码,采用和普通二维码相同的编码方式。

一般图像处理方法的操作步骤如下。

1.彩色图像灰度化

将彩色图像转换为灰度图像通常使用以下两种方法。

方法一,灰度值被指定为 R、G、B 三种颜色分量中的最大的那一个分量,即

$$\mathrm{Gray} = \max(R,G,B) \tag{7.1}$$

方法二,RGB 空间被转换为 YUV 空间,灰度值就采用其中的 Y 分量的值。Y 分量表示人眼对光亮度的敏感程度,称为亮度分量。人眼对三种颜色分量的敏感程度是有区别的,因此为了能够精确地将 RGB 空间转换为 YUV 空间,国际上一般运用加权系数来实现,将 YUV 空间中的 Y 分量作为该像素点的灰度值,Y 分量的计算公式如下:

$$Y = k_R \cdot R + k_G \cdot G + k_B \cdot B \tag{7.2}$$

其中,$k_R + k_G + k_B = 1$,$k_R = 0.299$,$k_G = 0.587$,$k_B = 0.114$。

通过比较以上两种方法,发现 Y 分量作为灰度值更加符合人眼的观察习惯,因此本书选择方法二作为彩色图像灰度化的方法。

2. 直方图均衡化

直方图均衡化是指为了增强图像细节的对比度,利用直方图调整对比度。直方图均衡化一般通过对常用亮度进行有效拓展来实现。直方图均衡化后,二维码图像中的部分细节信息得到有效增强,并且该方法对整体图像的对比度影响不大。

原始图像的直方图可以通过直方图均衡化得到均匀分布的直方图。该方法是通过增加像素点灰度值的取值范围使图像整体的对比度得到增强。假设 f 为图像像素点(x,y)处的灰度,而 g 表示均衡化处理后图像像素点(x,y)处的灰度,其映射关系可表示为

$$g = \mathrm{EQ}(f) \tag{7.3}$$

其中,映射函数 $\mathrm{EQ}(f)$ 需满足以下两个条件:

① 当 $0 < f < L-1$(L 表示图像灰度级别)时,$\mathrm{EQ}(f)$ 是一个单调递增的函数。这种情况下原始图像的整体对比度并未因增强处理而受到影响。

② 当 $0 < f < L-1$ 时,有 $0 < g < L-1$,这个条件保证了变换前后灰度值动态范围的一致性。

累积分布函数可以实现 f 分布到 g 均匀分布的转换,因此通常将其作为均衡化处理的函数。均衡化的具体实现过程如下:首先对原始图像各点的灰度值进行统计分析,计算原始图像的累积直方图分布。然后利用得到的直方图分布求取 f_k 与 g_k 之间的映射关系。经过上述步骤的重复计算得到原始图像全部灰度级别与处理后图像全部灰度级别之间的映射关系。最后,根据这个映射关系将原始图像的各像素点的灰度转换为目标图像的灰度,从而实现原图像的直方图均衡化。

3. 二维码信息的读取

经过以上两个对 DM 二维码图像进行预处理的步骤之后,接着读取二维码

存储的信息。每个 DM 二维码可以看作由大小相同的黑白两种方格组成的点阵组合,其中黑色和白色的方格即为二维码的数据单位,黑色方格代表 0,白色方格代表 1,读取二维码中的信息就是将二维码转换成矩阵,然后将矩阵中的数据按照 ASCII 码的规则进行译码,从而得到存储在二维码中的信息。

4.二维码图像校正

如果图像仅是位置和角度发生变化,可以直接通过图像的平移和旋转进行校正,但在实际情况下,由于图像采集角度和 DM 二维码本身的不平整,可能存在球面失真、边缘模糊、几何失真,甚至条码本身被部分污损等问题,用网格法采样,很容易使采样的位置并非真实、正确的位置,加上条码本身可能存在污损或光线问题,使采样结果不理想,导致采集的图像发生畸变,因此需要一系列更为复杂的校正操作。

5.二维码地图构建

以 AGV 的行驶路径为基础,构建一个直角坐标系,在坐标系内等距离地铺设二维码,按照直角坐标系的坐标计算规则,确定所有二维码的坐标并存储到相应的二维码中。以二维码为基础构建的二维码地图如图 7.6 所示,二维码地图可以呈不规则形状,但为了确保 AGV 在运行过程中的准确性,AGV 运行路线上的二维码之间必须要连续;设定在坐标轴原点处二维码的坐标为(0,0),按照坐标轴坐标的标定规则,则地图右上角的二维码坐标为(6,4)。对于更复杂的场景,可以采用多 AGV 任务调度的方法。

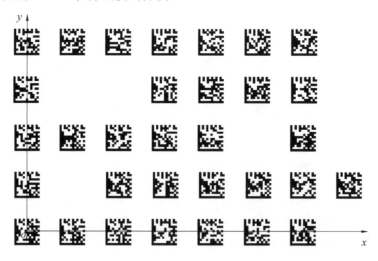

图 7.6　二维码地图

7.1.4　AGV 导航及多 AGV 调度

在工厂的生产制造中,需要提前制定固定的生产流程,包括发放物料、AGV运输路线等,但在实际生产过程中会出现一些突发情况,如订单临时增多或提前完成任务导致长时间空闲。本书设计了 AGV 的软件平台,既可设置固定生产流程,也可进行实时调度,使管理人员在生产制造中可通过终端便捷地下订单,使开发和维护周期都得以缩短。

通过开发基于 C++的上位机调度系统实现多 AGV 的调度。在调度系统中,先需要录入 AGV 运行的地图信息、AGV 的数量信息及标定 AGV 的起始位置;然后管理人员可在计算机或者手机上登录调度系统,给 AGV 设定目标点的坐标,并通过录入的地图信息和起始点对 AGV 进行路径规划,再通过无线网络将指令发送给 AGV,AGV 接到指令后即可按照规定路径行驶至目标点。软件界面如图 7.7 所示,一般用于检测调试 AGV 的状况和设定 AGV 重复循环的工作路线。在工作场地搭建局域网,将计算机和 AGV 都联入局域网中,即可使用单机版软件进行操作。

图 7.7　软件界面

软件界面中小车 IP 处可以选取需要操作的 AGV,选取 AGV 后其状态会实时地显示到该界面上;地图配置是将实际场景布置的二维码地图录入软件中,需要输入二维码的数量、行数、列数、间距及初始码坐标 X、Y 的内容信息,如图 7.8所示。

单功能调测可以对 AGV 进行检测调试,检测其是否能正常运行,还可对单AGV 设置单次执行任务和进行功能调试。

多功能调测可设置多 AGV 的目标点任务,实现多 AGV 的调度。

多 AGV 调度规则流程图如图 7.9 所示。调度系统中对多台 AGV 的优先

图 7.8　地图配置界面

级进行设定,以优先级为基础制定多台 AGV 同时调度的规则。多台 AGV 同时调度时可以分为规划路径无重合和规划路径有重合两种情况。本书以两台 AGV 为例,详细说明多 AGV 的调度规则。两台 AGV 的型号分别为 AGV1 号和 AGV2 号,两台 AGV 均装载了可检测车运行前方情况的避障传感器,以避免发生多车碰撞。

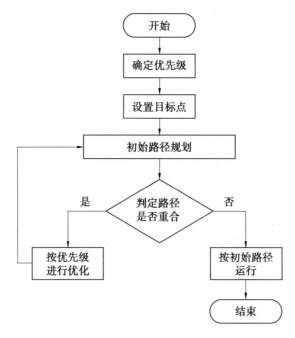

图 7.9　多 AGV 调度规则流程图

首先,通过调度系统对两台 AGV 的优先级进行设定,假设 AGV1 号的优先级高于 AGV2 号,并设定两台 AGV 的目标点坐标。其次,通过路径规划算法分别对 AGV1 号和 AGV2 号的起始点到目标点进行最优路径规划。当两台 AGV 规划的路径无重合时,两台 AGV 按照各自既定路线行驶。当两台 AGV 的最优路径有重合时,分为不可规避和可以规避两种情况,当两台 AGV 的路径有两个及其以上的连续坐标点重合时为不可规避的情况,如图 7.10(a)所示,实线箭头表示 AGV1 号的路径,虚线箭头表示 AGV2 号的路径,此时按照优先级判定,AGV1 号最优路径不变,对 AGV2 号排除重复点后重新进行路径规划;当两台 AGV 的路径只有一个坐标点重合或者重合点两两不连续时为可以规避的情况,如图 7.10(b)所示,实线箭头表示 AGV1 号的路径,虚线箭头表示 AGV2 号的路径,按照优先级高先行的原则,在重合点 AGV1 号先于 AGV2 号通过。最后,两台 AGV 按照最后确定的路径完成调度,各自到达目标点。

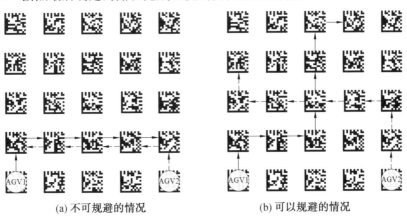

(a) 不可规避的情况　　　　　　　(b) 可以规避的情况

图 7.10　多 AGV 路径重合时的两种情况

7.2　二维激光导航

7.2.1　激光雷达

激光雷达(Laser Detection and Ranging,LDAR)是传统雷达技术与现代激光技术相结合的产物。激光雷达测距是激光技术应用最早的一个领域,具有探测距离远、测量精度高、角度分辨率高等特点。激光雷达测距主要有连续波测距和脉冲测距两种方法。连续波测距一般针对合作目标,采用性能良好的反射器,激光器连续输出固定频率的光束,通过调频法或相位法进行测距。脉冲测距也称为飞行时间(Time of Flight,ToF)测距,通过测量从发射激光脉冲到接收反射光的时间间隔,根据光的行程和飞行时间的关系计算距离。脉冲测距应用于反射条件变化很大的非合作目标。根据测量目标维数的不同,激光雷达可以分为一维、二维和三维激光雷达三种。一维激光雷达通常称为激光测距仪,只在单一方向上测距。二维激光雷达和三维激光雷达分别称为二维激光扫描仪和三维激光扫描仪,两者都以激光测距仪为基础,借助扫描系统改变激光探测方向获得二维和三维的点云数据,从而实现多维扫描。目前,移动机器人中采用的激光雷达多为基于脉冲测距的二维激光雷达。

激光导航技术出现之前,移动机器人一直采用电磁导航、磁带导航等有线导航方式。有线导航方式的路径柔性差,不适用于复杂路径,并且无法实现精确定位,当移动机器人需要精确停在某一地点时,需要借助其他方式进行辅助定位。激光导航技术的问世改变了这一状况。早期的激光导航系统需要在移动机器人行驶路径周围安装位置精确的反射板,通过移动机器人上的二维激光雷达扫描、探测反射板,选择其中至少三个反射板的角度测量数据,采用"三角法"进行定位。"三角法"的基本原理为:已知激光雷达对至少三个反射板的角度测量数据及反射板在环境中的坐标,即可通过几何或代数等数学方法求解移动机器人在环境中的位姿。

激光导航技术与其他铺设导引线的导航方式相比,由于使用了反射板,具有相对突出的优点,包括定位精确,地面无需其他定位设施,适用于复杂的路径条件及工作环境,能快速变更行驶路径和修改运行参数。因此,激光导航方式是目前国内外许多移动机器人生产厂家早期采用的导航方式,但它的缺点是车型构造需保证激光导航器的视场要求。为了探测反射板,激光导航器一般安装在移动机器人的较高位置,反射板的安装高度与之相匹配。激光导航器和反射板之间不能有遮挡物,不适合在狭小区域导航。激光导航器通常具有比较高的角度分辨率,以便在扫描时不会将反射板漏掉;同样,反射板的尺寸也必须足够大以满足探测的需要。激光导航对反射板的布局要求也比较高,如反射板不能对称布置,采用平面反射板(另一种为圆柱形反射板)时两块反射板之间的夹角不要超过120°等。另外,激光导航器抗光干扰纠错能力有一定局限,且生产成本较高。

除了使用反射板,采用激光测角定位或激光测角与测距结合定位的激光导航技术外,现在也出现了不使用反射板的激光导航技术。该导航技术可在不改变环境的前提下,通过构建环境地图实现移动机器人的定位,其在移动机器人领域研究得更为深入和广泛。为了便于区别,将前者称为传统激光导航技术,后者称为现代激光导航技术。传统激光导航技术以工业应用为背景,倾向于高精度和路径规划的平顺性。在某种程度上,传统激光导航技术取代的是电磁和磁带等需要导引线的导航方式。现代激光导航技术以在不对环境进行特定改造的情况下对移动机器人定位和环境地图创建等理论方法的研究为背景。基于此,激光雷达取代的是具有较大测量不确定性的低分辨率距离传感器。随着现代激光导航技术的发展,现代激光导航技术将逐渐从理论层面的研究向实用化的技术转化。

基于激光雷达导航的移动机器人依靠激光雷达和环境地图对自身进行定位,因此环境地图是移动机器人的重要组成部分,而基于激光雷达的移动机器人环境地图创建是一项必不可少的技术。

传统激光导航技术中,移动机器人的环境地图由所有反射板在人为设定的世界参考坐标系中的坐标构成,称为特征地图。在激光导航技术发展早期,反射板布置完成后,每个反射板的位置由人工使用经纬仪手动测量,然后将其坐标保存到地图中。这种方法需要花费大量时间,不仅提高了项目实施成本,而且非常不方便。对于规模相对较大的环境,几乎需要花费一整天的时间创建地图。因此,实现自动化的地图创建是十分必要的。最初实现自动化的地图创建方法实际上是一种半自动的方式。半自动式地图创建以手动方式对测量数据与反射板进行关联,然后通过计算机对测量设备(如装备激光雷达的移动机器人)的位姿和反射板位置进行优化。1993 年,美国 NDC 红外技术公司(NDC Infrared Engineering)在该方法的基础上开发了 Auto Surveyor 自动建图软件,并应用于工业场合。半自动式地图创建技术的缺点在于需手动关联反射板,耗费时间久,操作困难,而且容易导致人为的关联错误。为此,1996 年,NDC 红外技术公司又启动了全自动化版本 Auto Surveyor II 的研发工作。2000 年,有学者提出全自动的反射板关联方法,使激光导航的自动地图创建技术得以实现。目前,自动地图创建技术已经成为激光导航移动机器人的一项必不可少的技术。德国施克公司生产的 NAV200 激光导航系统也带有自动地图创建功能,尽管创建的地图精度尚无法与人工测量的地图精度相比,但可作为人工创建地图的一种辅助手段,如在系统初始安装完成后对新反射板位置的测量,校正位置发生变化的反射板,也可以在位置精度要求较低的场合中完全替代人工测量。另外,2011 年 RMT Robotics 公司开发的一款称为 ADAM(Adaptive Momentum Estimation) 的智能移动机器人,该移动机器人使用的导航方式属于现代激光导航技术,不使用反射板,完全通过移动机器人自带的激光雷达扫描周围环境的轮廓以实现自动化的地图创建,再利用该地图执行定位、路径规划等任务。

7.2.2　基于激光雷达的 SLAM 技术

移动机器人领域中,SLAM 问题最先是由 Smith、Self 和 Cheeseman 在 1988 年提出,该问题被认为是实现真正全自主移动机器人的关键。在完全未知的空间里,机器人要对当前位置实现定位,只能在对自身位置进行估计的基础上,对周围环境构建地图,同时在运动过程中使用此地图更新位置变化,并进行自主导航。

机器人通过自身传感器提供的信息创建环境地图,是机器人在完全未知的环境中实现自主定位和导航的前提之一。在未知环境中,移动机器人必须依靠如里程表、声呐、激光测距仪、视觉传感器等传感器获得信息。由于传感器本身的局限性,其采集的数据均有一定程度的误差。例如,由距离的测量误差和反射镜的旋转及激光散射引起的测量角度误差造成的激光雷达的不确定度。感知信息的不确定性导致构建的环境模型不完全准确。同样,当基于模型和观念做出的决策也存在不确定性,也就是说定位信息的不确定性是可传递的。对不确定性进行度量的方法主要有概率度量、信任度量、可能性度量、模糊度量和证据理论等。

目前主流的方法是以概率模型来描述不确定信息。假设在 SLAM 过程中,运动方程、观测方程是线性的,且两个噪声项服从零均值的高斯分布,主要基于马尔可夫假设和贝叶斯规则展开计算。该方法的优点是用随机概率模型描述了机器人的姿态和环境信息,鲁棒性好。同时,当使用概率模型时,需要注意的是,此时的计算量非常大,并且必须提前知道模型的先验概率,这将决定是否能快速建立精准可靠的环境地图。

激光雷达的 SLAM 技术的关键问题有:地图表示方式,前端数据预处理,后端处理,回环检测和地图融合。

(1)地图表示方式。

机器人主要通过地图来描述环境,机器人将地图与所处的空间特征进行映射,而不同的传感器或不同的算法都可以为机器人提供不同种类的地图描述形式。目前国内外研究者已经提出了多种表示方式,大致可分为三类:拓扑地图、栅格地图和特征点地图,其包含信息量依次递增。

栅格地图(Occupancy Map)的信息量介于三种地图的中间位置,其本质是位图图像,但每一个像素都代表了实际环境处存在障碍物的概率。一方面,由于栅格地图具备了空间环境中的充足特征,为机器人路径规划提供了所有途经可能遇到的障碍位置和外形信息;另一方面,栅格地图并非传感器数据的原始记录,在空间和时间的资源消耗方面达到最优。因此,目前栅格地图在移动机器人定位导航中得到了广泛的应用。

(2)前端数据预处理。

在前端需要预处理的数据包含:激光雷达传感信息和里程计信息两部分。其中激光雷达传感信息反映当前时刻的局部地图信息,里程计信息反映相邻时刻的运动关系。

①激光雷达传感信息。激光雷达和许多传感器设备一样,每一时刻激光雷达只能获取其当下所在环境的信息。采用的 2D 激光雷达在高速旋转过程中不断采集其四周扇形区域内障碍物的距离信息,组合成空间点云信息,在前端预处理过程中,这些点云信息会被记录为局部地图。

随后将局部环境的点云数据匹配到已经建立的地图上,并保证匹配的位置准确。这一关键步骤的好坏,直接影响 SLAM 构建地图的精度。由于运动是连续的,所以相邻时刻的点云数据之间有重合部分,匹配的过程是在已建立的地图中找出相似之处,从而确定新的局部地图拼接点。

②里程计信息。在 SLAM 过程中,若要对激光雷达采集的局部地图进行拼接,必须要在定量地估计机器人运动之后方可进行。

通过里程计可以得到机器人移动的位置估计,以此作为下一步数据处理的先验概率条件。然而仅通过里程计估计轨迹将出现累计漂移。这意味着在建图过程中随着时间推移,所估计的轨迹不再准确,机器人移动一圈回到原点后建立的地图无法与之前同一地点的地图重合。

因此经过前端预处理的数据仍存在噪声和漂移两个问题。为了解决这两个问题,还需要两种技术:后端处理和回环检测。后端处理主要解决 SLAM 过程中的噪声问题,回环处理主要解决里程计漂移问题。

(3)后端处理。

由于现实中的传感器数据不可避免地带有一定噪声,所以后端处理的内容是从带有噪声的数据中估计整个系统的状态,并计算出此状态的不确定性。系统的状态,既包括机器人自身的轨迹,也包括所建立的地图。后端处理主要使用的是滤波与非线性优化算法。

机器人后端处理一般使用的是粒子滤波算法。粒子滤波算法一般需要大量的粒子以获取好的结果,但这必定会使计算复杂;粒子滤波算法是一个依据过程的观测逐渐更新权重与收敛的过程,这种重采样的过程必然会带来粒子耗散问题,大权重粒子显著,小权重粒子消失(有可能正确的粒子模拟在中间的阶段因权重小而消失)。采用自适应重采样技术可减少粒子耗散问题,计算粒子分布时不仅依靠机器人的运动(里程计),同时需将当前观测考虑进去,减少机器人位置在粒子滤波步骤中的不确定性。由于激光雷达 SLAM 技术建立的是二维地图,而且激光雷达采集的样本数量较为充足,所以粒子滤波是解决激光 SLAM 核心问题的有效手段。

(4)回环检测。

回环检测(Loop Closure Detection)主要解决位置估计随时间漂移的问题。构建地图过程中,需要机器人在扫描完整个地图之后回到最初的起点,这样有些地点会被重复经过多次,但是由于运动传感器的漂移,它的位置估计值并没有回到该点。于是考虑一种方法,可以将之前的地点识别出来,再将位置估计值矫正到正确的位置上,以此消除漂移。基于这种思路,可知回环检测同时需要"定位"和"地图"信息。其中"地图"信息是为了利用图形相似性,让机器人识别出曾经到达过的场景,再根据"定位"信息偏差程度,把整体轨迹和地图都调整到符合回环检测结果的样子。这样,只要进行充分而正确的回环检测,就可以消除累积误差,得到全局一致的地图。

(5)地图融合。

总体来说,SLAM 是根据不同平台特点,调度多种传感器,对于平台设备有着较强依赖的算法。在移动机器人的激光雷达 SLAM 技术中,关键传感器包括激光雷达、IMU 和里程计,算法层面上需要前端、后端、回环检测形成有机框架,实时对传感信息进行综合处理。

地图融合并非简单地对局部地图进行拼接。实际上由于机器人的运动误差,机器人不一定在经过一个周期之后精确地处于理想位置点,而且激光雷达扫描的环境信息也存在一定误差,甚至环境与上一时刻相比也发生了变化。例如,当过路的行人进入了激光雷达视野范围时,也会导致直接拼接效果不理想。因此,地图融合的过程相当复杂,需要在大量概率运算基础上使用滤波方法进行融合。

地图的扫描与构建是一个持续性活动,因此机器人只有使前端数据依次重复执行预处理、后端处理、回环检测及地图融合等过程,才能最终在机器人运动扫描过程中产生完整的栅格地图。

7.3　三维视觉导航

7.3.1　基于 Kinect 的机器人三维视觉导航描述

移动机器人通过携带视觉传感器探索未知环境,由于相机存在一定帧率且只在某些时刻进行信息采集,于是获取的信息组成了一系列连续图像,机器人的连续运动也被拆分成了各个离散时刻 $t=1,\cdots,k$ 中发生的事情。在这些时刻中,如果用 x 表示机器人的位置,则机器人各时刻位置就为 $x_1,\cdots,x_k$,这些位置构成了机器人的运行轨迹。同时,在每个离散时刻,机器人都会观测到一部分路标点 $y_1,\cdots,y_n$(n 表示 t 时刻的路标点数量),这些路标点为机器人的观测数据。

机器人通常会携带一个测量自身运动的传感器,根据传感器类型的不同,观测到的信息也会有些差别。但无论使用何种传感器,对于 SLAM 的数学描述都有一个通用的数学模型,即

$$\begin{cases} x_k = f(x_{k-1}, u_k, w_k) \\ z_{k,j} = h(y_j, x_k, v_{k,j}) \end{cases} \tag{7.4}$$

式中　u_k——传感器读取的数据,通常称为输入信息;

　　　w_k——噪声;

　　　$f()$——一般函数,称为运动方程;

　　　$h()$——观测方程,描述的是机器人在 x_k 位置上观测到路标 y_j,并产生了
　　　　　　　一个观测数据 $z_{k,j}$,其中 $v_{k,j}$ 为噪声。

由于使用的传感器类型不同,$f()$ 和 $h()$ 的表示形式并不唯一,具有不同的
参数化形式。

1. 相机模型与坐标转换

在视觉 SLAM 系统中,利用 Kinect 相机可以将三维空间中的物体投影到一
个二维图像平面上,也可根据所拍摄的图像,结合像素点深度值,计算出三维空
间中物体的空间位置参数,这都需要用到相机模型,如图 7.11 所示。

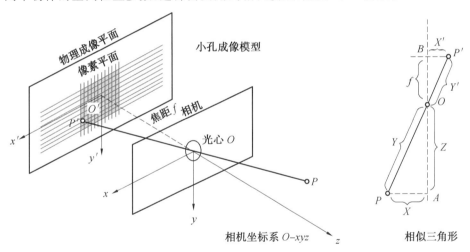

图 7.11　相机模型

其中,$O-xyz$ 为相机坐标系,$O'-x'y'$ 为成像平面。设 P 的坐标为 (X, Y, Z),P' 的坐标为 (X', Y', Z'),焦距为 f。根据相似三角形原理,可以得出:

$$\frac{Z}{f} = -\frac{X}{X'} = -\frac{Y}{Y'} \tag{7.5}$$

为了使公式更简洁,可以把成像平面放在与三维空间点同一侧,即可省去负
号,经整理可得:

$$\begin{cases} X' = f\,\dfrac{X}{Z} \\[2mm] Y' = f\,\dfrac{Y}{Z} \end{cases} \tag{7.6}$$

为了描述相机将三维世界中的一点 P 投影到成像平面上点 P' 这一过程,设在物理成像平面上存在着一个像素平面 $O-uv$,像素坐标系通常定义为原点 O' 位于成像平面上图像的左上角,u 轴与成像平面的 x' 轴平行,v 轴与成像平面的 y' 轴平行,于是得到 P' 的像素坐标为 (u,v)。像素坐标系和成像平面都处于同一平面,它们之间的差异为坐标系原点的平移 (c_x,c_y) 以及图像在 u 轴和 v 轴上的缩放,假如缩放分别为 α 倍和 β 倍,则可表示为

$$\begin{cases} u = \alpha X' + c_x \\ v = \beta Y' + c_y \end{cases} \tag{7.7}$$

结合式 (7.6),并将 αf 与 βf 分别表示为 f_x 和 f_y,得到下式:

$$\begin{cases} u = f_x\,\dfrac{X}{Z} + c_x \\[2mm] v = f_y\,\dfrac{Y}{Z} + c_y \end{cases} \tag{7.8}$$

将其写为矩阵形式为

$$\begin{bmatrix} u \\ v \\ 1 \end{bmatrix} = \frac{1}{Z} \begin{bmatrix} f_x & 0 & c_x \\ 0 & f_y & c_y \\ 0 & 0 & 1 \end{bmatrix} \begin{bmatrix} X \\ Y \\ Z \end{bmatrix} = \frac{1}{Z} \boldsymbol{K} \tag{7.9}$$

$\boldsymbol{K}$ 矩阵通常称为相机的内参数矩阵,在相机出厂后即固定不变,有些相机会提供自身内参,如果没有提供就需要借助相机标定技术获取,目前相机标定技术已相当成熟,借助标定板即可轻松完成相机标定。

在相机模型中,三维空间点 $\boldsymbol{P}$ 为相机坐标系下的坐标,为便于区分记为 $\boldsymbol{P}_c$,由于相机一直在移动,所以应采用 $\boldsymbol{P}$ 点在世界坐标系下的坐标 $\boldsymbol{P}_w$。相机坐标系与世界坐标系之间的关系如下:

$$\boldsymbol{P}_c = \boldsymbol{R}\boldsymbol{P}_w + t \tag{7.10}$$

可将其写成齐次坐标的形式,即

$$\boldsymbol{P}_c = \begin{bmatrix} \boldsymbol{R} & t \\ 0 & 1 \end{bmatrix} \boldsymbol{P}_w = \boldsymbol{T}_c \boldsymbol{P}_w \tag{7.11}$$

式中　$\boldsymbol{R}$——旋转矩阵;

　　　t——平移向量,可以经转换变为平移矩阵 t;

　　　$\boldsymbol{T}_c$——相机的外参数,与内参数固定不变不同,外参数表示相机运动的旋转和平移,是视觉里程计需要估计的状态,即相机位姿。

2. 方案设计

基于 Kinect 的移动机器人导航系统总体框图如图 7.12 所示,系统方案的实现均是基于 ROS 平台,包括两个主要部分:视觉 SLAM 和路径规划。

(1)视觉 SLAM。

实现移动机器人室内导航的前提条件是构建环境地图,并知晓机器人在地图中的精确定位。移动机器人定位与地图构建的精度奠定了其进行路径规划与导航的成功率。图 7.12 所示方案采用经典的视觉 SLAM 框架处理 Kinect 获取的信息,构建精确地图。

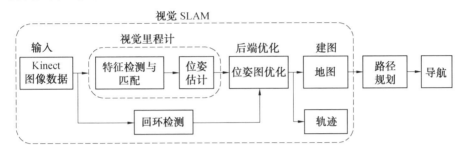

图 7.12 基于 Kinect 的移动机器人导航系统总体框图

(2)路径规划。

通过回环检测模块可以精确定位移动机器人在之前构建的地图中的位置,完成位姿初始化。利用地图信息给定目标点,移动机器人将采用全局路径规划模块规划出一条最优路径,完成起始点到目标点的无碰撞导航。若在规划的路径中出现了动态障碍物,即调用局部动态避障,实现动态环境下的自主导航。

7.3.2 移动机器人三维视觉导航原理

1. 基于改进 ICP 的移动机器人位姿估计

在视觉里程计中估计相机运动的方法通常分为直接法与特征点法。直接法是基于像素灰度值不变的假设下,不需计算关键点与描述子,而是直接根据像素的亮度信息估计相机运动。直接法具有的优点:省去了特征点法检测关键点与计算描述子的时间,可在特征不明显或缺失的场景使用,但它仍存在许多缺点,如估计相机位姿完全依靠像素梯度搜索,使算法易陷入局部极小值;单个像素区分度低;基于灰度值不变假设等。特征点法运行稳定,对光照、动态物体不敏感,是视觉里程计的主流方法,因此本书采用特征点法。

常见的特征点法种类为:FAST 关键点、SIFT 特征、SURF 特征、ORB (Oriented FAST and Rotated BRIEF)特征等。其中,最经典的是 SIFT 特征,它充分考虑了图像变换中出现的光照、尺度、旋转等变化,稳定性和鲁棒性表现优秀,但同时也会带来极大的计算量。为了解决 SIFT 特征计算量大的问题,在 SIFT 特征基础上改进,得到了 SURF 特征,SURF 特征在计算量上相比 SIFT 特征小了一个数量级,但其稳定性表现逊于 SIFT 特征。常用的 FAST 关键点只需比较像素大小,因此计算速度很快,但还存在特征点过多、不具有方向信息等缺点。近年来,学界出现了一种新的图像特征,即 ORB 特征。它改进了 FAST 关键点不具有方向性的问题,并采用速度极快的二进制描述子 BRIEF(Binary Robust Independent Elementary Features),使整个图像特征提取环节大大加速,同时保证特征子具有旋转、尺度不变性。经过以上分析,并考虑到 SLAM 系统对实时性及鲁棒性的要求,选用 ORB 特征。

2. 特征匹配与误匹配剔除

特征匹配是视觉 SLAM 中的关键一步,它确定同一特征点在相邻帧的对应关系,由此估计相邻帧的位姿变换。因此,特征匹配的准确性显得尤为重要。但是在特征匹配过程中,经常会发生误匹配,误匹配的存在会极大地影响相机位姿估计。因此,可采用随机采样一致性(Random Sample Consensus,RANSAC)算法剔除误匹配点,确保获得真实的匹配点对。RANSAC 算法是一种随机参数估计算法,通过随机抽选样本子集、计算模型参数、设定阈值等步骤获取最佳模型参数。RANSAC 算法对两组相邻 RGB 图的特征点进行粗匹配,通过预先设定一个阈值将全部匹配点对区分为内点和外点,剔除大于此阈值的匹配点对,即剔除了外点对粗匹配的影响。将筛选后的内点进行最小二乘法并估计 Kinect 相机的初始位姿,再将点集 A 大致配准到目标点集 B,粗匹配后的两片点云分别记为 P 和 Q。相机在第 i 时刻的位姿 P_i 与第 $i+1$ 时刻的位姿 P_{i+1} 的位姿转换关系为

$$P_{i+1} = P_i T_i^{i+1} \tag{7.12}$$

通过图像 ORB 特征提取与匹配,并经过 RANSAC 算法初步剔除大量误匹配后,仍存在少数误匹配点对,会对点云配准和相机位姿求解造成干扰。为了解决此问题,通常采用 ICP 算法完成三维点云的精确配准。传统 ICP 算法通过解决最小二乘均方差问题,求解包含旋转矩阵 $\boldsymbol{R}$ 和平移矩阵 $\boldsymbol{t}$ 的刚体变换 $\boldsymbol{T}$,从而实现相机相邻位姿的运动估计。传统 ICP 算法步骤如下:

①对于点集 P 中的每一点 p_i,在目标点集 Q 中搜索其最近邻点 q_j,从而构成了两组一一对应的配对点云,分别记为 P' 和 Q',如下所示。

$$P' = \{p_1, p_2, \cdots, p_n\} \tag{7.13}$$
$$Q' = \{q_1, q_2, \cdots, q_n\} \tag{7.14}$$

通过最小化均方目标函数来求解刚体变换 $\boldsymbol{T}$:

$$d_m = \frac{1}{n} \sum_{i=1}^{n} \| q_j - (\boldsymbol{R}p_i + \boldsymbol{t}) \|^2 \tag{7.15}$$

$$T = \begin{bmatrix} \boldsymbol{R}_{3\times3} & \boldsymbol{t}_{3\times1} \\ 0 & 1 \end{bmatrix} \tag{7.16}$$

式中　m——迭代次数。

②运用刚体变换转换点云。

$$P_{m+1} = \boldsymbol{R}_{m+1} P_m + \boldsymbol{t}_{m+1} \tag{7.17}$$

③当满足 $d_m - d_{m+1} < \varepsilon$ 时停止迭代,否则回到步骤①中。其中,ε 为大于零的阈值。

通过 RANSAC 算法进行特征点的粗匹配可粗略地重合相邻两帧点云。传统的 ICP 算法是基于两组点云完全重合这一假设理论,然而在实际应用中点云中的一点并不能总在点云中找到其对应点,传统的 ICP 算法中存在一定数量的错误匹配点对,算法易陷入局部最优,甚至不能收敛。为了减少配准误差,提高点云配准精度,需要利用改进的 ICP 算法对点云进行精确配准。在精匹配过程中,粗匹配的结果作为精匹配的初值,采用点对间欧氏距离阈值法和角度阈值法对误匹配点对进行剔除,以筛选出满足阈值条件的点对,进行精确相机位姿估计。欧氏距离阈值法及角度阈值法原理示意图如图 7.13 所示。

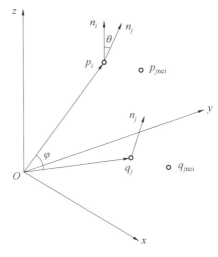

图 7.13　欧氏距离阈值法及角度阈值法原理示意图

(1)欧氏距离阈值法。

正确的匹配点对,两点对之间的欧氏距离不应过大,可以通过添加点对间欧氏距离阈值限制,剔除小于平均点对距离的匹配,且认为同一片点云下任一点与其邻点的拓扑结构不随刚体变换而变化。因此在粗匹配后,配对点云 P 中的任一点与其邻点,在另一个配对点云 Q 中的也应是邻近点,给出两个距离阈值限制为

$$|p_i - q_j| < u \tag{7.18}$$

$$\left| \frac{\| p_i - p_{i\text{nei}} \| - \| q_j - q_{j\text{nei}} \|}{\| p_i - p_{i\text{nei}} \| + \| q_j - q_{j\text{nei}} \|} \right| = \delta \tag{7.19}$$

式中　p_i 与 $p_{i\text{nei}}$ ——配对点云 P' 中的任意一点与其邻点；

$\qquad q_j$ 与 $q_{j\text{nei}}$ —— p_i 与 $p_{i\text{nei}}$ 在另一配对点云 Q' 中对应的点；

$\qquad u$ ——粗匹配后匹配点之间的平均欧氏距离；

$\qquad \delta$ ——距离阈值。

通过欧氏距离阈值法可剔除大部分噪声点，提高点云初值选取的成功率。

（2）角度阈值法。

通过欧氏距离阈值法剔除大部分点云数据噪声点后，再结合角度阈值法，能进一步检测点对匹配的正确性，提高点云初值选取的正确率。本书采用了点到切平面的最近搜索算法，对于给定点及其对应点，通过其邻近点集拟合平面，并求出各自的近似法向量。提出的角度阈值限制如下：

$$\cos \theta = \frac{n_i \times n_j}{|n_i| \times |n_j|} > \omega \tag{7.20}$$

$$|\sin \varphi - \sin \theta| < \tau \tag{7.21}$$

式中　n_i、n_j ——点 p_i 和 q_j 的近似法向量；

$\qquad \theta$ ——两匹配点对近似法向量的夹角；

$\qquad \varphi$ ——经欧氏距离去噪后的点对与所在同一坐标系原点 O 的夹角；

$\qquad \omega$、τ ——设定的夹角阈值。

改进后的 ICP 算法将欧氏距离阈值和点云方向向量阈值法同时应用，流程如下。

步骤 1：在点云集 P 中选择初始点云 p_{i0}。

步骤 2：在目标点云集 Q 中搜索与点云 p_{i0} 距离最近的点集，使用欧氏距离阈值法剔除噪声点，得到配对点云 p_{i0} 与 q_{i0}。

步骤 3：应用角度阈值法进一步剔除误匹配点对，得到精配对点云 p_{i1} 和 q_{i1}。

步骤 4：采用奇异值分解（Singular Value Decomposition，SVD）求得点云 p_{i1} 和 q_{i1} 之间的旋转矩阵 R 与平移矩阵 t。

步骤 5：根据式 $P_{i2} = Rp_{i1} + t$ 计算点云 p_{i1} 经一次刚体变换后得到的数据点云 p_{i2}。

步骤 6：重复步骤 3～5，直到满足下式：

$$\begin{cases} d_m - d_{m+1} < \varepsilon \\ d_m = \dfrac{1}{n} \sum_{i=1}^{n} \| q_{im} - p_{im} \|^2 \end{cases} \tag{7.22}$$

3.基于改进相似性得分函数的视觉回环检测

SLAM 系统的前端虽可以初步估计位姿变换，而由于系统噪声、相机移动过快等因素,容易导致估计误差较大。SLAM 系统后端虽然能对视觉里程计估计数据进行优化,但仅有相邻帧间变换数据,缺少更多的约束关系,优化效果也不明显。而回环检测能够检测出闭环,得到时间间隔更大的约束关系,为后端提供更多的有效数据信息,从而获得更好的位姿估计。由于移动机器人在移动过程中获取的图像是连续的,因此相邻帧的相似性比较高。

(1)关键帧。

Kinect 相机以一定的帧率采集室内环境信息,即使相机固定不动,程序的内存占用也会越来越高。在 RGB－D SLAM 系统中,过多的关键帧会增加闭环检测与全局优化的计算耗时,过少的关键帧会导致关键帧间间隙增大,造成帧间配准易出现失败的情况。为了满足帧间配准的成功率和系统实时性要求,需引入一种关键帧选取机制。在关键帧选取上,旋转的变化比平移更加敏感,因此在旋转出现微小变化或平移相对大一段距离后添加关键帧。当新帧到来时,检测其图像特征并与前一关键帧进行变换计算,如果变换超过阈值,则添加关键帧,反之,则丢弃。具体选取标准如下:

$$\varphi = \parallel \lambda_1 (\Delta x, \Delta y, \Delta z)^T \parallel_2 + \lambda_2 \parallel (\alpha, \beta, \gamma) \parallel_2 \tag{7.23}$$

式中　$(\Delta x, \Delta y, \Delta z)$——平移向量;

(α, β, γ)——相对欧拉角;

λ_1——平移权重参数;

λ_2——欧拉角权重参数。

(2)相似度计算。

如今,词袋模型(Bag of Words,BoW)广泛应用于闭环检测的场景描述中。本书考虑到 SLAM 系统的实用性和有效性,采用分层的 K 均值聚类方法构建视觉字典树。利用视觉字典树的容量大和快速搜索的能力对场景进行描述以及相似性得分计算。闭环检测中相似性得分匹配方法关系到闭环检测的准确性。金字塔得分匹配方法考虑到树的分层量化特点,逐层计算图像相似性增量,避免了传统单一量化尺度的误差问题;但考虑到闭环检测常见的视觉单词歧义性问题,需要更加科学有效的相似性得分计算方法,避免一词多义,增强图像区分度,获得更科学的得分匹配。使用视觉词典树来代替视觉字典树,视觉词典树生成示意图如图 7.14 所示。

建成的视觉词典树的单词容量为

$$\sum_{i=1}^{d} k^i \approx k^d \tag{7.24}$$

由上式可知,其容纳能力相当强,满足闭环检测中词典规模大的需求。每个树节点的 TF－IDF 熵作为在该节点的得分权重,则

$$\omega_i^l(X) = \frac{n_i}{n} \ln \frac{N}{N_i} \tag{7.25}$$

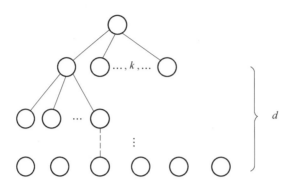

图 7.14　视觉词典树生成示意图

式中　$\omega_i^l(X)$——图像 X 在树的第 l 层的第 i 个节点上的得分；

n——特征点总数；

n_i——投影到节点 i 上的特征数；

N——待处理图像总数；

N_i——至少有一个特征投影到节点 i 上的图像数。

由此可得图像 X 在视觉词典树的得分向量为

$$\boldsymbol{W}(X) = [W^1(X), W^2(X), \cdots, W^d(X)]$$

定义图像 X 和 Y 在单个节点 O_i^l 的相似性得分为

$$S_i^l(X, Y) = \min[\omega_i^l(X), \omega_i^l(Y)]$$

虽然这种图像间相似性得分最小值函数在一定程度可以表示两幅图像在单个节点上的相似程度，但是仍存在不合理之处。例如，存在 $\omega_i^l(Z) > \omega_i^l(Y) > \omega_i^l(X)$，按照最小值函数可得 $S_i^l(Z, X) = S_i^l(Y, X)$，会错误地判定图像 Z 与 Y 的相似性得分相同，造成感知歧义问题。

（3）改进的相似性得分函数。

为了解决上述感知歧义问题，可以用一个更精准的相似性得分函数表示，即

$$S_i^l(X, Y) = \min[\omega_i^l(X), \omega_i^l(Y)] + \frac{1}{1 + |\omega_i^l(X) - \omega_i^l(Y)|} \tag{7.26}$$

由上式可知，第一项仍然是满足大多数情况下的最小值函数，它是相似性的主要判定依据；另外加了一项可以区别不同图像相似性程度的表达式，当两幅图像得分相差越小时，其值越大。为了避免第二项表达式对两幅图像整体相似性得分影响过大，分母部分加 1 可以使第二项值不超过 1；这样的相似性得分函数既保证了通常情况下的相似性判定，又能区别不同图像的相似程度，有效减少了感知歧义。

基于式（7.26）提出的新的单节点相似性得分函数可知，第 l 层的相似性得分为

$$S^l(X,Y) = \sum_{i=1}^{k^l} S_i^l(X,Y) = \sum_{i=1}^{k^l} \min[\omega_i^l(X), \omega_i^l(Y)] + \sum_{i=1}^{k^l} \frac{1}{1 + |\omega_i^l(X) - \omega_i^l(Y)|}$$

$$(7.27)$$

使用自上而下相似性增量的方法以避免重复累计相似性,定义第 l 层相似性得分增量为

$$\Delta S^l(X,Y) = \begin{cases} S^l(X,Y) - S^{l+1}(X,Y), 1 \leqslant l < d \\ S^d(X,Y), l = d \end{cases}$$

$$(7.28)$$

定义金字塔匹配核为

$$K(X,Y) = \sum_{l=1}^{d} \eta_l \Delta S^l(X,Y)$$

$$(7.29)$$

其中, η_l 表示第 l 层的匹配强度系数。用 $\eta_l = 1/k^{d-l}$ 来平衡不同层次间匹配差异,最终可得金字塔匹配核为

$$K(X,Y) = K[W(X), W(Y)] = S^d(X,Y) + \sum_{l=1}^{d-1} \frac{1}{k^{d-l}}[S^l(X,Y) - S^{l+1}(X,Y)]$$

$$(7.30)$$

(4)候选闭环确认。

将图像间的相似性得分与设定的闭环相似性得分阈值相比较,当得分大于阈值 T_w 时,则认为可能存在闭环。但由于视觉词袋不在乎单词顺序,因此会产生感知歧义问题,出现误闭环。误闭环对整个 SLAM 系统影响是致命的,它会带来错误数据关联,影响建图精度和效果。通常在回环检测之后会设定一个验证步骤。本书利用获取的图像帧在时间上连续这一特性,只有当连续几帧都出现闭环,才会确认闭环的存在,如若不满足这个条件则删除该候选闭环;而且发生闭环的图像是对同一场景不同角度的成像结果,因此它必须要满足对极几何约束,通过两幅图像的特征匹配估计基础矩阵,当基础矩阵的内点数比例超过设定的阈值时,认为存在闭环。通过以上两种剔除误闭环方法,可以保证得到正确的闭环。

7.3.3　移动机器人三维视觉导航实现

移动机器人三维视觉导航设置于真实环境下,实验平台为重庆邮电大学信息无障碍工程研发中心一楼实验室。该实验平台由三个主要部分组成:一台英特尔双核 4.0 GHz 主频的笔记本电脑,装配 Ubuntu 14.04 操作系统;一台 Kinect 深度相机,图像分辨率为 640×480,最高帧率为 30 f/s,水平视场角为 $52°$;一台 Pioneer 3-DX 机器人。采用 TUM 标准数据集验证机器人运动轨迹误差。TUM 标准数据集由德国慕尼黑工业大学(Technical University of Munich,TUM)发布,TUM 标准数据集由在不同的室内场景使用 Microsoft

Kinect 传感器记录的 39 个序列组成,包含了测试(Testing and Debugging),手持 SLAM(Handheld SLAM),机器人 SLAM(Robot SLAM),结构与低纹理(Structure vs. Texture),动态物体(Dynamic Objects),三维物体重建(3D Object Reconstruction),验证集(Validation Files),标定文件(Calibration Files)几种针对不同任务的数据集,每个种类有包含多个数据,可以用于多种任务的性能测试。

表 7.2 提供了不同 SLAM 算法在不同数据集下的均方根误差比较,可以看出本书所提算法在导航中机器人位姿估计准确率上与 RGB-D SLAM 相比有明显提高;与采用同样特征的 ORB-SALM 在没有闭环的场景下相比,准确率相差不大;但在带有闭环的 fr2_large_with_loop 数据集下,本书所提算法优于 ORB-SLAM。

表 7.2　不同 SLAM 算法的均方根误差对比

TUM 数据集	RGB-D SLAM	ORB-SLAM	本书所提算法
fr1_xyz	0.017	0.005	0.006
fr1_desk	0.027	0.015	0.014
fr2_large_no_loop	0.862	0.267	0.263
fr2_large_with_loop	0.457	0.118	0.104

在真实场景下进行三维地图重建,图 7.15 为传统 ICP 算法与本书所提算法进行三维环境重构的效果对比图。可以看出,传统 ICP 算法重构三维环境存在窗帘和 3D 打印机冗余点较多,展板轮廓不清晰等情况;而由本书所提算法构建的地图精度明显提高,室内环境、物体轮廓更加清晰。

1. 导航功能实现

在室内环境建图与自身定位的基础上,调用路径规划模块,在地图中实现 Pioneer 3-DX 的路径规划与自主导航。具体执行命令如下:

$ roslaunch kinect kc_p3dx_navigation. launch

选取加载地图的任一目标点,kc_p3dx_navigation. launch 文件就会调用路径规划算法完成路径规划与自主导航任务。图 7.16 为走廊环境下视觉 SLAM 与室内导航结果。

2. 静态与动态环境下导航结果分析

为了验证本书所提移动机器人导航系统的准确性及稳定性,分别在静态环境与动态环境下完成两种导航实验,通过导航实验结果验证本书所提系统性能。实验场景为重庆邮电大学信息无障碍工程研发中心的一楼大厅环境,其三维环境地图如图 7.17 所示。

(a) 传统ICP算法三维重构

(b) 本书所提算法三维重构

图 7.15　三维环境重构效果对比图

图 7.16　走廊环境下视觉 SLAM 与室内导航结果

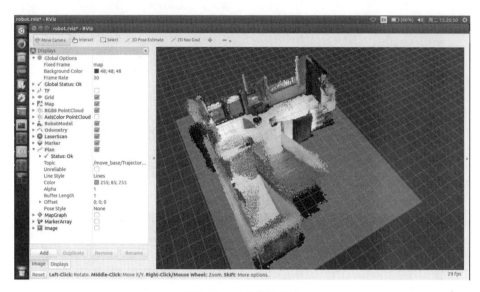

图 7.17　三维环境地图

（1）静态环境下导航与避障。

本书实验环境放置了两个静态障碍物以测试 Pioneer 3－DX 在静态环境下的避障与导航结果。首先，通过操纵杆控制 Pioneer 3－DX 对环境进行扫描，完成静态环境下环境地图构建；然后，通过对机器人定位及导航目标点的选取，调用路径规划模块，实现导航实验。如图 7.18 所示，在给定目标点后，机器人规划出了最优路径，实现导航且避开了静态障碍物。

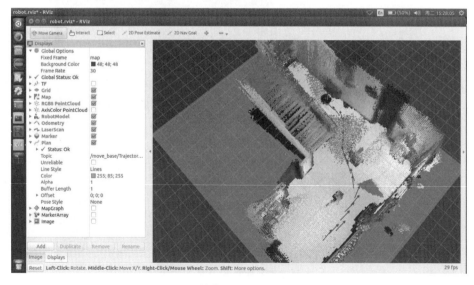

图 7.18　静态环境下导航实验结果

（2）动态环境下避障与导航。

为了测试动态环境下的导航效果，在实验地图中添加了两个行人，Pioneer 3－DX机器人初始位置在环境中的右下角，初始方向以箭头表示，图7.19中虚线圆圈标记的小块黑色阴影部分即检测到的动态障碍物。Pioneer 3－DX 的动态环境下导航实验结果如图 7.20 所示，机器人会规划一条全局路径，以带方向箭头的短线表示，在移动过程中遇到动态障碍物会采用局部动态避障，重新规划出可行路径，最终到达目标点。

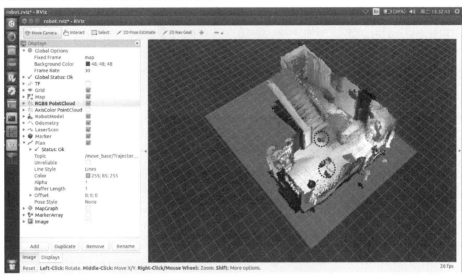

图 7.19　出现动态障碍物的环境示意图

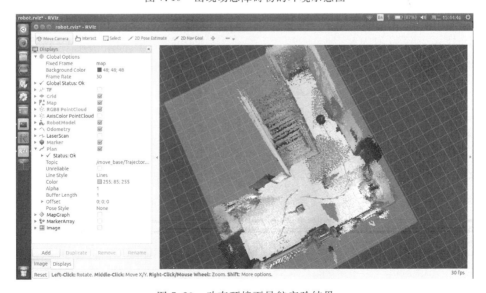

图 7.20　动态环境下导航实验结果

7.4 移动机器视觉伺服控制

视觉伺服是指通过机器人感知系统得到环境的视觉图像信息,以此控制驱动机器人各个关节的运动速度或加速度来实现指定任务的过程。不同机构类型的机器人具有不同的执行性能,其可实现的任务和运动控制的复杂性也随之不同。视觉伺服系统根据机器人视觉和移动机器人的位置可分为 Eye-to-Hand 系统和 Eye-in-Hand 系统如图 7.21 所示。前者的视觉传感器固定于工作区域的某个位置,而不安装于机器人上,其优点是控制精度与视觉传感器和末端关节之间的标定误差无关。后者的视觉传感器固定于机器人的末端关节处,这种装配技术使机器人更接近于目标物,从而使得到的信息更为准确,其视觉传感器坐标系和末端执行器坐标系之间存在一个固定的齐次变换关系。

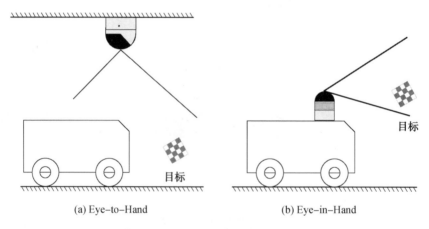

(a) Eye–to–Hand   (b) Eye–in–Hand

图 7.21 移动机器人与视觉传感器位置关系分类

Eye-in-Hand 系统的视觉传感器安装于移动机器人平台上,可随移动机器人运动。该系统能够采集到移动机器人附近一定范围内的图像信息,引导移动机器人主动靠近目标对象,由于获取的图像始终与移动机器人位置相关,因此移动机器人的理论工作范围能够无限大。由于 Eye-in-Hand 系统只能观测移动机器人周围一定距离的图像,对于单目视觉而言,其对周围立体环境的感知能力不足。同时在运动时,视场也不断发生变化,不能始终保证目标落在观测范围内,容易导致视觉伺服失败。目前 Eye-in-Hand 系统较多地应用在无人驾驶等领域,采用高精度的激光雷达替代视觉传感器,或使用多目视觉、多传感器融合来实现对复杂环境的感知。

Eye-to-Hand 系统的视觉传感器固定于某一位置,拍摄包含移动机器人在内的整体工作环境。场景视觉系统能够完整地获取移动机器人及其周边的工作环境信息,一般情况下能保证机器人始终位于图像之内。但受限于视觉系统是固定的,工作范围相对 Eye-in-Hand 系统较小,且移动机器人本身容易被某些物体遮挡。

在大多数机器人视觉开环控制的方式下,视觉信息只用来确定运动的目标位姿,不需要实时精度高的硬件,但是需要事先对视觉传感器、机器人进行精确的标定。目标物体经过图像的特征提取和匹配得到相对于视觉传感器或者机器人坐标系的位姿,将机器人控制移动至期望的位置点。

第 8 章

移动机器人学习技术

本章主要介绍机器人强化学习技术、机器人深度学习技术以及类脑计算的基本原理,讨论强化学习和深度学习算法以及类脑计算在机器人系统中实际应用,并结合移动机器人实例及未来可能的应用进行系统分析,最后对移动机器人与强化学习、深度学习结合以及类脑计算的技术发展方向进行了展望。

随着移动机器人逐渐进入人们生活,越来越多的人工智能技术开始融入移动机器人的导航控制中,人机协作、人机共融的发展趋势对移动机器人导航控制也提出了新的要求,甚至要求移动机器人具有社交导航规划能力。早期的机器人学习研究采用了类似模仿学习的方式,将人类的技能以一种相对直接的方式迁移到机器人系统中,先从少量示教样本中提取相应的运动特征,然后将该特征泛化应用于新的场景,但此类方式往往存在计算消耗大、泛化能力不强的问题。强化学习技术、深度学习技术使移动机器人可进行环境建模、路径规划和控制,采用这些技术则可解决上述问题。

8.1　机器人强化学习技术

　　强化学习(Reinforcement Learning,RL)又称增强学习,是机器学习的范式和方法论之一,用于描述和解决智能体在与环境的交互过程中,通过学习策略以达成回报最大化或实现特定目标的问题。按给定条件,强化学习分为基于模型的强化学习和无模型的强化学习;求解强化学习问题的算法分为策略搜索算法和值函数算法。强化学习理论受到行为主义心理学启发,侧重在线学习并试图在探索-利用间保持平衡。强化学习的常见模型是标准的马尔可夫决策过程(Markov Decision Processes,MDP),即在与环境交互的过程中,为了达成一个目标,利用奖惩方式进行自学习的方法,是一种介于无监督学习和监督学习之间的重要的机器学习算法。与监督学习和无监督学习不同,强化学习不要求预先给定任何数据,而是通过接收环境对动作的奖励(反馈)获得学习信息并更新模型参数。强化学习技术在信息论、博弈论、自动控制等领域均得到广泛讨论,用于解释有限理性条件下的平衡态、设计推荐系统和机器人交互系统。如第一代AlphaGo下围棋时同时采用了监督学习和强化学习,通过训练形成一个策略网络,其中,监督学习的目标是模仿人类专业棋手的下棋方法,即在当前棋盘局势下,选择最佳落子位置,监督学习间接地充当了人类的角色。而强化学习则与监督学习进行对抗,其目标是超越监督学习。此过程相当于一场博弈,程序首先使用监督学习预测人类专业棋手想要最大化赢棋时最可能怎么落子,再使用强化学习最小化人类专业棋手赢棋的可能性。

深度强化学习(Deep Reinforcement Learning,DRL)结合深度学习的结构和强化学习技术的思想,既具有深度学习强大的感知能力,又具有强化学习智能的决策能力,在面对复杂环境和任务时表现突出,有助于机器人的自主学习和避障规划。

8.1.1 强化学习的基础知识

强化学习一般通过马尔可夫决策过程建模,目标是求解特定任务的最优策略。机器人学习中的长时决策问题可被建模成一个马尔可夫决策过程,因此强化学习适合作为机器人学习的算法。

强化学习的主体称为智能体,智能体首先对环境进行观测,得知自身在 t 时刻所处的状态为 s_t,再根据当前状态进行决策,执行某个动作 a_t,在环境接收智能体的动作后会使其转移到一个新的状态 s_{t+1},同时反馈给智能体一个奖励 $r = R(s_t, a_t, s_{t+1})$,然后智能体再次对环境进行观测并执行动作,直到达到终止状态,无模型强化学习过程如图 8.1 所示。其主要步骤如下:

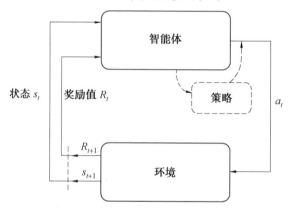

图 8.1 强化学习过程

① 假设智能体在当前环境中的状态集合为 S,动作集合为 A。

② 智能体在 t 时刻从环境中获取当前状态 $s_t(s_t \in S)$,并且在此状态下通过策略,选择一个动作 $a_t(a_t \in A)$。

③ 环境根据智能体采取的动作 a_t,更新下一时刻的状态 $s_{t+1}(s_{t+1} \in S)$ 以及与环境互动后得到的奖励值 R_t。

④ 通过奖励值 R_t 的大小可以判断动作 a_t 的优劣。奖励值 R_t 越高,则在当前状态下选择执行的动作 a_t 越好,否则,该动作不被期待。

⑤ 不断重复上述过程,直至智能体学习到各个状态下的最佳策略,选择出最优执行动作。

由于外界环境给智能体提供的信息较少,因此智能体要不断地学习,基于"已探索"的知识和"将探索"的动作进行选择。智能体在学习的过程中不断探索高回报的动作,避免执行会带来惩罚的动作,通过"试错(Trial and Error)"的方式不断尝试,动态地调整策略方案以适应环境,最后得到一条具有最高回报的动作策略,并在一定的环境状态下获得最佳的动作行为。

1. 马尔可夫性质

马尔可夫性质是指智能体所处的下一个状态s_{t+1}仅与当前状态s_t有关,而与之前的状态无关。假设智能体的历史状态为$h_t = s_1, s_2, s_3, \cdots, s_t$,当其状态转移的过程符合马尔可夫性质时,满足下述条件:

$$p(s_{t+1} \mid s_t, a_t) = p(s_{t+1} \mid h_t, a_t) \tag{8.1}$$

$$p(s_{t+1} \mid s_t) = p(s_{t+1} \mid h_t) \tag{8.2}$$

式中　$p(s_{t+1} \mid s_t)$——由状态s_t转移到状态s_{t+1}的概率;

　　　$p(s_{t+1} \mid s_t, a_t)$——处于状态s_t,执行动作a_t后,由状态s_t转移到状态s_{t+1}的概率;

　　　$p(s_{t+1} \mid h_t)$——由历史状态h_t转移到状态s_{t+1}的概率;

　　　$p(s_{t+1} \mid h_t, a_t)$——处于历史状态h_t,执行动作a_t后,由状态h_t转移到状态s_{t+1}的概率。

由式(8.1)与式(8.2)可以看出,该智能体在$t+1$时刻的状态s_{t+1}仅与t时刻的状态s_t相关,马尔可夫性质是所有马尔可夫决策过程的基石。

式(8.2)可用状态转移矩阵描述,如下所示:

$$\mathbf{P} = \begin{bmatrix} P(s_1 \mid s_1) & P(s_2 \mid s_1) & \cdots & P(s_N \mid s_1) \\ P(s_1 \mid s_2) & P(s_2 \mid s_2) & \cdots & P(s_N \mid s_2) \\ \vdots & \vdots & & \vdots \\ P(s_1 \mid s_N) & P(s_2 \mid s_N) & \cdots & P(s_N \mid s_N) \end{bmatrix} \tag{8.3}$$

式中　$\mathbf{P}$——状态转移矩阵,描述在智能体的状态空间S中,$N(N > 0)$个状态间相互转换的概率,如$P(s_i \mid s_j)$表示智能体由状态s_j转移到状态s_i的概率,$i, j \in N$。

2. 马尔可夫奖励过程

马尔可夫奖励过程是在马尔可夫转移过程中附加一个奖励函数$R(s)$,即每一步状态转换都附加一个奖励值。奖励函数$R(s)$表示在所处状态s下能获得奖励值的期望,通常表示为

$$R_t(s) = R_{t+1}(s) + \gamma R_{t+2}(s) + \cdots + \gamma^{T-t-1} R_T(s) \tag{8.4}$$

式中　γ——衰减因子;

　　　T——计算奖励值时所考虑的最大时间步数。

得到式(8.4)中的奖励函数后,便可定义马尔可夫奖励过程的状态价值函数,如下所示:

$$V_t(s) = E(R_t \mid s_t = s)$$
$$= E(R_{t+1} + \gamma R_{t+2} + \cdots + \gamma^{T-t-1} R_T \mid s_t = s) \tag{8.5}$$

在强化学习问题中,策略可定义为智能体在特定时间、特定环境下的行为方式,故强化学习问题即是智能体在强化学习过程中实现策略与环境交互。策略是状态到动作的映射,以 π 表示,可分为随机策略和确定性策略,随机策略会输出一个动作的分布 $a = \pi(\cdot \mid s)$,而确定性策略会输出一个确定性的动作 $a = \pi(s)$。为了优化策略,需要先评价策略的好坏,其直观方法是比较不同策略在某一特定状态下的累计奖励。在随机策略 π 下,计算的累积奖励 R_t 会有多个可能值,无法直接进行比较,但可在对 R_t 求期望后再进行比较。因此定义累积奖励在状态 s 下的期望为状态值函数,简称值函数,表示为

$$V_\pi(s) = E(R_t \mid s_t = s) \tag{8.6}$$

在某一状态 s 下,选择不同的动作 a 导致不同的累积奖励。在状态 s 下选择动作 a 的累积奖励的期望为状态 − 动作值函数,简称 Q 函数,表示为

$$Q_\pi(s,a) = E(R_t \mid s_t = s, a_t = a) \tag{8.7}$$

Q 函数关系如下所示:

$$V_\pi(s) = \sum_{a \in A} \pi(s,a) Q_\pi(s,a)$$
$$Q_\pi(s,a) = \sum_{s' \in S} P^a_{s \to s'} [R(s,a,s') + \gamma V_\pi(s')] \tag{8.8}$$

在强化学习问题中,策略与值函数一一对应,最优策略对应的值函数称为最优值函数。最优策略与最优值函数具有等价性,最优值函数满足贝尔曼最优性原理,如下所示:

$$V^*(s) = \max \sum_{s' \in S} P^a_{s \to s'} [R(s,a,s') + \gamma V_\pi(s')]$$
$$Q^*(s,a) = \sum_{s' \in S} P^a_{s \to s'} [R(s,a,s') + \gamma \max Q^*(s',a')] \tag{8.9}$$

通常情况下,可通过迭代解法近似求解最优值函数。求出最优值函数后,可根据最优值函数与最优策略的关系进一步导出最优策略,即

$$\pi^*(s) = \arg\max Q^*(s,a) \tag{8.10}$$

8.1.2 基于强化学习的路径规划算法

针对强化学习算法框架的各类应用场景,将强化学习算法分成两大类:模型已知(Model-Based)算法和模型未知(Model-Free)算法。Model-Based 算法认为环境是可知的,尝试学习和理解环境,采用模型对环境进行模拟,从而通过模

拟的环境得到反馈。 Model-Free 算法认为环境不可知,不尝试学习和理解环境,环境给出什么信息就是什么信息。一般情况下,环境是不可知的,所以在相关研究中更多关注于 Model-Free 算法。Model-Free 算法可进一步划分为基于值(Value-Based)的强化学习算法和基于策略(Policy-Based)的强化学习算法,以及结合两类算法优势的 AC(Actor-Critic) 算法。

1. 基于值的强化学习算法

基于值的强化学习算法定义了值函数,可根据值函数的大小选择动作,适用于非连续的动作。常见的算法包括时序差分(Temporal-Difference,TD) 算法、Q 学习(Q-Learning) 算法、SARSA(State-Action-Reward-State-Action) 学习算法、深度 Q 网络(Deep Q-Learning Network,DQN) 算法等。

(1)时序差分算法。

时序差分算法是一类无模型的强化学习算法,从环境中取样并学习当前值函数的估计过程,通过借助时间的差分误差(TD 误差) 来更新值函数,误差计算公式和值函数更新公式分别见式(8.11) 和式(8.12)。式(8.11) 和式(8.12),也被称作 TD 损失函数。

$$\delta_t = R_{t+1} + \gamma V(s_{t+1}) - V(s_t) \tag{8.11}$$

$$V(s_t) \leftarrow V(s_t) + \alpha \delta_t \tag{8.12}$$

式中　α—— 学习率,决定误差被学习的程度。

时序差分算法基于蒙特卡罗思想和动态规划思想,可直接学习初始体验,无须建立环境动态模型,基于学习更新等待最终学习结果。

(2)Q 学习算法。

Q 学习算法是强化学习算法发展的里程碑,是基于值的强化学习算法中应用最广泛的算法,也是目前应用于移动机器人路径规划极有效的算法之一。Q 学习算法是对时序差分算法进行离线策略(Off-Policy) 优化而来。Q 学习算法属于在线强化学习算法,常采用数值迭代计算来逼近最优值,迭代内容为 $Q(s,a)$ 的最大值。

智能体在 t 时刻的 Q 学习算法学习过程如下:

① 观察当前状态 s_t。

② 选择并执行动作 a_t。

③ 观察下一状态 s_{t+1}。

④ 生成一个奖励信号 R_t。

⑤ 根据式(8.13) 和式(8.14) 更新 Q 函数。

$$Q_t(s_t, a_t) = R_t + \gamma \max_{a_t \in A} Q(s_{t+1}, a_t) \tag{8.13}$$

$$Q(s_t, a_t) \leftarrow Q_t(s_t, a_t) + \alpha \left[R_{t+1} + \gamma \max_{a_t \in A} Q(s_{t+1}, a_t) - Q_t(s_t, a_t) \right] \tag{8.14}$$

式中 A—— 动作集合；

  $Q_t(s_t,a_t)$—— t 时刻由 s_t、a_t 确定的 Q 值；

  $Q(s_t,a_t)$—— $t+1$ 时刻由 s_t、a_t 确定的 Q 值，即 Q 的更新值；

  $Q(s_{t+1},a_t)$—— 执行 a_t 后，下一个状态 s_{t+1} 对应的 Q 值；

  $\max\limits_{a_t \in A} Q(s_{t+1},a_t)$——$Q$ 值表里的最大值。

目前，Q 学习算法的改进是学者们研究的重点方向，集中于以下 4 个方面：引入启发式思想、引入分层思想、引入模糊逻辑思想和引入多算法结合思想。

（3）SARSA 学习算法。

SARSA 学习算法与 Q 学习算法相似，也是一种在线强化学习算法。区别在于 SARSA 学习算法采用在线策略（On-Policy），迭代的是 $Q(s,a)$ 的实际值，其误差计算公式如下：

$$\delta_t = R_{t+1} + \gamma Q_t(s_{t+1},a_{t+1}) - Q(s_t,a_t) \tag{8.15}$$

由式（8.15）可知，SARSA 值函数 $Q(s,a)$ 的更新涉及 s、a、R、s_{t+1}、a_{t+1} 共 5 部分。

在机器人学习过程中，若智能体进行在线学习且注重学习期间所获奖励，则采用 SARSA 算法更为合适。SARSA 算法是单步更新算法，即 SARSA(0)。在获得奖励后，仅更新上一步状态和动作对应的 Q 值，但每一步得到的奖励都会影响最终得到的奖励，因此该算法可优化为多步更新的 SARSA 算法，即 SARSA(λ)。

（4）深度 Q 网络算法。

DQN 算法是一种深度强化学习算法，由谷歌的人工智能研究团队 Deep Mind 在 2013 年提出，结合了深度神经网络和传统强化学习算法 Q 学习算法的优点。DQN 算法利用深度神经网络作为函数逼近代替 Q 值表，并对值函数进行计算，以神经网络作为状态 — 动作值函数的载体，用参数为 ω 的 f 网络近似代替值函数，公式为

$$f(s,a,\omega) \approx Q(s,a) \tag{8.16}$$

$f(s,a,\omega)$ 为 Q 函数的近似替代，用神经网络的输出代替 Q 值，DQN 算法代替模型如图 8.2 所示。s 为输入状态，$f(s,a_i,\omega)$ $(i=1,2,3,4)$ 表示状态 s 下动作 a_i 的 Q 值。DQN 算法在与环境互相迭代过程中，由于状态 s_t 与状态 s_{t+1} 具有高度相关性，导致神经网络过拟合而无法收敛。为打破数据相关性，提升神经网络更新效率和算法收敛效果，DQN 算法采用经验库（Experience Replay Buffer）将环境探索得到的数据以记忆单元的形式储存起来，然后利用随机样本采样的方法更新和训练神经网络参数。另外，DQN 算法还引入双网络结构，即同时使用 Q 估计网络和 Q 目标网络来进行模型训练，而不是直接使用预更新的当前 Q 网络，

以此来减少目标值与当前值的相关性。Q 估计网络和 Q 目标网络的结构完全相同,但网络参数不同。其中 Q 估计网络的输出为 $Q(s,a,\theta)$,用来估计当前状态动作的值函数;Q 目标网络的输出表示为 $Q(s,a,\theta')$。

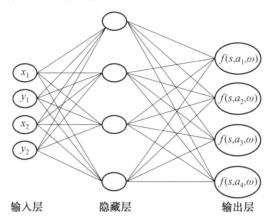

输入层　　　　　隐藏层　　　　　输出层

图 8.2　DQN 算法代替模型

DQN 网络更新利用 TD 误差进行参数更新,如下所示:

$$Q(s_t,a_t) \leftarrow Q(s_t,a_t) + \alpha[R + \gamma \max Q(s_{t+1},a_{t+1}) - Q(s_t,a_t)] \qquad (8.17)$$

DQN 的损失函数为

$$L(\theta) = E\{[T_Q - Q(s_t,a_t;\theta)]^2\} \qquad (8.18)$$

式中　　θ—— 网络参数;

　　　　T_Q—— 优化目标,计算公式为

$$T_Q = R + \gamma \max_{a \in A} Q(s_{t+1},a_t;\theta') \qquad (8.19)$$

由此可见,损失函数是基于 Q 学习更新公式(8.17)中的第二项确定的,使用当前的 Q 值逼近 T_Q 值。

DQN 算法更新流程如图 8.3 所示,将环境状态 s 传入当前值网络,以概率 ε 随机选择一个动作 a_t,执行动作 a_t 得到新的状态 s_{t+1} 和奖励值 R_t,并将 s_t、a_t、r_t、s_{t+1} 存储到经验池中,然后从经验池中选取随机采集样本进行训练,最后根据 TD 损失函数进行目标值网络参数更新,更新参数的方法为随机梯度下降,每隔 N 次迭代拷贝参数到目标值网络进行参数更新并训练。

DQN 算法采用 End-to-End 的训练方式,可生产大量样本供监督学习。但是,DQN 算法无法应用于连续动作控制,只能处理短时记忆问题,无法处理长时记忆问题,并且它的卷积神经网络(Convolutional Neural Networks,CNN)不一定收敛,需要精确调参。针对这些问题,学者们在后续的研究中提出了 AC 算法。

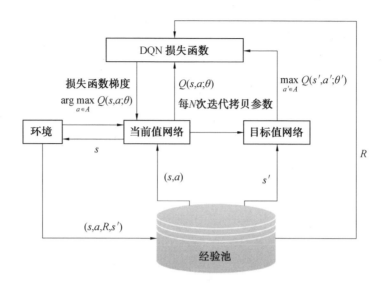

图 8.3　DQN 算法更新流程

2. 基于策略的强化学习算法

基于策略的强化学习算法将策略进行参数化,通过优化参数使策略的累计回报最大化,系统返回下一步动作的概率,根据概率来选取动作,适用于非连续和连续的动作。基于策略的强化学习算法主要包括策略梯度(Policy Gradient, PG)算法、模仿学习(Imitation Learning,IL)算法等。

(1)策略梯度算法。

策略梯度算法是基于策略的强化学习算法中较为基础的一种算法,是通过逼近策略得到最优策略。PG 算法分为确定性策略梯度(Deterministic Policy Gradient,DPG)算法和随机性策略梯度(Stochastic Policy Gradient,SPG)算法。在确定性策略梯度算法中,动作被执行的概率为 1,而在随机性策略梯度算法中,动作以某概率被执行。与随机性策略梯度算法相比,确定性策略梯度算法在连续动作空间求解问题中体现出更好的性能。假设需要逼近的策略为 $\pi(s,a;\theta)$,策略 π 对参数 θ 可导,定义的目标函数和值函数见式(8.20)和式(8.21)。从初始状态 s_0 开始,依据策略 π_θ 选取动作的分布状态,见式(8.22)。根据式(8.20)～(8.22)得到的策略梯度公式,见式(8.23)。

$$J(\pi_\theta) = E\left(\sum_{t=1}^{\infty} \gamma^{t-1} R_t s_0, \pi_\theta\right) \tag{8.20}$$

$$Q^{\pi_\theta}(s,a) = E\left(\sum_{k=1}^{\infty} \gamma^{k-1} R_{t+k} \mid s_t = s, a_t = a, \pi_\theta\right) \tag{8.21}$$

$$d^{\pi_\theta}(s) = \sum_{t=1}^{\infty} \gamma^t P(s_t = s \mid s_0, \pi_\theta) \tag{8.22}$$

$$\nabla_\theta J(\pi_\theta) = \sum_i d^{\pi_\theta}(s) \sum_\theta \nabla_\theta \pi_\theta(s,a) Q^{\pi_\theta}(s,a) \qquad (8.23)$$

（2）模仿学习算法。

与策略梯度算法相同，模仿学习算法也是一种直接策略搜索方法。其基本原理是对示范者提供的范例进行学习，示范者一般提供的是人类专家的决策数据，机器人通过模仿专家行为得到与专家近似的策略。在线性假设下，反馈信号可由一组确定基函数$(\varphi_1, \varphi_2, \cdots, \varphi_k)$线性组合而成，因此策略的价值可表示为

$$E_{s_0 \sim D}[V^\pi(s_0)] = E\left[\sum_{t=0}^\infty \gamma^t \varphi(s_t) \mid \pi\right]$$

$$= E\left[\sum_{t=0}^\infty \gamma^t \omega \varphi(s_t) \mid \pi\right] = \omega E\left[\sum_{t=0}^\infty \gamma^t \varphi(s_t) \mid \pi\right]$$

$$(8.24)$$

当策略 π 的特征期望满足 $\|\mu(\pi) - \omega' \mu_E\|_2 \leqslant \varepsilon$ 时，式（8.25）成立，则该策略 π 是模仿学习法的一个解。

$$\left| E\left[\sum_{t=0}^\infty \gamma^t R(s_t) \mid \pi_E\right] - E\left[\sum_{t=0}^\infty \gamma^t R(s_t) \mid \pi\right] \right|$$

$$= |\omega' \mu(\pi) - \omega' \mu_E| \leqslant \|\omega\|_2 |\mu(\pi) - \mu_E| \leqslant \varepsilon \qquad (8.25)$$

以上求解过程与通过计算累积奖励值获得最优策略的直接学习算法有本质区别。在多步决策中，基于累积奖励值的学习算法存在搜索空间过大、计算成本过高的问题，而模仿学习算法能够很好地解决多步决策中的这些问题。

3. 基于值和策略相结合的强化学习算法（Actor-Critic 算法）

Actor-Critic 算法将基于值的强化学习算法和基于策略的强化学习算法的优点相融合，相比传统策略梯度算法效率更高，是一种性能较好的强化学习算法。Actor-Critic 算法分为 Actor 和 Critic 两个部分，其中，Actor 由策略梯度算法衍生而来，Critic 由基于值的强化学习算法衍生而来。

Actor 根据概率选择行动，Critic 为选择的行动反馈奖励，Actor 再根据 Critic 的反馈修改选择行动的概率。Actor 策略函数的参数更新公式为

$$\theta = \theta + \alpha \nabla_\theta \log_a \pi_\theta(s_t, a_t) Q(s, a, \omega) \qquad (8.26)$$

使用均方差损失函数来更新 Critic 的网络参数 ω，可得

$$\omega = \sum [R + \gamma V(s') - V(s, \omega)]^2 \qquad (8.27)$$

从发展现状和未来的发展需求来看，基于强化学习的路径规划技术的下一步研究方向主要包括以下四个方面：设计有效的奖励函数、解决强化学习的探索－利用困境、研究强化学习算法与常规算法的结合方法和将强化学习算法应用于多智能体协作的路径规划研究。

8.1.3 融合行为式与强化学习的编队控制方法

工业 AGV 具有灵活重组物料运输的特性,并且 AGV 系统不需要人工驾驶,可以进行 24 h 的不间断高效作业。因此提升 AGV 的输送效率是减少企业成本、增加利润的关键。但是,单个 AGV 的应用场合比较有限,无法满足工厂各种物料的灵活运输,所以考虑采用多个 AGV 组成物料搬运系统并通过强化学习技术来扩展机器人的应用范围,将其作为提高物料运输效率的直接解决方案。

如何编队控制是多机器人协作中的一个典型问题,也是研究其他协作问题的基础。目前常见的编队控制算法大致有领航-跟随法、虚拟结构法、基于行为法、人工势场法等。领航-跟随法由领航者和跟随者构成,跟随者按照一定的方位角和距离跟随领航者进行运动,编队控制结构简单并且容易实现,可基于领航者和跟随者之间的双机编队,采用双闭环的设计思想,内环控制机器人内部的稳定,外环控制编队的形成,其主要缺陷是整个编队体系过度依靠领航者。虚拟结构法中每台 AGV 对应于虚拟结构上相对位置固定的一点,当执行协同编队任务时,每台 AGV 准确、稳定地跟随虚拟点位,便可实现编队任务。但因为虚拟结构法缺乏一定的灵活性,并且当变化队形时,会发生频繁的数据交互,这对 AGV 的性能要求较高,增加能耗,不利于其在移动机器人中的应用。基于行为法中每台 AGV 都会被定义几个规定好的运动行为,根据周围的环境,赋予每个行为不同的权重值,然后以加权和法求得每个 AGV 的运动行为。其基本思想是先将多机器人编队控制任务分成简单的基本行为,如障碍避碰、驶向目标和保持队形等,再将这些基本行为融合到一起,当传感器接收到环境变换或刺激时,会做出不同反应,并输出系统下一步的运动反应,实现运动控制。人工势场法针对被控对象难以协调的缺点,引入人工势场,建立适用于机器人编队的概率模糊系统,设计编队协同避障算法,可以较好地处理避碰、避障等问题,同时仅需估计下一个时刻研究对象所在区域的实际状况即可,不需要考虑全局信息。但是"零势能点"的出现,会使机器人完全停止运动,当势场较多时,容易使机器人产生小范围的往复运动,增加能耗。

机器人编队控制中行为融合的方法有三种。第一种是加权平均法,各基本行为根据一定的权重加权平均得到输出向量,权重的大小对应于基本行为的重要性。第二种是行为抑制法,对各个基本行为按一定的原则设定优先级,在同等条件下,选择优先级高的基本行为作为机器人的当前行为。第三种是模糊逻辑法,根据模糊规则综合各基本行为的输出,以得到机器人的输出。

机器人基于行为的编队方法鲁棒性高、实时性好,具有明确的队形反馈,但行为的融合复杂,很难设计指定队形的局部基本行为,难点在于保证编队控制的稳定性。随着对多机器人协作的应用要求越来越高,需要多 AGV 系统编队时能够根据环境的变化而变化,可通过传统 PID 控制器参数调整误差,并引入遗传算法 GA 对 BP 网络的权值进行优化,以克服其陷入局部最小的缺陷。因此设计如图 8.4 所示的融合行为式和强化学习算法的多 AGV 编队控制研究方案,以提高整体编队的灵活性和适应性。

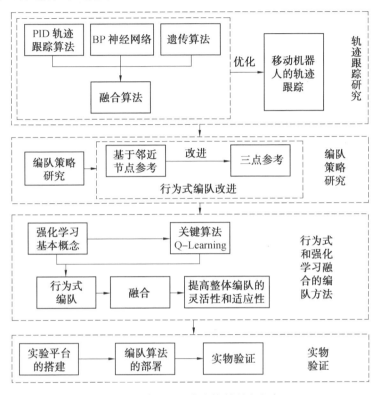

图 8.4 多 AGV 编队控制研究方案

为降低多 AGV 的轨迹跟踪误差,设计了移动机器人的轨迹跟踪控制器,采用基于改进 GA 与 BP－PID 融合为主要控制算法。使用传统的 PID 参数进行轨迹跟踪容易出现较大的偏差,因此需要进行 BP 融合,但是 BP 算法存在收敛速度慢、易陷入局部最小的问题,无法对 PID 参数进行很好的拟合,故引入遗传算法优化 BP 神经网络的权值,以克服其陷入局部最小的问题,再使用 BP 神经网络进行 PID 参数的拟合。相比传统的 PID 算法,基于改进 GA 与 BP－PID 融合控制算法的误差更小,更能精确地跟踪预定的轨迹,优化流程如图 8.5 所示。

使用基于行为法的实例,其多机器人具有可精确地到达目标点的实时性和鲁棒性,同时又使队内机器人行为保持一定的灵活性,基于行为法的编队控制架构图,如图 8.6 所示。

使用基于行为法可使多机器人在有障碍物的情况下完成行队形编队、列队

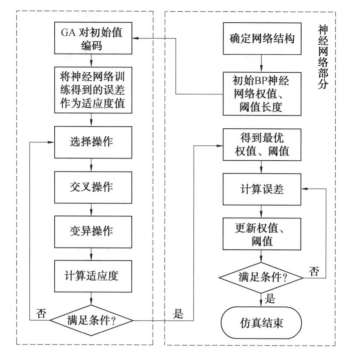

图 8.5　基于改进 GA 与 BP－PID 融合控制算法的优化流程

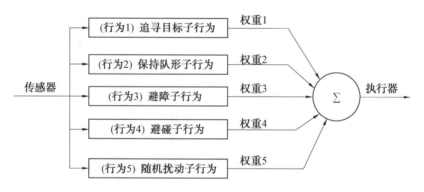

图 8.6　基于行为法的编队控制架构图

形编队、V 形队形编队及菱形队形编队,但当多机器人处于狭小空间以及特定工作场合时,采用基于行为法就没有了相应的灵活性和适应性,为此可以在行为式控制策略的基础上结合强化学习算法,使用融合后的算法提高多机器人整体的环境适应能力。强化学习的目的是在不断试错中获取新的经验,类似于人类的试错学习方法,通过采用不同的策略获取环境给出的正向的或者负向的反馈,进而改变策略,最终获得一个可优化某一问题的最优策略。Q 学习算法是过去主流使用的强化学习算法之一,其极大地推动了强化学习的应用与发展。但 Q 学习算法是一种表格形式的算法，仅适用于状态空间较小的情况，当状态空间变大，Q 值表所需要记录的数据量会呈几何倍数地增加，从而导致维度灾难的发生，因此在使用上有局限性。将 Q 学习算法与神经网络相结合，使用神经网络来代替 Q 值表，可以使其适用于大维度的状态空间，借用函数近似的思想表达也适用于无限状态空间，极大增加了强化学习的可应用范围。强化学习虽然在近些年才逐步成为研究热点，但早在 20 世纪 90 年代就建立了相对完整的理论体系。神经网络及大规模并行计算使强化学习的实际应用能力得以扩展，但是其大部分工作都是在经典算法上扩展衍生的。所以，强化学习是一个理论知识相对完备，应用潜力相当大的人工智能分支。基于强化学习的设计有助于多机器人提升通过率，并以最大的覆盖率通过通道，在 AGV 所处的工业现场，可以最大化地协作搬运，同时当空间比较狭窄时，多机器人系统可以自主决策、自动变化队形，以保证顺利通过。图8.7是基于行为式和强化学习融合算法的编队控制框图。

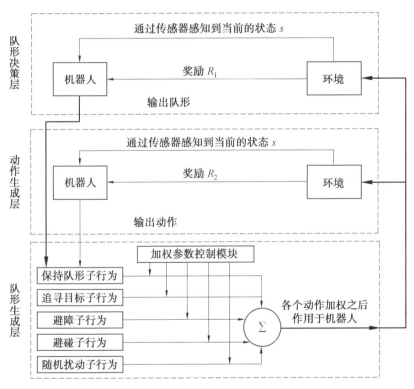

图 8.7　基于行为式和强化学习融合算法的编队控制框图

255

8.2　机器人深度学习技术

　　智能机器人集自动控制、人工智能、机器视觉等多种技术于一身,是计算机科学、模式识别及智能控制等学科知识高度交叉融合的产物。当前,智能机器人水平已成为衡量一个国家科技实力与工业水平的重要参数,不管在民用还是军用领域都已成为国内外关注和竞争的焦点。环境感知技术与运动控制技术作为未来智能机器人系统的核心,是实现机器人智能驾驶的关键技术,然而智能机器人行驶环境的复杂多变性以及机器人自身动力学模型的高度非线性和时延性,使其在复杂环境下实现高精度的实时环境感知与高性能的运动控制成为智能驾驶领域的挑战性问题。深度学习和深度增强学习方法的提出和发展,为解决这一问题提供了新的技术途径。深度学习是传统神经网络的发展,在神经网络发展的初期,机器人学习的方法均是浅层学习,而深度学习与传统的神经网络有很多的相似之处,具有与传统神经网络相似的分层结构,由输出层、输入层和中间的隐层构成。相邻层之间的节点有连接,同一层的节点之间无连接。传统神经网络与深度神经网络对比如图 8.8 所示,传统神经网络中隐层只有少数几层,而深度神经网络的隐层却有很多层。

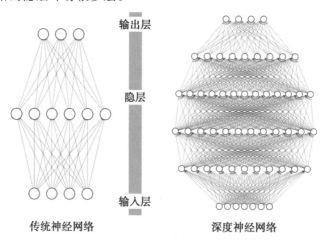

图 8.8　传统神经网络与深度神经网络对比

8.2.1　深度学习基础知识

　　深度学习是为了解决表示学习的难题而被提出的,理解表示学习的基本概念对理解深度学习至关重要。表示学习是指模型可以自动地学习从数据表示到数据标记的映射。随着机器学习算法的日趋成熟,在某些领域(如图像、语音、文本等),研究者发现如何从数据中提取合适的表示成为整个学习任务的瓶颈,而数据表示的好坏直接影响后续学习任务的完成与否。研究者更希望机器人学习能不依赖人类专家设计的人工特征,而通过表示学习根据数据自动学习从数据原始形式到数据表示之间的映射。但在实际中,很难实现机器人从数据的原始形式直接学习数据表示。

为将数据表示逐步明晰而不是一次计算即呈现,深度学习把表示学习的任务划分成几个小目标,从数据的原始形式中先学习比较低级的表示,再学习比较高级的表示,这类似于算法设计思想中的分治法,其中每个小目标都比较容易实现,综合起来可以完成复杂的表示学习任务。目前,深度神经网络是深度学习行之有效的实现形式。深度神经网络利用网络中逐层对特征进行加工的特性,逐渐从低级特征提取高级特征。深度神经网络的成功取决于大数据、计算能力和算法创新三大推动因素的发展。虽然传统的深度神经网络算法和特征工程能取得很好的效果,但当数量小时,模型很难从数据中学习合适的表示,而大数据和大网络需要有足够快的计算能力才能使得模型的应用成为可能,现在很多算法设计关注在如何使网络更好地训练、更快地运行,以及取得更好的性能。

深度神经网络通常采用多层感知机架构,由多层全连接层组成,其最后一层的全连接层实质上是一个线性分类器,而其他部分则为这个线性分类器提供合适的数据表示,使倒数第二层的特征线性可分。深度神经网络不同层之间需要激活函数进行非线性变换,如果没有激活函数,多次线性运算的堆叠仍然是一个线性运算,即不管用再多层,实质只起到了一层神经网络的作用。在设计深度神经网络时,要保证激活函数不会发生饱和,如 Sigmoid 和 Tanh 激活函数在两侧尾端容易出现饱和现象,这会使导数在这些区域接近零,从而阻碍网络的训练,而 ReLU 激活函数类似于斜坡函数,不会产生饱和现象,可避免梯度爆炸和梯度消失问题。在样本不足的情况下,深度神经网络的训练可使用迁移学习方法,将通用特征学习从其他已经训练好的网络中迁移过来,不但节省训练时间,而且还能得到较好的识别结果。

除了深度神经网络之外,也有学者在探索深度学习的其他实现形式,如深度森林。

在计算机视觉领域,最常用的源任务数据是 ImageNet,对 ImageNet 预训练模型的利用通常需要固定特征提取器和微调。用 ImageNet 预训练模型提取目标任务数据的高层特征,以 ImageNet 预训练模型作为目标任务模型的初始化权值,之后在目标任务数据上进行微调。传统神经网络针对每个任务训练一个小网络,这样十分耗时,而深度学习下的多任务学习旨在训练一个大网络以同时完成全部任务,这些任务中用于提取低层特征的层是共享的,之后产生分支,各任务拥有各自的若干层用于完成其任务。多任务学习适用于多个任务共享低层特征,并且各个任务的数据十分相似的情况。深度学习下的端到端学习旨在通过一个深度神经网络直接学习从数据原始形式到数据标记的映射,但端到端学习并不应该作为一个追求目标,是否要采用端到端学习的重要考虑因素,是有没有足够的数据对应端到端的过程,以及有没有一些领域知识能够用于整个系统中的一些模块。

在网络结构确定之后,需要对网络的权值进行优化,优化深度神经网络的方法主要包括以下 5 种。①梯度下降法,采取贪心算法,先试探在当前位置哪个方向下降得最快(即梯度方向),再朝着这个方向走一小步,重复这个过程直到进入谷底。梯度下降法的性能大致取决于 4 个因素:每次抽取样本的选择、批量中的样本数、学习率及梯度。如果初始位置就离谷底很近,自然很容易走到谷底,但如果山谷是"九曲十八弯",很有可能找不到全局最优解。此外,步长对结果也有很大影响,步长过小导致搜索过慢,步长太大很可能错过谷底。②误差反向传播法,结合微积分中链式法则和算法设计中动态规划思想计算梯度。该方法很难直接推导出中间某一层梯度的数学表达式,但链式法则通过结合后一层梯度与后一层对当前层的导数,可以得到当前层的梯度。动态规划可高效计算所有梯度,由高层往低层逐层计算,避免了对高层梯度的重复计算。③滑动平均法,前进方向不由当前梯度方向完全决定,而取决于最近几次梯度方向的滑动平均。利用滑动平均法的优化算法有带动量(Momentum)的 SGD(Symbolized Graphic Data)算法、Nesterov 动量算法、ADAM(Adaptive Momentum Estimation)算法等。④自适应步长法,可以自适应地确定权值每一维的步长,当某一维持续振荡时,可以自动增大或减小步长,利用自适应步长法的优化算法有 AdaGrad(Adaptive Gradient)算法、RMS Prop(Root Mean Square Prop)算法、ADAM 算法等。⑤学习率衰减调增法,当开始训练时,较大的学习率可以使其在参数空间有更大范围的探索,当接近收敛时,小一些的学习率可使权值更接近局部最优点。

8.2.2 基于深度学习感知的机器人三维场景重建

三维场景重建是将环境中物体的三维信息以数字化形式显示,被广泛用于三维物体分类、机器人自主避障、增强现实、虚拟现实等应用领域。近年来,随着计算机计算能力的不断提高,深度学习在二维图像任务上已取得举世瞩目的成果,由此许多研究人员将目光投向基于深度学习感知的机器人三维场景重建。与传统算法的三维重建相比,深度学习利用大量的数据集学习二维图像到三维模型之间的映射关系,不需要经历复杂的相机标定过程。因此,利用深度学习从二维图像到三维模型的重建具有极大的现实意义。

1.3D 点云深度学习建模面临的挑战

常见的二维图像采用 ImageNet 深度学习目标识别,还有一类方法是采用点云的方式对环境进行建模。2016 年,斯坦福大学在读博士生祁芮中台、苏浩等人研究的 PointNet 开创性地将深度学习直接用于 3D 点云任务。与二维图像相比,3D 点云深度学习建模面临的挑战主要有以下几方面:

① 点云无序性与排列不变性。不同于图像数据规则的像素排列,点云数据是空间点的无序集合,且点云中点的排列顺序对点云结构表达不产生影响。

② 点云非结构性。图像数据可轻松转化为矩阵形式的结构化数据表达,而点云数据在空间内散乱分布,无法直接使用结构化的数据形式进行表达,使视觉领域内成熟的深度学习方法无法直接迁移至点云处理领域进行应用。

③ 点云稀疏性。由于激光雷达扫描过程的"近密远疏"特性,不同位置处的点分布密度具有一定差异。

④ 姿态变换不变性。对点云数据进行旋转、平移等姿态变换会改变点云数据中点的位置信息,但不会干扰点云数据需要表达的空间结构。

除点云固有属性影响外,点云相比于图像的数据量更大,针对点云数据的深度神经网络在参数存储与计算上均面临更大压力,点云噪声也是点云深度学习网络需要解决的实际问题。

2.基于深度学习的点云分割方法

为了解决 3D 点云的特殊性所带来的问题,使其能够利用卷积神经网络进行处理,大多数方法都采用将点云转化为卷积神经网络可以输入处理的规则格式。目前,基于深度学习的点云分割方法主要有以下三种。

(1)基于体素的方法。

体素是一种规则的三维空间表示方式。将三维点云进行体素化预处理,然后输入三维卷积神经网络进行特征识别和语义分割,这种方法避免了点云无序性对分类结果的影响,但是在点云体素化过程中空间信息也会丢失,而且由于点云稀疏性,在体素化分辨率较高时,有效体素数据占比小,浪费大部分空间,算法的计算量大,容易造成维度爆炸。基于体素的方法受限于分辨率的设定,体素的大小须根据实际情况调整。

(2)基于多视角的方法。

基于多视角的方法使用多视角图片作为 CNN 的输入。多视角图片是指不同视角下对一物体模型虚拟拍摄的多张二维图像,这些图像具备三维模型的所有表面特征信息。基于多视角的方法将点云转化为图片,然后利用成熟的 2D CNN 技术提取特征和完成语义分割。多视角卷积神经网络是具有代表性的算法,是最早将 2D CNN 应用于 3D 形状的分类识别的算法。

（3）基于点云的方法。

虽然基于体素的方法和基于多视角的方法可实现对点云的语义分割，但是这两者均具有诸多限制，尤其是在转化过程中，会丢失点云的一些空间几何信息。而基于点云的方法，不再进行点云向其他的数据结构的转化，直接将无序点云作为神经网络的输入，构造端到端的深度学习框架，因此基于点云的方法成为近年来点云分割的前沿研究方向。2016 年，祁芮中台等人提出一种直接处理 3D 点云的可用于点云分类分割和场景语义信息提取的新型神经网络 PointNet 以及后续的 PointNet＋＋模型。此模型采用分层抽取特征的技术，提取局部特征并进行多次特征学习，提升了对于局部信息的感知，改善了点云密度不均的问题，使点云分割效果更加精准。

3. PointNet 与 PointNet＋＋

（1）PointNet。

PointNet 是第一个直接对不规则、无序原始点云进行端到端推理预测的网络。PointNet 模型主要有两大创新：一是输入网络的数据是原始的三维坐标$(O-xyz)$以及每个点的额外特征（颜色、法向量等），没有经过烦琐的预处理；二是采用新颖的特征提取方法，利用对称函数 MaxPooling 提取网络学习的最大特征值作为输出。

在深度学习模型 PointNet 出现之前，主流的基于深度学习的点云分类模型需先将点云投影为 2D 图像，并利用成熟的 2D CNN 框架对点云进行分类预测，或者将点云数据进行体素分割，然后利用 3D 卷积提取点云的特征。但是 2D 投影会导致点云三维信息的损失，同时，在对现实场景点云进行预测时，由于现实场景的复杂性，投影的角度并不好选取，该方法的应用具有一定局限性。若将点云输入网络前，对其进行体素栅格化则不会出现三维信息的缺失，但是 3D 卷积对显卡内存的要求较高，同时时间复杂度也比较大。基于计算的代价，通常采用降低体素分辨率的方式，但每个体素会存在量化的噪声错误，从而影响最后的分类精度。所以直接对点云进行处理不会造成三维信息的损失，也不用付出很高的计算代价。

上述方法将点云数据转化为规则的数据结构，针对原始点云存在不规则性和无序性这两个特性，PointNet 网络设计了对应的解决方案：一是对每个点使用 MLP（Muli-Layer Perceptron）单独提取特征并采用 Max Pooling 聚合作为采样点坐标，避免了点云不规则性的影响；二是使用对称函数提取每个点的特征，保证了得到的结果与点输入的顺序无关，从而实现了置换不变性。所以问题转换为如何使用神经网络构建对称函数。首先，对于不规则的点云数据，PointNet 采用 MLP 对输入的每个点进行特征提取、升维操作，并将每个点由原始的三维映射到 1 024 维的冗余空间,再使用对称函数 MaxPooling 提取最大值。接着,对所有映射到 1 024 维的点都进行 MaxPooling 操作,以获取全局特征。最后再使用一个网络进一步消化全局特征,进而得到最终的点云特征。

图 8.9 所示为 PointNet 的原始网络结构图,其中 h 层为特征映射层,负责将每个点映射到高维特征空间;g 层为对称操作 MaxPooling 层,负责对每个点映射得到的高维特征提取最大值;γ 层消化 MaxPooling 得到的全局特征。

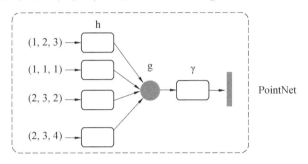

图 8.9　PointNet 的原始网络结构图

综上所述,PointNet 的原始网络结构可以归纳为如下公式:

$$f(x_1, x_2, \cdots, x_n) = \gamma \cdot g[h(x_1), h(x_2), \cdots, h(x_n)] \tag{8.28}$$

现实场景的地物还存在几何上的变化,如一辆车,当获取的角度不同时,最终呈现的视觉效果也不同。为应对视角变化造成的对象在几何上的变化,PointNet 加入一个空间转换网络 T−Net(Transform Network),通过输入的 $n \times 3$ 点云,让 T−Net 学习一个变换的参数,去自动对齐输入,从而在一定程度上实现转换不变性(Transform Invariance)。

同时,还可以对点云的中间特征进行变换,即用另一个空间转换网络 T−Net 生成 $k \times k$ 的变换矩阵,对映射到高维的特征做转换。但高维特征空间的转换矩阵相对于三维空间转换矩阵维度更高,优化难度更大,所以为该网络的训练损失加了个正则化损失,即

$$L_{\text{reg}} = \| I - AA^{\text{T}} \|_F^2 \tag{8.29}$$

式中　A——预测的特征对齐矩阵。

加入这个正则化损失,可以将特征对齐矩阵 A 约束成正交矩阵,而正交变化不会损失信息。

最后将两个变换的网络与 PointNet 结合起来,得到最终的分类网络,具体步骤如下。首先对输入的三维点云进行 $n \times 3$ 的变换,得到三维空间上对齐的点云,然后将其投影到 64 维空间,在此空间维度上再做一次变换,得到更归一化的 64 维空间数据,接着使用 MLP 逐步将得到的 64 维特征映射到 1 024 维空间上,再使用对称函数 MaxPooling 将每个点映射到 1 024 维空间的最大特征值,最后

接一个全连接网络,对于 k 分类问题,输出 k 个预测值。

综上所述,PointNet 的模型结构图如图 8.10 所示。

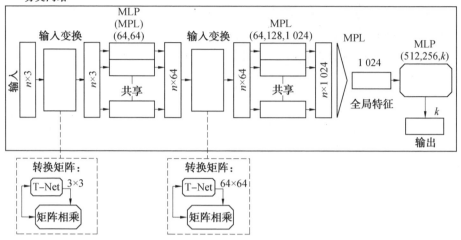

图 8.10 PointNet 的模型结构图

(2)PointNet＋＋。

3D CNN 有多级的特征学习,能对输入的数据不断地进行特征抽象,同时,因为存在卷积操作,3D CNN 具有平移不变性。而 PointNet 是利用 MLP 对每个点进行从低维到高维映射,通过对称函数 MaxPooling 将所有点映射到高维的特征并结合在一起,最终形成全局特征。

本质上,PointNet 是对单点进行操作,然后再对全局点进行操作,所以没有局部的概念,很难对精细的特征进行学习。同时,由于没有卷积操作,也没有局部的概念,对点云进行平移操作时,点云的三维坐标会发生变化,最后汇总的全局特征也会存在变化,导致分类结果出错。研究者基于上述缺陷,提出了改进的PointNet＋＋。PointNet＋＋的核心思路是在局部区域重复地、迭代性地使用PointNet 提取特征,生成一个新的点,新的点又生成新的点集,在新的点集中又可以定义新的小区域,从而实现多级特征学习。

因为是在局部区域中使用 PointNet 提取特征,所以可以定义局部坐标系,从而实现平移不变性。同时因为输入到网络的数据为在局部坐标系的小区域数据,与输入和点的顺序无关,从而使此网络也保持了置换不变性。

PointNet＋＋提取特征的具体流程为:对于整个点云对象,先定义若干小区域的中心,然后从中心出发,以一定半径把点划分为重叠的小区域,对每个小区域均使用 PointNet 提取特征,再把这些局部特征组合起来,投影到更高维的空间以得到高维空间的特征,得到一个新的点。这个新的点包含了它的中心点在欧式空间中的坐标,以及对应区域用 PointNet 学习到的特征向量,代表了这个小区域的几何形状。重复上述操作,再得到另一个新的点,直到遍历所有点,最终得到一组新的点。

新的一组点虽然在点数上少于原始点,但每个点代表了周围区域的几何特点,可以看作点集的简化。把上述操作定义为抽象集(Set Abstraction)。重复这样的抽象集,可实现多级网络的提取。尽管点的数量越来越少,但是每个点代表的特征区域越来越大,相当于感受越来越大。最后对得到的数据进行对称 MaxPooling 操作,将得到可用于分类的全局特征。PointNet＋＋的网络结构图如图 8.11 所示。

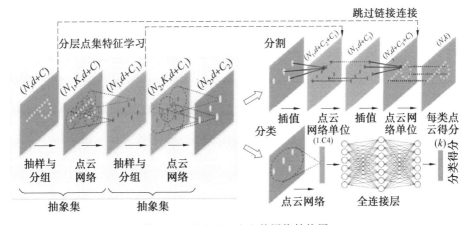

图 8.11　PointNet＋＋的网络结构图

现实场景中采集的点云数据的密度是非均匀的,根据离扫描仪的距离呈现"近密远疏"的特性。网络在密集区域学到的特征可能不会泛化到稀疏区域,稀疏点云上训练的模型也可能学习不到精细的局部特征。所以,当输入采样密度不均匀时,需要考虑如何学习、组合来自不同密度区域的特征。PointNet＋＋提出了两种解决的方案:多尺度聚合和多分辨率聚合。

稀疏区域存在采样不足的问题,所以无法捕获细节信息,此时可采取一个简单有效的解决办法,即保持中心点不变,多次改变半径的大小。多尺度分组(Multi-Scale Grouping,MSG)的核心思想是结合不同尺度(半径)提取特征。简单地说,对每个中心点,使用不同的半径获取不同大小的区域,然后对每个区域都用 PointNet 提取特征,最后将不同尺度下的特征再聚合起来形成多尺度的特征,如图 8.12(a)所示。采用传统的 PointNet 网格时,在每个尺度都要用 PointNet 提取一次特征,而且由于在最底层的中心点数量较多,因此特征提取的时间复杂度大,同时提取到的特征也更多,如图 8.13 所示。

MRG 的多分辨率是指对同一片点云数据,探测区域大小不同。模型学习到

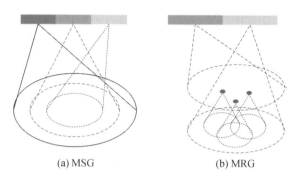

图 8.12　点云分类分组方式

的特征向量由局部特征和全局特征两部分构成,如图 8.12(b)所示。局部特征是对底层区域的每个子区域均用抽象集提取特征并汇总,全局特征则直接在整个区域上的原始点云数据用 PointNet 提取特征。前者具有局部精细的特征,但没有全局特征;后者有全局特征,但没有局部精细的特征。将二者合二为一,既包含局部特征又包含全局特征。在点云稀疏时,全局特征更可信,因为稀疏时局部采样可能不足,能采到的特征很少,此时应该赋予全局特征更多的权重。在点云密集时,局部的特征更可信,因为它在小范围用 PointNet 能探测到精细的信息,此时应该赋予局部特征更多的权重。由于没有在底层大尺度上使用 PointNet 提取特征,因此,多分辨率分组(Multi-Resolution Grouping,MRG)的效率更高。对于不同点云密度情形下类法识别准确率的差异情况,从图 8.13 中也能看出采用 MSG、MRG 分类法的准确率均要比简单的 PointNet、PointNet＋＋方法更高。

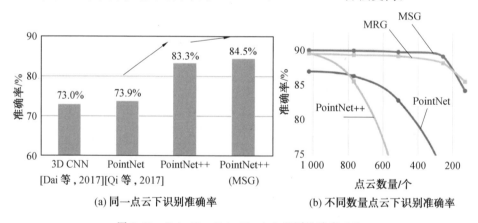

(a) 同一点云下识别准确率　　　　(b) 不同数量点云下识别准确率

图 8.13　PointNet、PointNet＋＋识别准确率对比

8.2.3　基于深度学习技术的机器人控制应用与展望

从最初的简单工业机器人到现在的集机械、控制、计算机、传感器、人工智能

等多种先进技术于一体的现代制造业重要自动化装备,机器人的技术在不断发展和完善。深度学习是一个复杂的机器学习算法,也是一种快速训练深度神经网络的算法,具有很强的特征学习能力,它采用逐层训练的方法缓解了传统神经网络算法在训练多层神经网络时出现的局部最优问题。基于这些特征,深度学习在图像识别、语音识别、自然语言处理、工业过程控制等方面具有独特的优势。将深度学习与机器人相结合,不仅使机器人在自然信号处理方面的潜力得到了提高,而且使其拥有了自主学习的能力。每个机器人都在工作中学习,且数量庞大的机器人并行工作,然后分享各自学到的信息,相互"促进"学习,如此必将提升学习效率和工作准确度,并且还可省略烦琐的编程。

在实际应用中,如机器人在检测文字位置时,需要提取文字信息,通常会碰到文字粘连的情况,这时就需要使用残缺粘连的文字区域图片来训练神经网络,这样不仅可以获取文字位置,还可以避免漏检问题。在物体识别及大尺寸自然场景图像的处理过程中,可以将卷积神经网络和超像素分别与深度玻尔兹曼机相结合,利用深度卷积神经网络对大尺寸场景图像进行预处理得到卷积特征后,将结果作为深度玻尔兹曼机的可视层输入,进行特征提取,然后利用分类器实现场景的分类。在基于 RGB−D 信息的三维场景构建技术的基础上,利用图像像素局部的八连通结构,融合深度优先算法优化原始深度图,并通过采用 RANSIC 改进的 ICP 位姿估计方法进行环境地图的三维重建,同时引入基于卷积深度学习模型的物体识别系统,实现对室内环境物品的识别与分类。

深度学习革命对机器人产业产生了较大影响,机器人的智能化成为一个重要的发展方向。然而,目前大多深度学习机器人的落地都集中在计算机视觉上,深度学习是其中热门的研究方向之一,将深度学习与机器人技术结合可大大拓展机器人运动和操作性能。深度学习技术已经在机器人上取得成功应用,如完成机器人导航、机械臂抓取和足式机器人越障等;又如在户外等崎岖场景,传统机器人面对不确定场景很难进行路径规划,而结合深度学习的足式机器人,可以在任意崎岖路面行走,帮助人们探索未知环境或进行救援、勘探,甚至可以将其投放到火星或者月球上进行探索。机器人与深度学习技术充分结合,使其可以达到拟人机器人的效果,配合视觉和听觉并结合语音输入,就构成了未来机器人的完全体,能够胜任大部分现实场景的工作。

8.3　类脑计算

移动机器人通过强化学习、深度学习在一定程度上提升了自身的智能程度,但在无先验知识、无需大样本学习模式下还有较大的难度。目前还有一个领域被称作脑启发式计算（Brain-Inspired Computing），又称类脑计算，通过类脑计算，可以使机器像人一样不断地从周围环境对知识、模型结构和参数进行学习和自适应进化，更好地实现与人与环境共融。众所周知，大脑是目前人类科学了解到的最擅长学习和解决问题。人类大脑令人赞叹的能力主要归结于其内部广泛的连通性、结构和功能化的组织层次以及具有时间依赖性质的神经元突触连接。几个世纪以来，科学家们将人类大脑作为研究的重点，不断探索它的工作细节。类脑计算虽未有公认的统一定义，但可以理解为借鉴大脑工作模式的程序或算法。

类脑计算领域包含两个重要的分支，一类是第二代神经网络的人工神经网络（Artificial Neural Networks，ANNs），另一类是第三代神经网络的脉冲神经网络（Spiking Neural Networks，SNNs）。第二代和第三代神经网络之间最大的区别在于信息处理的性质。第二代神经网络使用了实值计算，如信号振幅。而第三代神经网络则使用脉冲传递和交换信息，使用的神经元只有在接收或发出信号时才处于活跃状态，若无事件发生，神经元则保持闲置状态，因此它属于事件驱动型的神经网络，可节省能耗，这与第二代神经网络相反，第二代神经网络在实值输入和输出情况下，所有的神经元都处于活跃状态。目前，第二代神经网络发展成熟，拥有各种支持的工具库和学习框架，在某些图像或语音数据库上的准确率甚至超越人脑，但是在某些具有时空关联性、泛化通用性的任务中表现并不出色；第三代神经网络还处于正在发展的阶段，缺乏成熟的训练算法，在大规模的网络中准确率低于第二代神经网络，但是在深度感知、超低功耗上已表现出强劲的势头和巨大的潜力。当下两者兼收并蓄，共同发展，加速推动人工智能技术在生产制造、生活服务、城市治理等各个场景的发展和应用。

1. 类脑计算的研究现状

（1）人工神经网络。

伴随着对生物医学的探索与对心理学的研究，科研工作者对人类大脑的日常学习、行为习惯进行了深入的研究。人类拥有复杂的思维，在其受到外界的干扰刺激后会做出不同的反应和采取不同的应对方法。除了应激反应、习惯性动作外，反应方式中还包括分析判断之后采取的应对策略。对人类拥有判断信息的智能行为的研究，实质是对人类大脑的工作机制和运行方式的探索。科学家对大脑如何处理信息的奥秘进行了不懈的探索，使心理学、生理学、信息科学、计算机科学等学科交融。由于人脑拥有控制肢体机能行为的高度智能性，所以通过模仿人脑的工作机理可以构建独立于人体之外的另一个智能化处理系统。这种对人脑的工作机理和智能行为并行探索的过程就是研究人工神经网络的方法。将数学、信息学、计算机技术、微电子学等众多学科交叉结合，对人脑进行数学建模分析,构建的抽象化简易模型称为人工神经网络(Artificial Neural Network,ANN)。

人工神经网络是基于人脑生物学中神经元的工作原理,通过研究掌握人体大脑的基本结构和神经元工作响应模式后,采用网络拓扑结构的基础理论知识模拟人脑对复杂信息进行优化处理的一种数学模型。如图 8.14 为人工神经网络对生物神经元结构的抽象表达,与人脑神经结构相似,人工神经网络由多个类似于人脑神经元的结构组成,人脑神经元可以通过树状突起结构接收来自多个信号源的信号。在人工神经网络上,这一接收信号现象就表现为人工神经网络算法接收来自目标函数的多个影响因子,通过网络不同结构层之间的激励函数逐步计算并传递信号,最终输出目标向量。人工神经网络来源于人类对大脑的模拟,它不仅促进了人类在脑神经领域的发展,还延伸到数学、物理学、计算机技术、人工智能技术等诸多领域,在多年的发展与演化中,人工神经网络的类型也越来越多样化,其功能特性也逐渐分化,不同种类的人工神经网络针对不同问题拥有特定的处理方式和性能表现。

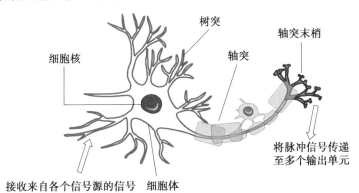

图 8.14　人工神经网络对生物神经元结构的抽象表达

①人工神经网络主要功能。人工神经网络模拟人脑脑神经活动中的信息传递表达过程,通过在网络内部构建大量神经元,对输入数据进行层层处理和传递,且各神经元间可以实现互不干扰的同步并行处理,相较于传统数学模型的逐级传递有着明显的优势。人工神经网络的同步并行处理模式具有高度非线性逼近作用、分布式存储、良好的容错性和自适应性等诸多特点,使其信息加工处理和存储检索过程表现出优良的性能。目前各研究领域主要针对人工神经网络所具备的以下几个功能展开研究。

a.数据联想功能。人工神经网络内部大量的神经元具有互不干扰、同步处理信息的能力,这使各神经元通过对输入数据的分析得到了不尽相同的结果,这些经过不同神经元处理的结果在集体作用下表现为能够深层挖掘和恢复数据的边缘特性,利用这一特性可以对输入数据进行延展和对碎片信息进行强化,使人工神经网络具备数据的联想功能,进而使人工神经网络可以运用到图像或声音的增强和复原中。

b.归纳识别功能。人工神经网络可以对输入的数据集进行分析归纳,总结各数据组的对照关系和内部联系。通过对人工神经网络模型导入不同类型的数据集,可以训练模型的存储记忆功能,这样人工神经网络模型便可以对同类型数据组进行辨认,从而对包含多种复杂类型的数据集进行归纳和识别处理。加之其数据联想功能,进一步增强了网络模型对信息的模糊特征进行识别和归纳的能力,这一优良特性使得人工神经网络模型在近年来的自动驾驶系统研发中发挥着巨大的作用。

c.非线性映射功能。在实际工业领域应用中,需要处理许多如过程控制、故障诊断、机器控制、热偶传递等问题,这类问题的复杂程度往往较高,问题的影响因素众多且彼此之间关联性较弱,在数学上表现为处理问题影响因素和输出向量之间的复杂非线性关系。为解决此类问题采用的数学模型往往很复杂,需要逐个建立相应的数值解析方程,且方程之间相互耦合传递影响,为了简化模型的计算,在数值解析求解时通常设定了大量的假定条件,但这种做法在一定程度上会严重影响数值模拟结果的准确性和稳定性。人工神经网络在对复杂系统中的物理现象进行建模时不需要具备明确的数学表示或详尽的实验过程,当有足够的实验数据供给统计分析时,就可以总结归纳各数据组的关联性、无关线性或者非线性,可供训练和分析的数据越多,对数据集规律的处理归纳就越精确,从而实现对任何非线性函数的映射。

②人工神经网络主要算法类型。根据人工神经网络的性能及网络拓扑结构,可将人工神经网络分为前馈神经网络、反馈神经网络、自组织神经网络、随机神经网络、对抗神经网络和感知器神经网络等,表8.1为人工神经网络模型的种类及应用领域。

表8.1 人工神经网络模型的种类及应用领域

网络模型的种类	代表算法	应用领域
前馈神经网络	BP、RBF	函数逼近、非线性关系映射
反馈神经网络	RNN、Hopfield	数字识别、联想记忆
自组织神经网络	ART、SOM	共振理论、矢量量化
随机神经网络	RBM	深度学习、分层强化学习
对抗神经网络	GAN	图形处理、分类问题
感知神经网络	单层、多层感知器	模式识别、机械控制

（2）脉冲神经网络。

脉冲神经网络被誉为"第三代人工智能网络"，在结构和计算上比前两代神经网络具有更多的生物特性。脉冲神经网络的神经元主要通过脉冲序列的形式在网络中传播信息，具有更为强大的信息处理机制。脉冲神经网络具有计算效率高、功耗低等优点。

一个典型的生物神经元可分成职能各不相同的三个区域，分别为树突、细胞体和轴突。其中，树突主要起到"输入设备"的作用，用于接收来自其他神经元的信号，并将其传输到细胞体。从信号传递的角度来看，细胞体是进行非线性过程的"核心处理器"。到达细胞体的全部输入溢出某个阈值就会生成输出信号，输出信号由"输出设备"即轴突接收，轴突再将信号传递给其他神经元。突触主要用来连接不同的神经元。往往将信号通路中的上游称为突触前细胞，下游称为突触后细胞。神经元膜电位在接收超过阈值的信号时就会触发动作电位，即膜电位图会形成一个大的正脉冲状偏移。在动作电位发放之后，膜电位会逐渐回到静息电位的状态。

对于脉冲神经网络来说，神经元模型的选择将直接影响后续网络计算的复杂程度。因此，对目前常见的几种脉冲神经元模型进行介绍。

①Hodgkin-Huxley 神经元模型（简称 HH 模型）。1952 年，Hodgkin 等人在对鱿鱼巨型轴突的膜电位数据进行研究后，发现神经元细胞膜上主要流过钾离子、钠离子及氯离子三种离子电流，并且这三种离子电流通道存在并行关系，即 HH 模型，其等效电路图如图 8.15 所示。HH 模型展现了神经元细胞膜上离子电流与电压的变动方式，第一次验证了神经元的信息传递方式。

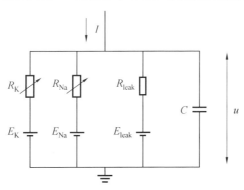

图 8.15　HH 模型等效电路图

根据 HH 模型等效电路图，流经电容 C 的电流表示为 $I_C(t)$，流经电阻的总电流表示为 $I_{ionic}(t)$，则 HH 模型的总电流可以表示为

$$I(t) = I_C(t) + I_{ionic}(t) \tag{8.30}$$

其中四条电流通道的一条给电容充电（电容量为 C），其余三条通过电阻，即

$$I_C(t) = C\frac{\mathrm{d}u}{\mathrm{d}t} \tag{8.31}$$

$$I_{\mathrm{ionic}} = I_{\mathrm{K}} + I_{\mathrm{Na}} + I_{\mathrm{leak}} \tag{8.32}$$

由此可以推导出：

$$C\frac{\mathrm{d}u}{\mathrm{d}t} = I_{\mathrm{K}} + I_{\mathrm{Na}} + I_{\mathrm{leak}} - I(t) \tag{8.33}$$

由于离子通道存在打开和关闭两种状态,对于单个离子通道在 t 时刻的概率为 $p(t)$,从关闭到打开的速率为 $\alpha_i(t)$,从打开到关闭的速率为 $\beta_i(t)$,离子通道打开的概率模型为

$$\frac{dp}{\mathrm{d}t} = \alpha_i(u)(1-p) + \beta_i(u)p \tag{8.34}$$

由此,进一步得到 HH 模型的标准公式：

$$\begin{cases} \dfrac{\mathrm{d}n}{\mathrm{d}t} = \alpha_n(u)(1-n) + \beta_n(u)n \\[2mm] \dfrac{\mathrm{d}h}{\mathrm{d}t} = \alpha_h(u)(1-h) + \beta_h(u)h \\[2mm] \dfrac{\mathrm{d}m}{\mathrm{d}t} = \alpha_m(u)(1-m) + \beta_m(u)m \end{cases} \tag{8.35}$$

式中 n、m——钾、钠离子通道激活质量浓度变量;

　　　　h——失活变量。

②带泄漏积分触发(Leaky Integrate-and-Fire M,LIF)模型。LIF 模型是一种对 HH 模型的简化。当突触后神经元接收到脉冲时,如图 8.16 所示,LIF 神经元模型等效电路中电容 C 两端膜电压一旦超过了阈值,就会发放脉冲。

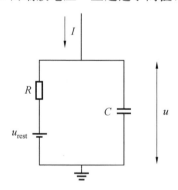

图 8.16　LIF 神经元模型等效电路图

根据图 8.16,将流经电阻 R 的电流表示为 I_R,流经电容 C 的电流表示为 I_C,则 LIF 神经元模型的电流公式可表示为

$$I(t) = I_R + I_C \tag{8.36}$$

将 I_R 和 I_C 用电压和电容的方式转换,则电流公式表示为

$$I(t) = \frac{u(t) - u_{\text{rest}}}{R} + C\frac{\mathrm{d}u}{\mathrm{d}t} \tag{8.37}$$

再将膜常量系数 $\tau_m = RC$ 代入电流公式中,可以得到公式(8.38),即电容 C 两端的膜电压与当前时间的一阶微分方程:

$$\tau_m \frac{\mathrm{d}u}{\mathrm{d}t} = -[u(t) - u_{\text{rest}}] + RI(t) \tag{8.38}$$

③Izhikevich 模型。 Izhikevich 模型在具备更强生物合理性的 HH 模型与更高计算效率的 LIF 模型之间进行了平衡。其使用类似于 LIF 模型的动作电位表达形式,并使用简化的 HH 模型电势表达。Izhikevich 模型公式表达为

$$\frac{\mathrm{d}V}{\mathrm{d}t} = 0.04U^2 + 5U + 140 - u + I \tag{8.39}$$

$$\frac{\mathrm{d}u}{\mathrm{d}t} = a(bU - u) \tag{8.40}$$

式中　u——膜电位恢复变量,主要表示离子电流的行为;

　　　a——u 的时间常数,用于膜电势的缓慢恢复;

　　　b——u 对 U 的依赖程度参数。

利用参数的组合方式,Izhikevich 模型能够表达绝大部分已知的大脑皮层的神经元放电模式,而且其仿真计算所需的计算资源消耗只有 HH 模型的 1% 左右。

表 8.2 为 HH、LIF、Izhikevich 三种神经元模型的优缺点比较。

表 8.2　HH、LIF、Izhikevich 三种神经元模型比较

神经元模型	优点	缺点
HH	生物合理性较高	计算模型复杂
Izhikevich	平衡 HH、LIF 的生物合理性和计算复杂性	相较 LIF 有较高的复杂度
LIF	算法复杂度较低	生物合理性较低

2. 我国类脑计算的发展进程

在政策层面上,我国十分重视类脑计算的研究与发展。

2016 年,国务院印发《"十三五"国家科技创新规划》,部署脑科学与类脑科学研究。

2017 年,中国科学技术大学作为承担单位,建设类脑智能技术及应用国家工程实验室。

2018 年,北京与上海相继成立"脑科学与类脑智能研究中心",标志着"中国

脑计划"正式拉开序幕。此外,在类脑计算与脑机智能发展上,上海交通大学、复旦大学均有团队在开展脑机接口、脑成像等方向的研究。

2019 年 8 月,清华大学施路平团队发布研究成果——类脑计算芯片"天机"。该芯片是世界首款异构融合类脑芯片,也是世界上第一个既可支持脉冲神经网络又可支持人工神经网络的人工智能芯片。该成果在《自然》(*Nature*)杂志作为封面文章发表,实现了我国在芯片和人工智能两大领域内 *Nature* 论文零的突破。

2020 年 9 月,浙江大学联合之江实验室共同研制出我国首台基于自主知识产权类脑芯片的类脑计算机(Darwin Mouse),这是一台能像人一样"回忆",可以"闻"气味的计算机。朝着计算机念一句"春眠不觉晓",它就能凭着记忆很快接着念出"处处闻啼鸟";朝它喷杀虫剂,它会显示"注意有毒气体"的感知反馈。该类脑计算机在神经元规模上超越了德国海德堡大学的 BrainScaleS,美国 IBM 公司的 Blue Raven 和英特尔公司的 Pohiki Springs 三大类脑计算系统,是目前国际上神经元规模最大的类脑计算机。该类脑计算机研发是一次重要的计算模式变革,标志着我国的类脑计算机进入了一个新的发展轨道。

2020 年 10 月,清华大学计算机系张悠慧团队和精仪系施路平团队与合作者在 *Nature* 杂志发表题为《一种类脑计算系统层次结构》(*A System Hierarchy for Brain-Inspired Computing*)的论文,提出了"神经形态完备性"的概念,这是一种更具适应性、更广泛的关于类脑计算完备性的定义,它降低了系统对神经形态硬件的完备性要求,提高了不同硬件和软件设计之间的兼容性,并通过引入一个新的维度——近似粒度(The Approximation Granularity)来扩大设计空间。同时也提出了一种全新的系统层次结构,这一结构包括软件层、硬件层和编译层三个层次,具有图灵完备的软件抽象模型和通用的抽象神经形态结构。在该系统层次结构下,各种程序可以用统一的表示来描述,在任何神经形态完备的硬件上都能转换为等效的可执行程序,从而确保编程语言的可移植性、硬件的完备性和编译的可行性。

①软件层指的是编程语言或框架以及建立在它们之上的算法或模型。在这个层次上,提出一种统一、通用的软件抽象模式——POG 图(Programming Operator Graph),以适应各种类脑算法和模型设计。POG 图由统一的描述方法和事件驱动的并行程序执行模型组成,该模型集成了存储和处理,描述了什么是类脑程序,并定义了如何执行。由于 POG 图是图灵完备的,它最大限度地支持各种应用程序、编程语言和框架。

②硬件层包括所有类脑芯片和架构模型,通过抽象神经形态架构(Abstract Neuromorphic Architecture,ANA)以及它与上层的接口——执行原语图(Execution Primitive Graph,EPG),实现对硬件架构设计的抽象以及面向硬件

的计算描述。EPG 图具有控制－流－数据流的混合表示,最大化了它对不同硬件的适应性,且符合当前硬件的发展趋势,即混合架构。

③编译层,是将程序转换为硬件支持的等效形式的中间层。为实现其可行性,研究人员提出了一套被主流类脑芯片广泛支持的基本硬件执行原语(Hardware Execution Primitives),并证明配备这套硬件的神经形态是完备的,同时以一个工具链软件作为编译层的实例,论证了该层次结构的可行性、合理性和优越性。

对此,研究人员认为,这一层次结构促进了软硬件的协同设计,可以避免软硬件之间的紧密耦合,确保任何类脑程序都可以由图灵完备的 POG 图在任何神经形态完备的硬件上编译成一个等效和可执行的 EPG 图,也确保了类脑计算系统的编程可移植性、硬件完备性和编译可行性。

这一设计理念使系统不同方面之间的接口和划分更加清晰,研究人员将在当前层次结构的基础上继续攻关,进一步提高类脑计算系统的效率和可兼容性,从而促进其在包括通用人工智能在内的各个应用方向的发展。

3. 类脑计算的发展展望

类脑计算的发展前景十分广阔。未来,类脑计算既可用于生活中对各种智能任务的处理,开拓人工智能的应用场景;也可用于神经科学、脑科学研究,为神经科学家提供更快、更大规模的仿真工具,提供探索大脑工作机理的新实验手段。

在科学家的设想中,类脑计算机的智能化程度未来将接近人脑乃至某些方面超越人脑。它可以从科学家创造的虚拟环境中获取知识,在现实环境中接收各种信息的传递,通过对它进行信息刺激、训练和学习,类脑计算机有机会获得类似人脑的智能,实现智能培育和进化。在神经元和突触自我调节的过程中,计算机进行学习、会话、推理等类人运算,以实现更高级的智能。类脑计算未来的发展有以下几个方向。

(1)时空动态模式识别。

计算神经科学在脑科学和人工智能之间起桥梁作用。目前,深度学习在静态物体的识别上已经超过了人类,但仍有很多的工作是深度学习做不好的,其中之一就是时空动态的模式识别——这个问题对于人脑来说非常简单,但深度学习并不擅长。仿人智能的目的是模仿大脑处理信息的方式,而大脑处理信息的方式和深度学习截然不同,人脑处理的都是动态的时空信息。因此,真正的类脑计算不应该处理静止图像,而应该处理时空连续的信号。虽然深度学习已有很多成功的应用,但如果继续发展,例如,在进行视频分析、动态视觉信息处理时,自然就会遇到面临动态时空模式识别任务,这是仿人智能下一步的重要发展方向。

(2)类脑计算的体系结构与硬件原语。

图灵完备性和冯·诺依曼架构是通用计算机技术能够飞速发展并持续繁荣的关键因素——几乎所有的高级编程语言都是图灵完备的,冯·诺依曼架构通用处理器则可以通过图灵完备的指令集实现图灵完备性,这意味着编程语言编写的任何程序都可以转换为任意图灵完备处理器上的等价指令序列(即"程序编译")。因此,由软件层、编译层、硬件层组成的计算机层次结构就能够确保应用软件、指令集、硬件设计在独立发展的同时相互兼容(即软硬件去耦合),为整个领域的繁荣发展打下了系统基础。现有仿人智能系统方面的研究多聚焦于具体芯片、工具链、应用和算法的创新实现,而对系统基础性问题,如计算完备性、系统层次结构等思考不足,导致软硬件紧耦合、应用范围不明确等一系列问题。但从现有通用计算机的发展历史与设计方法论来看,完善的计算完备性与软硬件去耦合的层次结构是类脑计算系统蓬勃发展的计算理论与系统结构基础。

(3)仿人视觉芯片。

仿人视觉芯片是用半导体技术模仿人类视觉的系统,成为仿人智能的应用方向,其主要特点是把图像传感器和视觉处理器集成在一个芯片上,其功能是模仿人类视觉系统进行信息的并行获取以及处理。仿人视觉芯片在很多领域都有应用,如盲人导航、自动驾驶、机器人、目标跟踪等,涵盖了工业、消费、科研生活等诸多领域。这种视觉芯片是一种比较典型的边缘计算系统,在传感器感知信息以后立即进行处理,因此在实时性方面好于数据集群的处理模式。由于仿人视觉芯片在边缘端处理图像,因此也面临着很多问题,其中最大的问题是如何在功耗、芯片面积受限的条件下进行图像的实时处理。目前在仿人视觉芯片方向主要有三大技术:一是人工视觉感知技术,仿人视觉芯片不仅仅是简单模仿人类视觉系统的功能,在很多情况下它还需要具有超越人的视觉感知能力;二是智能化信息处理技术,即如何在功耗、体积受限的情况下进行实时化的图像处理;三是集成技术,即如何将人工视觉图像传感器和处理器进行集成。

目前,类脑计算机的运算速度很难与现有的计算机比较。例如,用于检测CPU或超算的指标,很多都不是类脑计算机擅长的。普通计算机能做的事情,类脑计算机不是都能做到。类脑计算机主要将用于处理擅长的人工智能任务,并不会完全替代冯·诺依曼架构的传统计算机,两者互补与融合可能会是未来的趋势。

虽然类脑计算的基础理论和核心技术已取得不少突破,但当前该技术还处于初级阶段,无论在规模上,还是在智能化程度上,都无法和真正的人脑相比。如何寻找兼具生物合理性与计算高效性的脉冲神经元模型,如何建立脉冲神经元模型与 AI 任务之间的关系是类脑计算领域的核心问题,未来还需要重点攻克。随着神经模型、学习算法、类脑器件、基础软件和类脑应用等方面技术不断取得突破,类脑计算即将迎来更为蓬勃的创新和发展。

人工智能赋能下的类脑计算技术被认为是可能提供一条通向通用人工智能的途径,世界各国的科研学者和研究机构也相继开展类脑计算相关领域的研究。包括像清华大学"天机"芯片、浙江大学"达尔文 2 号"等神经形态类脑芯片已经通过模拟人脑的运行机制实现高速、高效率和低能耗的计算,将成为突破冯·诺依曼架构的重要研究方向。随着光电器件集成度逐渐提高,在更大规模的芯片上集成神经形态类脑芯片将成为未来的研究趋势,实现更高速、更高计算效率和更低能耗的计算已经不再遥远,更加智能的移动机器人导航与控制也将成为可能。

参 考 文 献

[1] FLORES-AQUINO G O，ORTEGA J D D，RVIZU R Y A，et al. 2D grid map generation for deep-learning-based navigation approaches［C］. Cuernavaca：IEEE，2021：66-70.

[2] 何佳泽,张寿明. 2D 激光雷达移动机器人 SLAM 系统研究[J]. 电子测量技术,2021,44(4):35-39.

[3] 赛朋飞,王亚敏. 大数据技术在人工智能中的应用[J]. 通讯世界,2020,27 (1):151-152.

[4] 喻自烘. 多传感器融合的移动机器人环境感知与定位[D]. 沈阳:沈阳工业 大学,2022.

[5] 宋孟军,张明路. 多足仿生移动机器人并联机构运动学研究[J]. 农业机械学 报,2012,43(3):200-206.

[6] 杨沓霖. 仿生机器人的技术原理与发展现状[J]. 智能城市,2016,2(7):76.

[7] 王友发,陈辉,罗建强. 国内外人工智能的研究热点对比与前沿挖掘[J]. 计 算机工程与应用,2021,57(12):46-53.

[8] 宋爱国. 机器人触觉传感器发展概述[J]. 测控技术,2020,39(5):2-8.

[9] 赵炳巍. 基于多传感器信息融合移动机器人避障决策研究[D]. 西安:西安 工业大学,2021.

[10] 张溢炉. 基于多特征和多传感器融合的轮式机器人视觉 SLAM 算法研究 [D]. 南宁:广西大学,2022.

[11] 张蒙. 基于改进的 ICP 算法的点云配准技术[D]. 天津:天津大学,2013.

[12] 施振稳. 基于激光雷达与双目视觉融合的移动机器人自主导航研究[D]. 南京:南京理工大学,2021.

[13] 赵宏昊. 基于激光 SLAM 的移动机器人自主导航技术研究[D]. 济南:山东大学,2022.

[14] 朱晓冬. 基于聚类算法的 T-S 模糊神经网络模型的研究[D]. 哈尔滨:哈尔滨理工大学,2003.

[15] 闫皎洁,张锲石,胡希平. 基于强化学习的路径规划技术综述[J]. 计算机工程,2021,47(10):16-25.

[16] 欧阳波. 基于三维点云的动态目标位姿估计[D]. 长沙:国防科技大学,2015.

[17] 向卉. 基于深度强化学习的室内目标路径规划研究[D]. 桂林:桂林电子科技大学,2019.

[18] 卜祥津. 基于深度强化学习的未知环境下机器人路径规划的研究[D]. 哈尔滨:哈尔滨工业大学,2018.

[19] 杨光辉. 基于深度视觉的室内移动机器人导航系统研究[D]. 重庆:重庆邮电大学,2019.

[20] 丁子琳. 基于深度相机的移动机器人视觉 SLAM 技术研究与实现[D]. 大庆:东北石油大学,2022.

[21] 赵雅萍. 基于深度增强学习的移动机器人路径规划[D]. 石家庄:河北师范大学,2022.

[22] 陈永刚. 基于视觉与激光雷达混合的移动机器人局部跟踪以及全局重定位方法研究[D]. 广州:广东工业大学,2020.

[23] 何翔鹏. 基于视觉 SLAM 的室内移动机器人自主导航算法研究[D]. 重庆:重庆邮电大学,2021.

[24] 钱夔,宋爱国,章华涛,等. 基于自适应模糊神经网络的机器人路径规划方法[J]. 东南大学学报(自然科学版),2012,42(4):637-642.

[25] 何珍谊. 基于 RGB-D 相机的移动机器人 SLAM 语义建图研究[D]. 北京:北京化工大学,2022.

[26] 陈彩红. 基于 RGB-D 的移动机器人运动模糊 SLAM 系统研究[D]. 重庆:重庆邮电大学,2020.

[27] 勾骅. 基于 ROS 的机器人智能导航系统研究[D]. 哈尔滨:哈尔滨理工大学,2021.

[28] 温博. 基于 ROS 的室内自主移动机器人系统设计与实现[D]. 西安:西安建筑科技大学,2021.

[29] 李振富. 基于 ROS 的移动机器人导航设计[D]. 曲阜:曲阜师范大学,2021.

[30] 李宏达. 基于 ROS 的自主导航机器人设计[D]. 哈尔滨:哈尔滨师范大

学,2021.

[31] 李艳丽. 结合语义信息的四足机器人 SLAM 技术研究[D]. 济南:山东大学,2020.

[32] 纪胜昊. 两足轮腿机器人系统研制及模型预测控制方法研究[D]. 哈尔滨:哈尔滨工业大学,2021.

[33] 陈媛. 六足移动机器人的仿生机构设计与运动学分析[D]. 天津:河北工业大学,2015.

[34] 吕作明. 轮式移动机器人机动性研究及实验平台实现[D]. 北京:北方工业大学,2021.

[35] 于华成. 轮式移动机器人运动控制研究[D]. 青岛:青岛科技大学,2022.

[36] 施路平,裴京,赵蓉. 面向人工通用智能的类脑计算[J]. 人工智能,2020(1):6-15.

[37] 王国江,王志良,杨国亮,等. 人工情感研究综述[J]. 计算机应用研究,2006(11):7-11.

[38] 祝宇虹,魏金海,毛俊鑫. 人工情感研究综述[J]. 江南大学学报(自然科学版),2012,11(4):497-504.

[39] 郑黎明,潘文联,成楠. 人工智能技术应用及其发展趋势[J]. 科技与创新,2022(17):164-166,169.

[40] 卜文锐. 人工智能技术在机器人中的应用[J]. 电子技术与软件工程,2021(15):62-63.

[41] 张荣霞,武长旭,孙同超,等. 深度强化学习及在路径规划中的研究进展[J]. 计算机工程与应用,2021,57(19):44-56.

[42] 徐家轩. 室内复杂遮挡环境下 RGBD/UWB 融合定位算法研究及实现[D]. 杭州:杭州电子科技大学,2022.

[43] 李恒多. 室内轮式机器人 RGBD-SLAM 系统研究与实现[D]. 沈阳:东北大学,2020.

[44] 季建楠. 室内全向移动机器人自主导航与避障技术研究[D]. 南京:南京信息工程大学,2022.

[45] 吕洪波,黄吉全,吕作明. 四轮全轮转向移动机器人的运动学建模[J]. 信息技术与信息化,2020(8):222-225.

[46] 房双艳. 四轮全向移动机器人的路径规划研究[D]. 赣州:江西理工大学,2021.

[47] 陈虹,蔡自兴,贺汉根. 未知环境中移动机器人导航控制研究的若干问题[J]. 控制与决策,2002,17(4):386-390.

[48] 江磊. 行走的智能:四足仿生移动机器人[J]. 测控技术,2019,38(4):7-10.

[49] 张琦. 移动机器人的路径规划与定位技术研究[D]. 哈尔滨:哈尔滨工业大学,2014.

[50] 陈孟元. 移动机器人仿生 SLAM 算法研究[D]. 合肥:中国科学技术大学,2019.

[51] 杨柳. 移动机器人全覆盖路径规划算法研究[D]. 上海:上海海洋大学,2022.

[52] 于振中,李强,樊启高. 智能仿生算法在移动机器人路径规划优化中的应用综述[J]. 计算机应用研究,2019,36(11):3210-3219.

[53] 江欣恺. 智能家居机器人导航技术研究[D]. 哈尔滨:哈尔滨工业大学,2021.

[54] 王飞跃,曹东璞,李升波,等. 自动驾驶技术的挑战与展望[J]. 人工智能,2018(6):85-93.

[55] 胡鸿长. 自主仿生移动机器人路径规划算法的研究[D]. 唐山:华北理工大学,2021.

[56] PHUEAKTHONG P, VARAGUL J. A development of mobile robot based on ROS2 for navigation application[C]. Surabaya:IEEE, 2021:517-520.

[57] ZHAO T, WANG Y. A neural-network based autonomous navigation system using mobile robots[C]. Guangzhou:IEEE, 2012:1101-1106.

[58] BURKITT A N. A review of the integrate-and-fire neuron model:I. homogeneous synaptic input[J]. Biological Cybernetics,2006,95(1):1.

[59] WINSTON P H. Artificial intelligence[M]. Boston:Addison-Wesley Longman Pubishing Co. Inc. ,1984.

[60] CHARROUF O, BETKA A, ABDEDDAIM S, et al. Artificial neural network power manager for hybrid PV-wind desalination system[J]. Mathematics and Computers in Simulation,2020,167(1):443-460.

[61] WANG S, CUI L, ZHANG J, et al. Balance control of a novel wheel-legged robot:design and experiments[C]. Xi'an:IEEE, 2021:6782-6788.

[62] SCOTT W, CARBONELL J, SIMMONS R, et al. Believable social and e-motional agents[D]. Pittsburgh:Carnegie Mellon University,1996.

[63] ZHU K, ZHANG T. Deep reinforcement learning based mobile robot navigation:a review[J]. Tsinghua Science and Technology, 2021, 26(5):674-691.

[64] LIU F, XU W, HUANG H, et al. Design and analysis of a high-payload manipulator based on a cable-driven serial-parallel mechanism[J]. Journal

of Mechanisms and Robotics,2019,11(5):1.

[65] ZHU J,XU L. Design and implementation of ROS-based autonomous mobile robot positioning and navigation system[C]. Wuhan:IEEE, 2019: 214-217.

[66] NAKANISHI Y,ASANO Y,KOZUKI T,et al. Design concept of detail musculoskeletal humanoid "Kenshiro" — Toward a real human body musculoskeletal simulator[C]. Osaka:IEEE, 2012:1-6.

[67] SONG H,KIM Y S,YOON J,et al. Development of low-inertia high-stiffness manipulator LIMS2 for high-speed manipulation of foldable objects[C]. Madrid:IEEE, 2018:4145-4151.

[68] DAI H,MACBETH C. Effects of learning parameters on learning procedure and performance of a BPNN[J]. Neuarl Networks, 1997, 8 (10):1501-1521.

[69] PETTA P,TRAPPL R. Emotions and agents[M]. Berlin,Heidelberg: Springer,2001:301-316.

[70] AGARWAL H,TIWARI P,TIWARI R G. Exploiting sensor fusion for mobile robot localization[C]. Palladam:IEEE, 2019:463-466.

[71] LECUN Y,BOTTOU L,BENGIO Y,et al. Gradient-based learning applied to document recognition[J]. Proceedings of the IEEE,1998,86 (11):2278-2324.

[72] XIE L,WANG S,MARKHAM A,et al. Graph tinker:outlier rejection and inlier injection for pose graph SLAM[C]. Vancouver:IEEE, 2017: 6777-6784.

[73] BARSHAN B,DURRANT-WHYTE H F. Inertial navigation systems for mobile robots[J]. IEEE Transactions on Robotics and Automation,1995, 11(3):328-342.

[74] LELKOV K S,CHERNOMORSKY A I. Integrated navigation system for ground wheeled robot[C]. Saint Petersburg:IEEE, 2022:1-4.

[75] IZHIKEVICH E M. Simple model of spiking neurons[J]. IEEE Transactions on Neural Networks,2003,14(6):1569-1572.

[76] CUI L,WANG S,ZHANG J,et al. Learning-based balance control of wheel-legged robots[J]. IEEE Robotics and Automation Letters,2021, 6(4):7667-7674.

[77] SILVER D,HUANG A,MADDISON C J,et al. Mastering the game of go with deep neural networks and tree search[J]. Nature,2016,529(7587):

484-489.

[78] KOTANI S,KANEKO S,SHINODA T,et al. Mobile robot navigation based on vision and DGPS information[C]. Leuven:IEEE,1998:2524-2529 .

[79] CORREA D S O,SCIOTTI D F,PRADO M G,et al. Mobile robots navigation in indoor environments using Kinect sensor[C]. Sao Paulo:IEEE,2012:36-41.

[80] MELBOUCI K,COLLETTE S N,GAY-BELLILE V,et al. Model based RGBD SLAM[C]. Phoenix:IEEE, 2016:2618-2622.

[81] ABBOTT L F, KEPLER T B. Model neurons:from hodgkin-huxley to hopfield[C]. Berlin:Springer Berlin Heidelberg,1990:5-18.

[82] YOUSIF K,TAGUCHI Y,RAMALINGAM S. MonoRGBD-SLAM:simultaneous localization and mapping using both monocular and RGBD cameras[C]. Singapore:IEEE, 2017:4495-4502.

[83] RANTANEN J, MÄKELÄ M, RUOTSALAINEN L, et al. Motion context adaptive fusion of inertial and visual pedestrian navigation[C]. Nantes:IEEE, 2018:206-212.

[84] BAMBULKAR R R,PHADKE G S,SALUNKHE S. Movement control of robot using fuzzy PID algorithm[C]. Tadepalligudem:IEEE, 2016:1-5.

[85] GUO Q,JIANG D. Moving process PID control in robots' field[C]. Shenyang:IEEE, 2012:386-389.

[86] MUR-ARTAL R,MONTIEL J M M,TARDÓS J D. ORB-SLAM:a versatile and accurate monocular SLAM system[J]. IEEE Transactions on Robotics,2015,31(5):1147-1163.

[87] MUR-ARTAL R, TARDÓS J D. ORB-SLAM2:an open-source SLAM system for monocular,stereo,and RGB-D cameras[J]. IEEE Transactions on Robotics,2017,33(5):1255-1262.

[88] CAMPOS C,ELVIRA R,RODRÍGUEZ J J G,et al. ORB-SLAM3:an accurate open-source library for visual, visual-inertial, and multi-map SLAM[J]. IEEE Transactions on Robotics,2021,37(6):1874-1890.

[89] ENGLSBERGER J,WERNER A,OTT C,et al. Overview of the torque-controlled humanoid robot TORO[C]. Madrid:IEEE, 2014:916-923.

[90] HUANG Q,YOKOI K,KAJITA S,et al. Planning walking patterns for a biped robot[J]. IEEE Transactions on Robotics and Automation,2001,17(3):280-289.

[91] PEDROSA D P F,MEDEIROS A A D,ALSINA P J. Point-to-point paths generation for wheeled mobile robots[C]. Taipei:IEEE, 2003:3752-3757.

[92] WILLIS A R,BRINK K M. Real-time RGBD odometry for fused-state navigation systems[C]. Savannah:IEEE, 2016:544-552.

[93] XU C L, QU D K, WU C D,et al. Research on ORB-SLAM autonomous navigation algorithm[C]. Suzhou:IEEE, 2019:1182-1186.

[94] GATESICHAPAKORN S, TAKAMATSU J, RUCHANURUCKS M. ROS based autonomous mobile robot navigation using 2D LiDAR and RGB-D camera[C]. Bangkok:IEEE, 2019:151-154.

[95] LEE D,SON S,YANG K,et al. Sensor fusion localization system for outdoor mobile robot[C]. Fukuoka:IEEE, 2009:1384-1387.

[96] GULREZ T,CHALLA S,YAQUB T,et al. Sensor relevance validation for autonomous mobile robot navigation[C]. Bangkok:IEEE, 2006:1-6.

[97] ABABII V, SUDACEVSCHI V, PODUBNII M,et al. Sensors network based on mobile robots[C]. Suceava:IEEE, 2014:70-72.

[98] CASTELLANOS J A,MARTINEZ J M, NEIRA J,et al. Simultaneous map building and localization for mobile robots:a multisensor fusion approach[C]. Leuven:IEEE, 1998:1244-1249.

[99] SODEYAMA Y,NISHINO T,NAMIKI Y,et al. The designs and motions of a shoulder structure with a spherical thorax,scapulas and collarbones for humanoid "Kojiro"[C]. Nice:IEEE, 2008:1465-1470.

[100] KOVAL V,ADAMIV O,KAPURA V. The local area map building for mobile robot navigation using ultrasound and infrared sensors [C]. Dortmund:IEEE, 2007:454-459.

[101] OHYA I,KOSAKA A,KAK A. Vision-based navigation by a mobile robot with obstacle avoidance using single-camera vision and ultrasonic sensing[J]. IEEE Transactions on Robotics and Automation,1998,14 (6):969-978.

[102] ORTIGOZA R,ARANDA M,ORTIGOZA G,et al. Wheeled mobile robots:a review[J]. IEEE Latin America Transactions,2012,10(6): 2209-2217.

名 词 索 引